周期表

10	11	12	13	14	15	16	17	18	族/周期
								₂He ヘリウム 4.003 24.59	1
			₅B ホウ素 10.81 8.30 2.0	₆C 炭素 12.01 11.26 2.6	₇N 窒素 14.01 14.53 3.0	₈O 酸素 16.00 13.62 3.4	₉F フッ素 19.00 17.42 4.0	₁₀Ne ネオン 20.18 21.56	2
			₁₃Al アルミニウム 26.98 5.99 1.6	₁₄Si ケイ素 28.09 8.15 1.9	₁₅P リン 30.97 10.49 2.2	₁₆S 硫黄 32.07 10.36 2.6	₁₇Cl 塩素 35.45 12.97 3.2	₁₈Ar アルゴン 39.95 15.76	3
₂₈Ni ニッケル 58.69 .64 1.9	₂₉Cu 銅 63.55 7.73 1.9	₃₀Zn 亜鉛 65.38 9.39 1.7	₃₁Ga ガリウム 69.72 6.00 1.8	₃₂Ge ゲルマニウム 72.63 7.90 2.0	₃₃As ヒ素 74.92 9.79 2.2	₃₄Se セレン 78.97 9.75 2.6	₃₅Br 臭素 79.90 11.81 3.0	₃₆Kr クリプトン 83.80 14.00	4
₄₆Pd パラジウム 106.4 .34 2.2	₄₇Ag 銀 107.9 7.58 1.9	₄₈Cd カドミウム 112.4 8.99 1.7	₄₉In インジウム 114.8 5.79 1.8	₅₀Sn スズ 118.7 7.34 2.0	₅₁Sb アンチモン 121.8 8.61 2.1	₅₂Te テルル 127.6 9.01 2.1	₅₃I ヨウ素 126.9 10.45 2.7	₅₄Xe キセノン 131.3 12.13 2.6	5
₇₈Pt 白金 195.1 .96 2.2	₇₉Au 金 197.0 9.23 2.4	₈₀Hg 水銀 200.6 10.44 1.9	₈₁Tl タリウム 204.4 6.11 1.8	₈₂Pb 鉛 207.2 7.42 1.8	₈₃Bi ビスマス 209.0 7.29 1.9	₈₄Po ポロニウム [210] 8.42 2.0	₈₅At アスタチン [210] 2.2	₈₆Rn ラドン [222] 10.75	6
₁₁₀Ds ダームスタチウム [281]	₁₁₁Rg レントゲニウム [280]	₁₁₂Cn コペルニシウム [285]	₁₁₃Nh ニホニウム [278]	₁₁₄Fl フレロビウム [289]	₁₁₅Mc モスコビウム [289]	₁₁₆Lv リバモリウム [293]	₁₁₇Ts テネシン [293]	₁₁₈Og オガネソン [294]	7

₆₄Gd ガドリニウム 157.3 .15 1.2	₆₅Tb テルビウム 158.9 5.86	₆₆Dy ジスプロシウム 162.5 5.94 1.2	₆₇Ho ホルミウム 164.9 6.02 1.2	₆₈Er エルビウム 167.3 6.11 1.2	₆₉Tm ツリウム 168.9 6.18 1.3	₇₀Yb イッテルビウム 173.0 6.25	₇₁Lu ルテチウム 175.0 5.43 1.0
₉₆Cm キュリウム [247] .99	₉₇Bk バークリウム [247] 6.20	₉₈Cf カリホルニウム [252] 6.28	₉₉Es アインスタイニウム [252] 6.42	₁₀₀Fm フェルミウム [257] 6.50	₁₀₁Md メンデレビウム [258] 6.58	₁₀₂No ノーベリウム [259] 6.65	₁₀₃Lr ローレンシウム [262] 4.9

] 内に示している。

健康と栄養のための

有機化学

山本　勇　編著

阿部尚樹・菊﨑泰枝・喜多大三・竹山恵美子・福島正子・吉岡倭子　共著

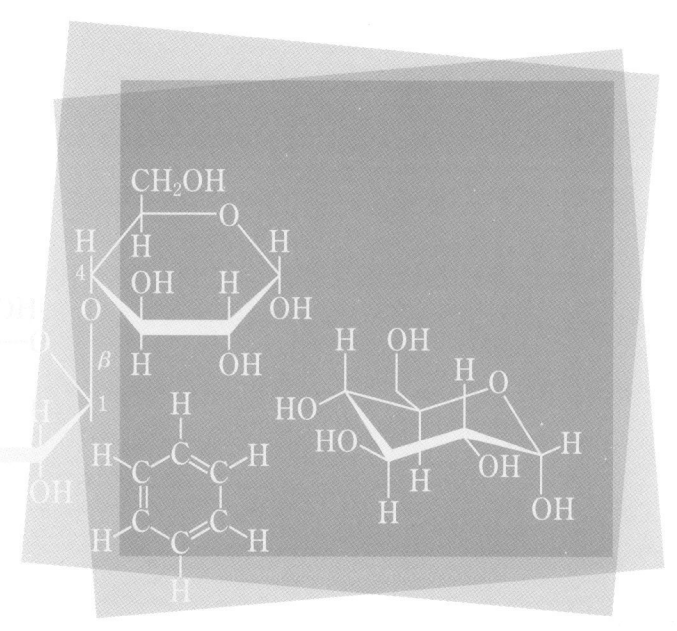

建帛社
KENPAKUSHA

はじめに

　本書は管理栄養士，栄養士をめざしている学生が化学を学ぶ教科書として編集したものであるが，栄養や健康，そして森羅万象に興味，関心があり，それらに化学的な見方や考え方で取り組んでみたい人にも役立つ内容となっている。書名を『健康と栄養のための 有機化学』としたが，炭素と水素から成る炭化水素とその誘導体，これらを有機化合物といい，有機化合物の化学を基礎から学ぶことを目的にしている。健康な生活を送るには五大栄養素のバランス良い摂取が必要であり，そのうちの糖質，脂質，タンパク質，ビタミンが有機化合物であることから，有機化学を学んで栄養素の化学的性質や機能を考え，理解することに必要な内容にしたいと考えたためである。さらに，もう一つの栄養素であるミネラル（無機質）の化学的性質や生理的な役割も考えられなければならず，当然のように無機化学や物理化学の知識も取り入れ，栄養と健康を考えることが求められるわけである。管理栄養士，栄養士が化学の知識に支えられて築き上げた栄養の知識を駆使して栄養教育や栄養指導に携わるなら，栄養の専門家として多くの人々から信頼され，認められ，活躍することができるだろう。

　私たちの身の回りにはさまざまな有機化合物があり，日常生活で何気なく使用している。プラスチック製の器具や包装物にはPP，PE，PETなどの記号があり，衣服の品質表示にはナイロン，ポリエステル，アクリルなどの繊維名が書かれている。加工食品の袋には主成分や添加物の表示が義務付けられているし，医薬品には成分表が付いていて薬品名が並んでいる。これらの有機化合物の性質や作用を理解することで，使用の方法，適切さや新たな使用方法を判断したり考案したりすることができるようになるだろう。また，合成方法が分かると自分でも化学製品を作ってみたくなるかもしれない。私たちは現在，食糧，医療，環境，エネルギーなど多くの問題に直面しており，有機化合物はどの問題にも関わっている。そのため，身近なところからこれらの問題に取り組もうとすれば有機化学の知識や考え方が重要になるのである。

　有機化学は暗記科目であるから嫌いだとよく耳にする。有機化合物には動植物によって合成されたそれらの構成物もあれば，人工的に合成したものもあり，どのような構造をもち，どのような性質や反応性を示すのかを知るには単一な化合物に分離して分析を進め，得られたデータを総合して結論を導いているし，さらに想像力をはたらかせ批判的な検討を重ねて新たな課題を見い出していくこともできる。有機化学は基礎科学としても応用科学としても発展している。このように有機化学を学ぶことによって，知識を習得するだけでなく，思考方法を身に付

け，熟練するようになるであろう。学ぶことの根底はものごとをより科学的に考える力を養うことなのである。

　執筆にあたって有機化学に関する基本事項を，平易に記述するように努めたが，意図を尽くしえない部分，また浅学のため不備な点もあるのではないかと思う。今後，さらなる解説を加えるなど少しでも良書にしていきたいと考えている。読者の方々から本書に対するご批判，ご指摘を広く仰ぎたいと念願するものである。

　2010 年 4 月

編　者

目　　　次

第1章　有機化学へのアプローチ

1. 原子の構造 …………………………………… 1
    - 1-1　電子の動き：軌道　2
    - 1-2　電子配置　4
2. 化学結合論 …………………………………… 4
    - 2-1　イオン結合　4
    - 2-2　共有結合　5
    - 2-3　原子価結合法と分子軌道法　5
3. 混成軌道 ……………………………………… 6
    - 3-1　sp^3混成軌道　6
    - 3-2　sp^2混成軌道　7
    - 3-3　sp混成軌道　8
    - 3-4　窒素と酸素のsp^3混成　9
4. 二重結合と共鳴 ……………………………… 9
5. 電気陰性度と分子の極性 …………………… 11
    - 5-1　電気陰性度　11
    - 5-2　水素結合　12

練習問題 ………………………………………… 13

第2章　有機化合物の基本骨格

1. 炭化水素の分類 ……………………………… 14
2. アルカン ……………………………………… 14
    - 2-1　アルカンの構造　14
    - 2-2　アルカンの命名法　15
    - 2-3　アルカンの性質　18
    - 2-4　アルカンの反応　18
    - 2-5　石油とアルカン　19
    - 2-6　環状アルカン　20
3. アルケン ……………………………………… 21
    - 3-1　アルケンの構造　21
    - 3-2　アルケンの命名法　22
    - 3-3　アルケンの物理的性質　22
    - 3-4　アルケンの反応　23
    - 3-5　アルケンの合成　24
    - 3-6　シクロアルケン　24
4. アルキン ……………………………………… 25
    - 4-1　アルキンの構造　25
    - 4-2　アルキンの命名法　25
    - 4-3　アルキンの性質　26
    - 4-4　アルキンの合成　26
5. 芳香族化合物 ………………………………… 27
    - 5-1　ベンゼンの構造　27
    - 5-2　芳香族化合物の命名法　29
    - 5-3　芳香族化合物の反応　30

練習問題 ………………………………………… 31

第3章　有機化合物の化学

1. 官能基の種類 ………………………………… 32
2. アルコール …………………………………… 33
    - 2-1　アルコールの構造　33
    - 2-2　アルコールの命名法　33
    - 2-3　アルコールの物理的性質　35
    - 2-4　アルコールの反応　35
    - 2-5　アルコールの合成　37
    - 2-6　アルコールの硫黄類似化合物チオールとスルフィド　37
3. フェノール類 ………………………………… 39
    - 3-1　フェノール類の構造　39
    - 3-2　フェノール類の命名法　39
    - 3-3　フェノール類の物理的性質　40

  3-4 フェノール類の反応 41
  3-5 フェノール類の合成 42
- **4．エーテル** 43
  4-1 エーテルの構造 43
  4-2 エーテルの命名法 44
  4-3 エーテルの物理的性質 44
  4-4 エーテルの反応 44
  4-5 エーテルの合成 45
  4-6 環状エーテル 45
- **5．ハロゲン化アルキル** 46
  5-1 ハロゲン化アルキルの構造 46
  5-2 ハロゲン化アルキルの命名法 46
  5-3 ハロゲン化アルキルの物理的性質 48
  5-4 ハロゲン化アルキルの反応 48
  5-5 ハロゲン化アルキルの合成 50
- **6．カルボニル化合物** 52
  6-1 カルボニル化合物の構造 52
  6-2 アルデヒドの命名法 53
  6-3 ケトンの命名法 54
  6-4 アルデヒド，ケトンの物理的性質 54
  6-5 アルデヒド，ケトンの反応 55
  6-6 アルデヒド，ケトンの合成 61
- **7．カルボン酸** 61
  7-1 カルボン酸の構造 61
  7-2 カルボン酸の命名法 62
  7-3 カルボン酸の物理的性質 62
  7-4 カルボン酸の反応 63
  7-5 カルボン酸の合成 64
- **8．カルボン酸誘導体** 64
  8-1 カルボン酸誘導体の種類 64
  8-2 カルボン酸誘導体の命名法 64
  8-3 カルボン酸誘導体の物理的性質 65
  8-4 カルボン酸誘導体の反応 65
- **9．アミン** 69
  9-1 アミンの構造 69
  9-2 脂肪族アミンの命名法 69
  9-3 脂肪族アミンの物理的性質 71
  9-4 脂肪族アミンの反応 71
  9-5 アミンの合成 73
  9-6 芳香族アミン 73
- **練習問題** 75

第4章　異性体と立体化学

- **1．構造異性体** 76
  1-1 骨格異性体（連鎖異性体） 76
  1-2 位置異性体 78
  1-3 官能基異性体 79
- **2．立体異性体** 79
  2-1 幾何異性体（シス・トランス異性体） 79
- **3．光学異性体（鏡像異性体）** 80
  3-1 光学活性 81
  3-2 比旋光度 82
  3-3 D/L表示法 82
  3-4 α型とβ型 84
  3-5 R/S表示 84
- **4．立体配座** 86
- **練習問題** 87

第5章　生体を構成している主要な有機化合物

1．アミノ酸・タンパク質・酵素　88
　1-1　アミノ酸とは　88
　1-2　タンパク質　91
　1-3　酵素　94
2．炭水化物　95
　2-1　炭水化物の種類　96
　2-2　単糖　96
　2-3　二糖　99
　2-4　多糖　101
3．脂　質　102
　3-1　脂質とは　102
　3-2　脂質の分類　102
　3-3　単純脂質　102
4．核　酸　106
　4-1　核酸とは　106
　4-2　DNA中の水素結合　106
　4-3　タンパク質の合成　107
練習問題　108

第6章　天然物と生理活性物質

1．テルペン　109
　1-1　モノテルペン　110
　1-2　セスキテルペンとジテルペン　111
　1-3　トリテルペン，ステロイドおよびテトラテルペン　113
2．アルカロイド　118
　2-1　オルニチン由来のアルカロイド　118
　2-2　トリプトファン由来のおもな生理活性アルカロイド　118
　2-3　リシン，チロシン由来のおもな生理活性アルカロイド　121
　2-4　その他のおもな生理活性アルカロイド　122
3．フラボノイド　124
　3-1　フラボノイド　124
　3-2　その他のフラボン関連化合物　126
4．抗生物質　128
　4-1　抗菌抗生物質　129
　4-2　抗腫瘍抗生物質　132
　4-3　微生物の産生するその他のおもな生理活性物質　133
練習問題　136

第7章　天然有機化合物の単離

1．含有成分の抽出　138
　1-1　生物素材の取扱い　138
　1-2　粉砕　138
　1-3　抽出　139
2．分　画　141
　2-1　溶媒の極性を利用した分画　141
　2-2　pHによる分画　142
3．精製・単離　143
　3-1　クロマトグラフィーの原理　143
　3-2　精製の手順　145
　3-3　ガスクロマトグラフィー　146
　3-4　高速液体クロマトグラフィー　147
　3-5　単離　147
練習問題　149

第8章　スペクトル分析による有機化合物の構造決定

1. 有機化合物の構造決定法 …… 150
    1-1　標準物質がある場合　150
    1-2　標準物質がない場合　151
2. 構造解析に用いられる
      おもな吸収分光法 …… 151
    2-1　電磁波スペクトル　151
    2-2　紫外・可視吸収分光法　152
    2-3　赤外吸収分光法　153
    2-4　核磁気共鳴スペクトル　155
3. 質量分析法 …… 161
    3-1　イオン化法　161
    3-2　フラグメンテーション　162
4. クロマトグラフィーと
      スペクトル分析の併用 …… 164

練習問題 …… 165

第9章　物質の成り立ちと物理化学的性質

1. 元素と化合物 …… 166
    1-1　周期律　166
    1-2　周期表と電子配置　167
    1-3　イオン化エネルギーと
          電子親和力　167
    1-4　典型元素と遷移元素　168
    1-5　金属元素，非金属元素，
          半導体　168
2. 化学結合 …… 168
    2-1　配位結合　169
    2-2　金属結合　169
3. 化学反応とエネルギー …… 169
    3-1　エンタルピー　170
    3-2　エントロピー　171
    3-3　Gibbsの自由エネルギー　172
    3-4　反応速度　172
    3-5　活性化エネルギー　173
    3-6　触媒　174
4. 溶　液 …… 174
    4-1　溶液の濃度　174
    4-2　固体の溶解度　175
    4-3　気体の溶解度　175
    4-4　沸点上昇，凝固点降下，
          浸透圧　176
5. 酸と塩基 …… 177
    5-1　電解質溶液　177
    5-2　酸と塩基　178
    5-3　水の解離とpH　179
    5-4　弱酸・弱塩基の解離　179
    5-5　酸・塩基の反応　180
    5-6　緩衝液　181
    5-7　溶解度積　182
6. 酸化・還元 …… 182
    6-1　酸化数と酸化還元反応　182

資料編 …… 184
索　引 …… 189

有機化学へのアプローチ 第1章

　私たちの身のまわりにはさまざまな物質があり，それぞれが特有な性質をもっている。炭素を含む化学物質を有機化合物といい，動植物などから抽出した天然の有機化合物や，人工的に化学合成した有機化合物の構造や性質を調べ，明らかにするのが有機化学である。栄養素であるタンパク質，脂質，糖質や核酸，病気の治療や予防にはたらく医薬品，衣服の素材である種々の繊維，プラスチック類，紙，木材など生活に必要な大部分のものは有機化合物である。それぞれの有機化合物がどのようにして合成され，どんな構造をもち，なぜ独特な性質を現すことができるのかを知ることにより，人の健康やそれを支える栄養を考えたり，衣食住の生活に役立てたりすることができるだろう。

1. 原子の構造

　原子は，原子核と電子からできている。原子核は正電荷を帯び，電子は負電荷を帯びている。正と負の電荷がつり合っているため原子は電気的に中性である。原子核は正に帯電した陽子と，電気的に中性な中性子とよばれる粒子で構成されている。

　原子は非常に小さく，たとえば，水素原子の直径はおおよそ 10^{-8} cm である。原子核は極めて小さく，その直径は 10^{-13} 〜 10^{-12} cm であり，電子はさらに小さく，水素の原子核の1/10程度である。

　電子の質量は 9.109×10^{-31} kg，電荷は -1.602×10^{-19} C（クーロン）である。陽子の質量は 1.673×10^{-27} kg，電荷は $+1.602 \times 10^{-19}$ C である。電子と陽子の電荷は符号が異なるだけであり，原子が電気的に中性であるのは，原子を構成する陽子の数と電子の数が等しいためである。中性子の質量は陽子の質量にほぼ等しく，1.675×10^{-27} kg である。

　原子核に存在する陽子の数は，原子番号に等しい。したがって，原子のもつ電子の数も原子番号と等しいことになる。原子の化学的性質は最外殻の電子の数で決まり，原子の質量は原子核を構成する陽子の数と中性子の数で決まるので，陽子の数と中性子の数の和を質量数という。原子を構成する中性子の数は原子により異なり，たとえば，水素の原子核には陽子は1個だが，中性子は0個，1個，2個の原子がある。電子の数は1個なので化学的性質は同じだが，質量数が異なる。このような原子を同位体（isotope）という。

　ある元素のすべての同位体の加重平均質量を，その元素の原子量とよぶ。水

素は 1.008, 炭素は 12.011, 酸素は 15.999 などである。原子量の基準は質量数 12 の炭素原子 ^{12}C である。1 個の ^{12}C の質量の 1/12, 1.660×10^{-27} kg を**原子質量単位** (atomic mass unit：amu) という。amu で示した値が**原子質量**で, 各原子 1 個の質量がこの基準の何倍かということを表している。したがって, 何種類かの同位体を含んでいる元素の原子量は, 同位体の原子質量と存在比とから求められる平均相対質量である（表 1－1）。

表 1－1　同位体の存在比

元素名	元素記号	原子番号	おもな同位体	同位体の存在比 [%]
水素	H	1	^{1}H ^{2}H	99.9885 0.0115
ヘリウム	He	2	^{3}He 	0.000134 99.99986
ホウ素	B	5	^{10}B ^{11}B	19.9 80.1
炭素	C	6	^{12}C ^{13}C	98.93 1.07
窒素	N	7	^{14}N ^{15}N	99.636 0.364
酸素	O	8	^{16}O ^{17}O ^{18}O	99.757 0.038 0.205
ナトリウム	Na	11	^{23}Na	100
塩素	Cl	17	^{35}Cl ^{37}Cl	75.76 24.24

質量数 12 の ^{12}C を 12 g 計り取ると, その中には 6.02×10^{23} 個の ^{12}C 原子が含まれている。この 6.02×10^{23} 個の集団を 1 mol（**モル**）という。これは国際単位系として決められた物質量である。6.02×10^{23}/mol を**アボガドロ定数**という。

元素あるいは化合物の 1 mol あたりの質量をモル質量といい, 単位を g/mol で表わす。

1－1　電子の動き：軌道

電子は原子の中で位置を刻々と変化し, 空間的な広がりをもって運動している。原子核のまわりに電子が存在する確率の大きさを点を使った濃淡で表すと, 雲のような像が得られる。これを**電子雲**という。点が密集して濃いところほど, 電子の存在確率が高い。量子力学モデルでは, 電子が波動的な性質を示すことが**波動方程式**によって表され, その解は**電子軌道**とよばれる。電子軌道によって, 一定

のエネルギー準位にある電子を原子核のまわりのどの領域に見い出す確率が高いかを知ることが可能になる。

　電子軌道にはs, p, d, fと名付けられた4種の異なる形がある。図1－1に示すようにs軌道は球形で中心に原子核がある。p軌道は亜鈴型で3つあり，互いに直交した方向をもつ。d軌道は空間の方向により5種類あり，4つはクローバーの葉の形をしている。5つ目のd軌道は縦長の亜鈴に小さなドーナツが付いたような形をしている。

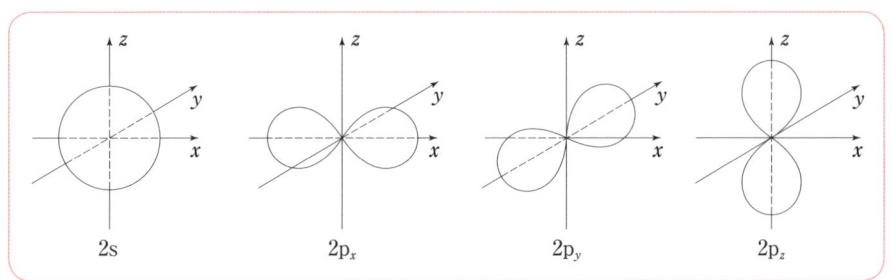

図1－1　2s，$2p_x$，$2p_y$，$2p_z$軌道の確率分布

　原子核を中心にして電子が飛び回っている，すなわち運動している空間を電子殻といい，エネルギー状態の異なるいくつかの電子殻（K殻，L殻，M殻，…）がある。それぞれの電子殻は，数と種類が異なる電子軌道をもっており，それぞれの電子軌道には1対の電子を収容できる。図1－2に示すように，ある原子の最も低いエネルギー準位の2個の電子は第1番目のK殻に存在し，1sとよぶ

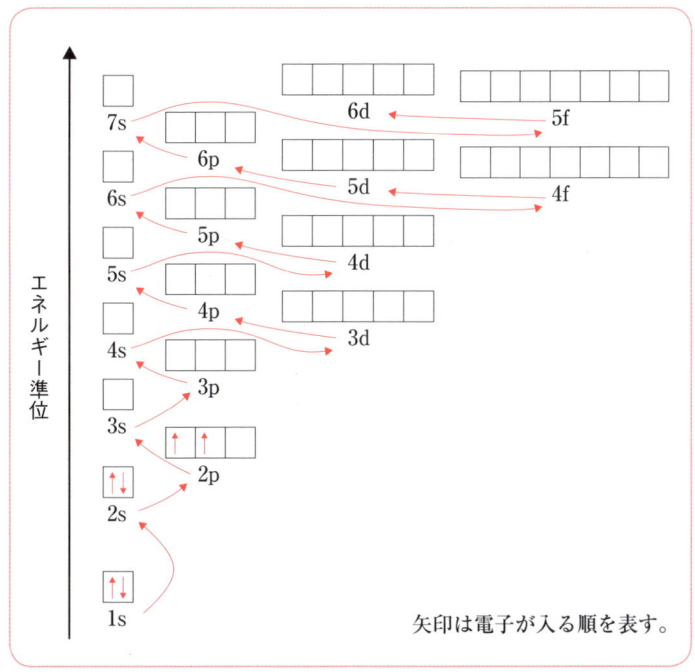

図1－2　電子軌道のエネルギー関係と炭素原子の電子配置

電子軌道を占める。次にエネルギー準位が高いのは 2s 軌道の 2 個の電子であり，原子核から離れていることから，1s 軌道よりも大きな空間を占める。次にエネルギー準位が高い電子は 3 つの直交する 2p 軌道（$2p_x$, $2p_y$, $2p_z$）に 2 個ずつ，あわせて 6 個存在し，それぞれの電子のエネルギー準位は等しい。さらにエネルギー準位の高い軌道が 3s, 3p, 4s, 3d, 4p の各電子軌道である。

1-2 電子配置

電子軌道への電子の配置は，次の **3 つの規則**に従っている。1 番目の規則は，低いエネルギー準位の電子軌道から電子が収容されること。すなわち，1s　2s　2p　3s　3p　4s　3d　4p の順となる。これは構成原理とよばれる。2 番目の規則は，1 つの電子軌道に電子は 2 個までしか収容できず，それらは互いに逆向きの回転（**スピン**）でなければならないこと。これを **Pauli の禁則**という。3 番目の規則は，同一エネルギー準位の軌道に電子が収容される時，空軌道がある限り 1 つずつ収容され，同一エネルギー準位に空軌道がなくなった時に，はじめて**電子対**として収容されること（**Hund の法則**）。1 個だけ収容されている軌道の電子のスピンはすべて同方向である。

具体的にみてみよう。水素は 1 個の電子をもっており，1s 軌道に収容されている。炭素は 6 個の電子をもち，図 1-2 に示すように，1s 軌道に 2 個，2s 軌道に 2 個，そして 2p 軌道では $2p_x$ 軌道に 1 個と $2p_y$ 軌道に 1 個収容されている。したがって，炭素の電子配置は，$(1s)^2(2s)^2(2p_x)^1(2p_y)^1$ と表されるが，$(1s)^2(2s)^2(2p)^2$ と省略されるのが普通である。

2. 化学結合論

炭素はほかの元素と結合して化合物を生成する時，常に 4 本の結合をつくる。このことを「炭素の原子価は 4 である」という。なぜ原子は互いに結合するのであろうか。それは原子が単独で存在するよりも，原子間で結合することによって安定したエネルギー状態となるからである。この時，エネルギーの放出が必ず起こる。逆に化学結合が切断される時にはエネルギーを必要とし，そのエネルギーは外界から吸収される。

2-1 イオン結合

化学結合はどのようにして生成するのだろうか。周期表の 18 族の希ガス元素（Ne, Ar, Kr など）のように，原子の最外殻に 8 個の電子（**オクテット**）をもつと反応性が低く安定である。これを**オクテット則**という。たとえば，最外殻に 1 個

の電子をもつ1族のアルカリ金属は，1電子を失って陽イオンになることで安定化する。17族のハロゲンは価電子が7個であり，電子を1個受け取って陰イオンになると安定化する。したがって，塩素ガスの中に金属ナトリウムを入れると，ナトリウムの電子が塩素に渡されて Na^+Cl^- の形にイオン化し，静電気的な引力により結合する。これをイオン結合とよぶ。

2−2　共有結合

ほかの原子，たとえば炭素には最外殻（L殻）に4個の電子があり，8個の電子にするには4個の電子をほかの原子から奪うか，互いに共有する必要がある。電子を奪うには相当なエネルギーをかけることになるので困難であるため，ほかの原子と電子を共有することによって結合していると考えられる。これを共有結合とよび，2個以上の原子が共有結合した化学種を分子とよぶ。たとえば，メタンは1個の炭素原子と4個の水素原子からなり，最外殻の電子（価電子）を点で書き表す（点電子結合構造）と，次のように示すことができる（右端には共有結合を1本の線で表す線結合構造を示した）。

$$\cdot \overset{\cdot}{\underset{\cdot}{C}} \cdot + 4H\cdot \qquad H\overset{H}{\underset{H}{:\overset{..}{C}:}}H \qquad H-\overset{H}{\underset{H}{\overset{|}{C}}}-H$$

水分子を同様にして示した。

$$2H\cdot + \cdot\overset{..}{\underset{..}{O}}\cdot \qquad H:\overset{..}{\underset{..}{O}}:H \qquad (H-O-H)$$

水分子にみられるように，酸素は6個の価電子をもつが，4個は2つの電子対となっているので，残りの2つの電子が共有結合をつくり，2本の結合しかつくらない。結合に使われない価電子は非共有電子対または孤立電子対とよばれる。

2−3　原子価結合法と分子軌道法

共有結合は，2個の原子が十分に接近して，それぞれの電子が1個入った原子軌道が重なり合って生成すると考えられる。これを原子価結合法という。この時，2個の電子のスピンの向きは互いに反対になる。また，重なった原子軌道の電子対は2つの原子に共有され，軌道の重なりが大きいほど結合は強いといえる。一方，分子軌道法では，原子軌道が分子に属する分子軌道をつくり，分子中に電子を見い出す確率の最も大きい空間を表している。2つの原子のs軌道の電子が相互作用した場合，卵のような形をした軌道の重なりが生じ，分子軌道には2個の電子が収容される。この分子軌道は，2つの原子の1s軌道よりもエネルギー準位が低く，結合性分子軌道とよばれる。このように原子間で直線方向に原子軌道

第1章 有機化学へのアプローチ

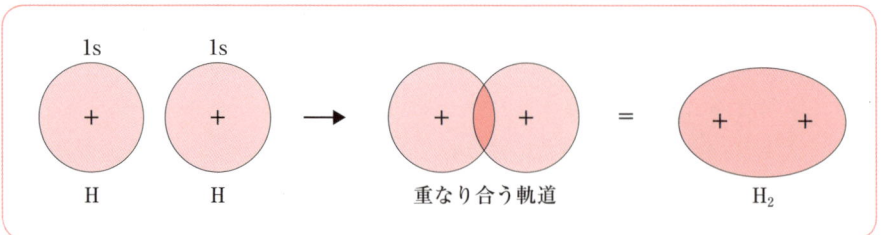

図1-3　1s軌道の重なりによるH₂の形成

が重なって形成された結合を σ結合 という。

3．混成軌道

3-1　sp³混成軌道

　4価の炭素原子をもつ有機分子について考えてみよう。はじめに，最も簡単な構造のメタン CH_4 を考える。炭素原子の価電子は4つあり，4つの水素原子と結合できる。どのC-H結合も等価で正四面体の各頂点の方向を向いている。しかし，遊離の炭素原子の最外殻の電子軌道は $(2s)^2(2p)^2$ であり，このままでは2種類の結合ができることになり，メタンの構造を説明できない。実際には，結合に際して炭素原子の2s軌道の電子1個が2p軌道に励起され，$(2s)^1(2px)^1(2py)^1(2pz)^1$ となり，この4つの軌道が混ぜ合わされ，その結果，同一のエネルギー，同一の形，異なる方向性をもった4個の軌道が形成され，それによって安定で等価な結合を形成するのである。この新たに形成された軌道を sp³（エスピースリーと読む）混成軌道 とよんでいる。

　sp³軌道は，原子核に対して非対称で大小2つのロープのような形をしている。また，この4つの混成軌道は相互に反発し合うことにより，最も離れた安定な配

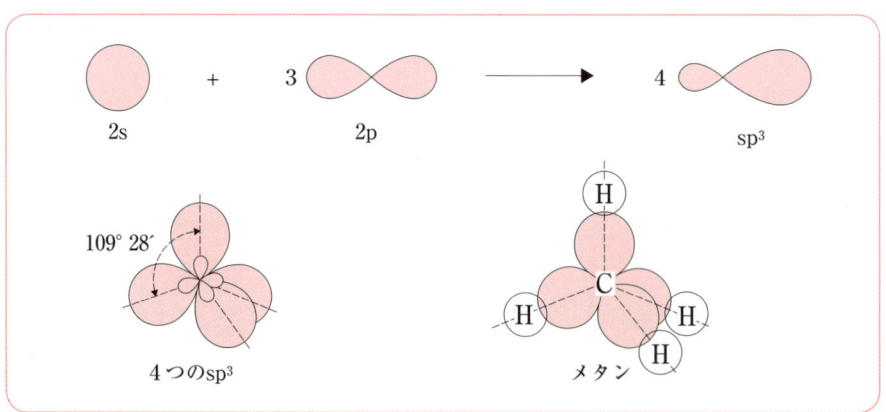

図1-4　sp³混成軌道の形成

置をとっているが，それが原子核を中心に正四面体の各頂点の方向を向いた配置となるのである。このため，ほかの原子の軌道と重なり合う時に強い結合をつくることができる。

メタン CH_4 では，炭素原子の sp^3 混成軌道と水素原子の 1s 軌道とが重なって C–H の σ 結合が形成される。4つの C–H 結合は等価であり，結合距離は 110 pm (p, ピコ：10^{-12})，またそれぞれの H–C–H 結合角は 109.5° の四面体角である。

次に C–C 結合をもつエタン C_2H_6 について考えてみよう。構造式は次のように書ける。

$$
\begin{array}{cc}
\text{H H} & \text{H H} \\
\text{H:C:C:H} & \text{H–C–C–H} \\
\text{H H} & \text{H H}
\end{array}
$$

2つの炭素原子が，sp^3 混成軌道で σ 結合を形成しているほか，炭素原子の残りの sp^3 混成軌道は水素原子の 1s 軌道と重なり，合計 6 本の C–H 結合を形成している。C–C 結合の距離は 154 pm である。エタンのすべての H–C–H と H–C–C 結合角は 109.6° で，四面体角に近い。

3－2　sp^2 混成軌道

エチレン C_2H_4 は，2つの炭素原子が二重結合で結ばれ，平面構造をとる。$(2s)^1(2px)^1(2py)^1(2pz)^1$ の 4 つの価電子の軌道のうち，2px と 2py の 2 つと 2s 軌道とが組み合わさって sp^2 混成軌道とよばれる 3 つの混成軌道が生じる。2pz 軌道

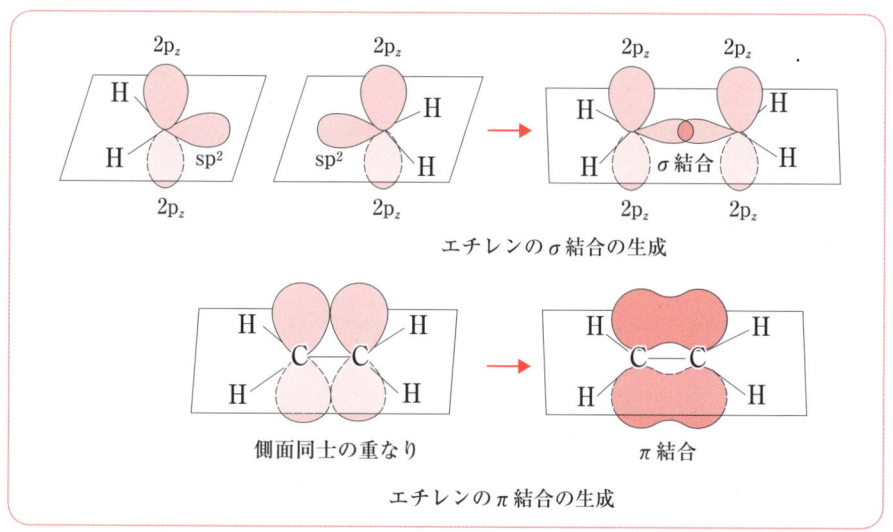

図 1－5　エチレンの炭素－炭素二重結合の形成

は混成に使われずに残り,これはほかの原子のp軌道と分子軌道を形成できる。3つの等価なsp²軌道は互いに120°の角度をなして同一平面にあり,残りの2pz軌道はsp²混成軌道平面に対して直交している。2つの炭素のsp²混成軌道が近付いて重なり合うとσ結合を形成し,続いて両炭素原子の2pz軌道が近付き,横から重なり合ってπ結合とよばれる結合を形成する。このように,炭素原子はsp²–sp²のσ結合と2p–2pのπ結合の組み合わせにより,4つの電子を共有してC＝C二重結合を形成するのである。エチレンでは,残りの2つずつのsp²混成軌道は水素原子の1s軌道と重なり合ってσ結合を形成している。

エチレンのC＝C二重結合の距離は,134 pmでエタンのC–C結合よりも短い。これは,4つの電子を共有することにより結合がより強いからであると考えられる。C＝C二重結合は,σ結合とπ結合からなっており等価ではない。σ結合が軌道の正面からの重なりによるもので強いのに対して,π結合を形成するp軌道同士の重なりは側面からの重なりによるもので弱く,より不安定である。これが炭素−炭素二重結合の反応性の理由となっている。

3−3　sp混成軌道

炭素は,6個の電子を共有して炭素−炭素三重結合を形成することができる。$(2s)^1(2px)^1(2py)^1(2pz)^1$ の3つの2p軌道のうち1つが2s軌道と混成したsp混成軌道と,2つの2p軌道による。2つのsp混成軌道は互いに180°離れてx軸上(直線上)にあり,2p軌道はy軸,z軸上にありsp軌道と直交している。

sp混成軌道をとる2つの炭素原子が近付きsp混成軌道が重なるとσ結合が形成される。さらに,2p軌道同士が2つのπ結合を形成して炭素−炭素三重結合となる。残りのsp軌道は,水素の1s軌道とσ結合を形成してアセチレンHC≡CHとなる。アセチレンの炭素−炭素三重結合の距離は120 pmで,エチレンよりも短く結合力が強い。

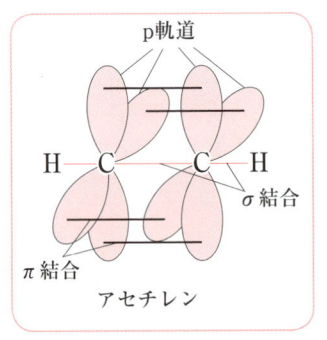

図1−6　炭素原子のsp混成軌道とアセチレンの電子状態

3－4　窒素と酸素の sp³ 混成

窒素原子の最外殻電子は5個であり，オクテットになるには3個の共有結合を生じうる。窒素原子は3つの水素と共有結合してアンモニア分子を形成する（図1-7）。

$$\cdot\ddot{\underset{\cdot}{N}}\cdot + 3H\cdot \quad\longrightarrow\quad H:\ddot{\underset{H}{N}}:H \quad または \quad H-\underset{H}{\overset{|}{N}}-H$$

一方，アンモニア分子の H–N–H 結合角が 107.3°と求められており，109.5°の四面体角と近いことから，窒素も炭素と同じように sp³ 混成軌道によって4本の共有結合を形成しうると考えられる。この場合，4つの sp³ 混成軌道のうち，1つには非共有電子対が入っており，残り3つの sp³ 混成軌道が水素の 1s 軌道と σ 結合を形成してアンモニア分子となるのである。

水分子の酸素原子も sp³ 混成軌道を形成している。この場合は，4つの混成軌道のうち，2つの sp³ 混成軌道は非共有電子対であり，残り2個の sp³ 軌道が水素の 1s 軌道と σ 結合を形成して，水分子ができている。H–O–H の結合角は 104.5°である。

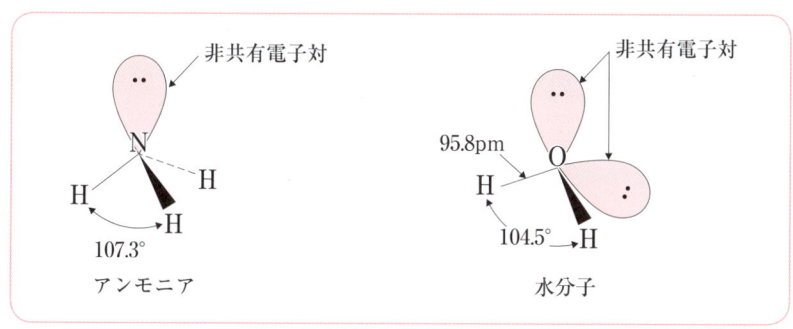

図 1－7　sp³ 混成軌道によるアンモニア分子と水分子の形成

4．二重結合と共鳴

X 線回折やスペクトルから，ベンゼンは6個の炭素原子がそれぞれ 139.7 pm 離れて正六角形の平面構造をつくっていることがわかっている。炭素原子にはそれぞれ1個の水素が結合しており，C–H 間の結合距離は 109 pm で，H–C–C 角とC–C–C 角は120°である。これは炭素原子が sp² 混成軌道をとっており，6個のとなり合う炭素原子の p 軌道は互いに重なり合って，環全体で π 結合を形成していることを示している（図1-8）。ベンゼンの構造式は2通り書くことができるが，どちらも同じもので，共鳴形とよばれる。

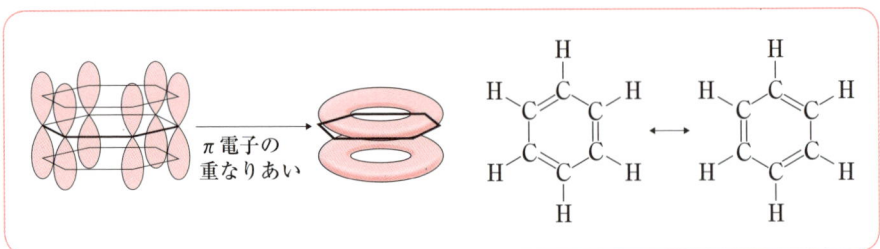

図1−8 ベンゼンの原子軌道モデルと共鳴構造

ニトロメタンの構造は，2種類の共鳴形を書くことができる。ニトロ基のC−N間の結合距離は122 pmであり，C−N間単結合の距離130 pmとN=O間二重結合の距離116 pmとの中間である。

$$CH_3-N^+\begin{matrix}:\ddot{O}:^-\\ \\ =\ddot{O}:\end{matrix} \longleftrightarrow CH_3-N^+\begin{matrix}:O:\\ \\ :\ddot{O}:^-\end{matrix}$$

酢酸イオンの構造をみてみよう。カルボキシイオンは，炭素−酸素二重結合と炭素−酸素単結合をもち，2通りの共鳴構造が書ける。どちらも同じであるから，負の電荷分布を2つの酸素の間に記す方法も用いられる。

$$CH_3-C\begin{matrix}\ddot{O}\\ \\ \ddot{O}:^-\end{matrix} \longleftrightarrow CH_3-C\begin{matrix}:\ddot{O}:^-\\ \\ \ddot{O}\end{matrix} \sim CH_3-C\begin{matrix}O^{½-}\\ \\ O^{½-}\end{matrix}$$

酢酸イオンの共鳴形

次にアリル陽イオンについて考えてみよう。このイオンも，2つの同等な共鳴構造で表すことができる。そのため，アリル陽イオンは安定に存在することができると考えられる。

$$CH_2=CH-\overset{+}{C}H_2 \longleftrightarrow \overset{+}{C}H_2-CH=CH_2 \sim \overset{½+}{C}H_2=CH=\overset{½+}{C}H_2$$

アリル陽イオンの共鳴形

ブタジエンが塩素と親電子付加反応を起こすと，2種類の生成物 1,2-ジクロロ-3-ブテンと 1,4-ジクロロ-2-ブテンを生じる。

$$\overset{1}{C}H_2=\overset{2}{C}H-\overset{3}{C}H=\overset{4}{C}H_2 \xrightarrow{Cl_2} \overset{1}{C}H_2-\overset{2}{C}H-\overset{3}{C}H=\overset{4}{C}H_2 + \overset{1}{C}H_2-\overset{2}{C}H=\overset{3}{C}H-\overset{4}{C}H_2$$
$$\quad\quad\quad\quad\quad\quad\quad\quad\quad\quad\quad\quad\ \ |\quad\ |\quad\quad\quad\quad\quad\ \ |\quad\quad\quad\quad\ |$$
$$\quad\quad\quad\quad\quad\quad\quad\quad\quad\quad\quad\quad\ Cl\ \ Cl\quad\quad\quad\quad\ Cl\quad\quad\quad Cl$$

これは，第一の二重結合の攻撃で陽イオン中間体をつくるためと考えられる。この陽イオン中間体は，置換アリル陽イオンで2つの共鳴形をとり，安定化されている。どちらの炭素陽イオンに対して塩素陰イオンが攻撃してもよく，結果として2種類のジクロロ化合物が生成することになる。

$$CH_2=CH-CH=CH_2 \xrightarrow{Cl_2} ClCH_2-\overset{+}{C}H-CH=CH_2 + ClCH_2-CH=CH-\overset{+}{C}H_2$$

以上の化合物に共通していることは，3原子の組に多重結合を1つもつものは，2つの共鳴形をもつということである。

5. 電気陰性度と分子の極性

5-1 電気陰性度

原子のイオン化でみられるように，原子には電子を引き付ける力の強い原子，弱い原子，それらの中間の強さの原子がある。そのため，共有結合している二原子間の2つの電子の分布は結合している原子の種類によって異なる。炭素－炭素の結合では，電子の分布は対称で完全な共有結合であるが，非対称な分布となる原子間では電子密度の大きさによる極性を生じる。これを極性共有結合とよぶ。

原子が共有電子対を引き付ける度合いを電気陰性度といい，電気陰性度が大きい原子ほど共有電子対を引き付ける力も大きい。L. C. ポーリングによる電気陰性度を表1-2に示した。フッ素（F）が4.0と最も電気陰性度が大きく，セシウム（Cs）が最も小さい0.7としている。有機化学で重要な炭素は，この中間の2.5である。炭素より電気的に陰性な窒素，酸素，フッ素，塩素と炭素との結合は分極しており，共有電子対は炭素より電気陰性な原子に引き寄せられている。この時，炭素は部分的に正に帯電しており，δ+で表し，もう一方の原子は部分的に負に帯電しているのでδ-で表す。

クロロメタン分子のように，ある距離を隔てて正負の電荷が固定されている分子を極性分子という。この分子全体の極性は双極子モーメントとよばれる量で測定できる。双極子モーメント μ は，原子の電荷を e，電荷間の距離を r とした時，次の式で表される。

$$\mu = e \cdot r$$

電子の電荷は 1.60×10^{-19} C であるので，陽子と電子が 100 pm（100×10^{-12} m）離れて存在する時の双極子モーメントは 1.60×10^{-29} C·m となる。この値は 4.8 D（デバイ）にあたる（双極子モーメントはデバイ単位Dで表され，1 D は

表1-2 ポーリングの電気陰性度

		H 2.1				
Li 1.0	Be 1.5	B 2.0	C 2.5	N 3.0	O 3.5	F 4.0
Na 0.9	Mg 1.2	Al 1.5	Si 1.8	P 2.1	S 2.5	Cl 3.0
K 0.8	Ca 1.0	Ga 1.6	Ge 1.8	As 2.0	Se 2.4	Br 2.8
Rb 0.8	Sr 1.0	In 1.7	Sn 1.8	Sb 1.9	Te 2.1	I 2.5
Cs 0.7	Ba 0.9	Tl 1.8	Pb 1.8	Bi 1.9	Po 2.0	At 2.2

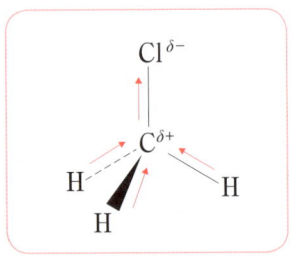

図1-9 クロロメタンの極性

SI単位で3.336×10^{-30} C·mである)。たとえば，クロロメタンと水のμの値は，それぞれ1.87 D，1.85 Dである。

5-2 水素結合

水素原子が電気陰性度の大きい窒素，酸素，フッ素などの原子と共有結合すると，結合に大きな極性を生じる。そのため，1つのH_2O分子の酸素原子と別のH_2O分子の水素原子との間で静電的な結合をつくることができる。これを水素結合とよぶ。一般化してみると，電気陰性度の大きい原子と結合している水素原子は，別の分子の電気陰性度の大きい原子と静電結合で引きよせ合うといえる。1つのH_2O分子は4分子のH_2Oと水素結合することができる。このため水は，分子量は小さいが沸点は100℃とかなり高くなる。

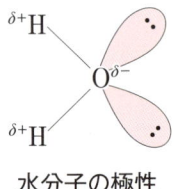

水分子の極性

水素結合は弱い結合であり，共有結合が150～500 kJ/molの強さであるのに対し，水素結合は20～40 kJ/mol程度の強さである。

練習問題

1. 次の元素の基底状態の電子配置を示せ。
   (a) 酸素　　　(b) ナトリウム　　　(c) リン　　　(d) 塩素

2. 次の元素は最外殻にいくつ電子をもっているか。
   (a) リチウム　　(b) フッ素　　(c) 硫黄　　(d) アルゴン

3. 次の物質の点結合構造を書け。非共有電子対もすべて示すこと。
   (a) CH_3Cl 塩化メタン　　(b) CH_3NH_2 メチルアミン　　(c) H_2S 硫化水素

4. 次の化合物の線結合構造を結合角を推定して書け。
   (a) $CH_3CH_2CH_3$ プロパン　　　　(b) $CH_3CH=CH_2$ プロペン
   (c) CH_3CHO アセトアルデヒド　　(d) $(CH_3)_3N$ トリメチルアミン

5. 次の記述に合う分子の構造を2つ以上示せ。
   (a) 2個の sp^2 混成炭素と2個の sp^3 混成炭素をもつ。
   (b) 4個の炭素をもち，それらはすべて sp^2 混成である。
   (c) 2個の sp 混成炭素と2個の sp^2 混成炭素をもつ。

6. 次の2つの元素のうち，どちらが電気的に陰性か。電気陰性度表を見ずに答えよ。
   (a) Li と H　　(b) B と Br　　(c) N と O
   (d) Cl と I　　(e) C と H

7. $\delta+$ と $\delta-$ を用いて，次の結合に予想される極性の方向を矢印で示せ。
   (a) H_3C-NH_2　　(b) H_3C-Li　　(c) H_3C-OH　　(d) $H_3C-MgBr$

第2章 有機化合物の基本骨格

1. 炭化水素の分類

炭化水素は，天然ガスや石油に含まれる，メタンガスやプロパンガスなどの炭素と水素だけからなる最も単純な有機化合物である。炭素と炭素の連なり方によって種々の炭化水素を形成するが，さらにこの炭化水素に官能基が結合することで特有の性質をもつ化合物となる（第3章1.参照）。炭素同士の連なり方が単結合の場合を飽和結合といい，二重結合，三重結合したものは不飽和結合という。さらに炭化水素は鎖状をしたものと環状構造をしたものに分類される。図2-1にその分類例を示した。

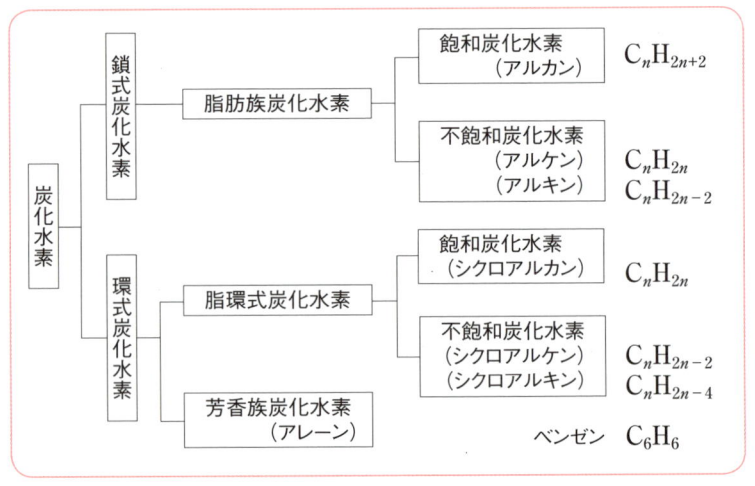

図2-1　炭化水素の分類

2. アルカン (alkane)

アルカンは単結合のみからなる鎖式の炭化水素で，一般式 C_nH_{2n+2} で表される。パラフィン (paraffin) ともよばれ，鎖式有機化合物の基本となる。

2-1 アルカンの構造

メタンとエタンの分子式，構造式および立体構造式は表2-1のように表される。

表2-1 アルカンの分子式，構造式，立体構造

	分子式	構造式	立体構造
メタン	CH_4		
エタン	C_2H_6		

炭素原子が単結合で共有結合するときはsp^3混成軌道をとることから，アルカンの炭素の結合角は109.5°の正四面体構造となる。立体構造式で用いられる普通の直線は紙面の上にあることを示し，太い線は紙面の手前にあることを示す。点線は紙面の向こう側にあることを示す。C-H間の結合距離は110 pm（ピコメートル，$1\ pm = 10^{-12}\ m$），C-C間は154 pmになる。

2-2 アルカンの命名法

a) 鎖式飽和炭化水素の命名

アルカンの名称は，IUPAC（アイユーパック：International Union Pure and Applied Chemistry）で定めた方法にしたがって決められている。

表2-3に示したように，C_1からC_4までは古くからの慣用名が用いられ，C_5以上のものは炭素原子の数を表すギリシア数詞（一部ラテン語系数詞）の語尾を〜ane（〜アン）に変えて表される。C_4以上になると炭素の連なりに枝分かれが生じるため異性体が存在する。

b) 枝分かれのある鎖式飽和炭化水素の命名

(1) 最長の炭素鎖（主鎖という）を見い出し，これにアルカンの基本名をつける。
(2) 側鎖（枝分かれ）に近い方の端から直鎖の炭素原子に番号をつける。このとき，側鎖のついている炭素原子の番号が最も小さい数字になるようにする。
(3) 側鎖に名称を与える。同じ種類の側鎖が存在する時は，モノ，ジ，トリとして側鎖の名称の前に数を入れる。

第2章　有機化合物の基本骨格

表2－2　ギリシア語の数詞接頭語

mono－	（モノ）	1	nona－	（ノナ）	9
di－	（ジ）	2	deca－	（デカ）	10
tri－	（トリ）	3	undeca－	（ウンデカ）	11
tetra－	（テトラ）	4	dodeca－	（ドデカ）	12
penta－	（ペンタ）	5	eicosa－	（エイコサ）	20
hexa－	（ヘキサ）	6	〈 icosa－	（イコサ）ともいう〉	
hepta－	（ヘプタ）	7	docosa－	（ドコサ）	22
octa－	（オクタ）	8	triaconta－	（トリアコンタ）	30

表2－3　直鎖飽和炭化水素とその性質

名　称	分子式	融点℃	沸点℃	密度（g/cm^3）	
メタン（methane）	CH_4	－182.6	－161.6	0.4240（－164℃）	気体
エタン（ethane）	C_2H_6	－184.0	－88.6	0.5462（－88℃）	
プロパン（propane）	C_3H_8	－187.1	－42.2	0.5824（－42℃）	
ブタン（butane）	C_4H_{10}	－135.0	－0.5	0.5788（20℃）	
ペンタン（pentane）	C_5H_{12}	－129.7	36.1	0.6264（20℃）	液体
ヘキサン（hexane）	C_6H_{14}	－94.0	68.7	0.6594（20℃）	
ヘプタン（heptane）	C_7H_{16}	－90.5	98.4	0.6837（20℃）	
オクタン（octane）	C_8H_{18}	－56.8	125.6	0.7028（20℃）	
ノナン（nonane）	C_9H_{20}	－53.7	150.7	0.7179（20℃）	
デカン（decane）	$C_{10}H_{22}$	－29.7	174.0	0.7298（20℃）	
ウンデカン（undecane）	$C_{11}H_{24}$	－25.6	195.8	0.7404（20℃）	
ドデカン（dodecane）	$C_{12}H_{26}$	－9.6	216.2	0.7493（20℃）	
テトラデカン（tetradecane）	$C_{14}H_{30}$	5.5	251	0.7636（20℃）	
ヘキサデカン（hexadecane）	$C_{16}H_{34}$	18.1	280	0.7749（20℃）	
オクタデカン（octadecane）	$C_{18}H_{38}$	28.2	317	0.7767（20℃）	固体
イコサン（icosane）	$C_{20}H_{42}$	36.8	343	0.7777（20℃）	
ドコサン（docosane）	$C_{22}H_{46}$	44.4	380		

表2－4　$C_1 \sim C_{10}$のアルキル基

CH_3	methyl	メチル	C_6H_{13}	hexyl	ヘキシル
C_2H_5	ethyl	エチル	C_7H_{15}	heptyl	ヘプチル
C_3H_7	propyl	プロピル	C_8H_{17}	octyl	オクチル
C_4H_9	butyl	ブチル	C_9H_{19}	nonyl	ノニル
C_5H_{11}	pentyl	ペンチル	$C_{10}H_{21}$	decyl	デシル

2. アルカン

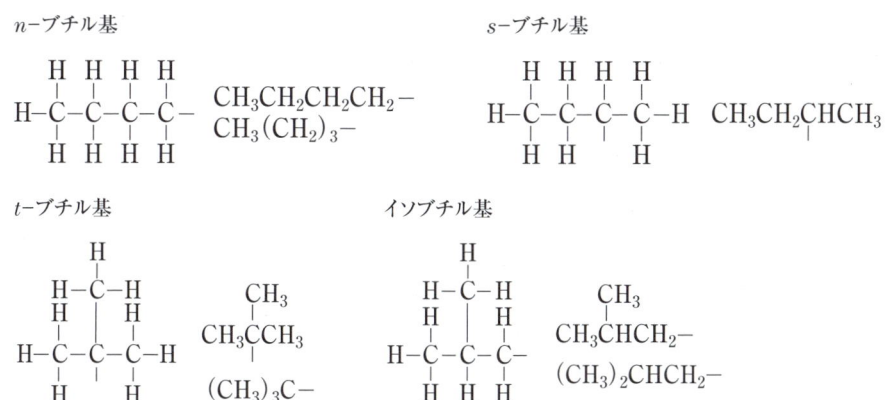

ヘキサン

2-メチルペンタン

3-メチルペンタン

2,2-ジメチルブタン

2,3-ジメチルブタン

c) アルキル基

アルカンからHを1つ取り除きC_nH_{2n+1}の式で表される原子団をアルキル基という。IUPACで認められた炭素1から10までの直鎖のアルキル基を表2-4に示した。なお，炭素を4つもつアルキル基には，normalを略したn-ブチル基，secondaryの意味をもつs-ブチル基，tertiaryの意味をもつt-ブチル基，枝分かれしたものの意味をもつイソブチル基の4つが存在する。

n-ブチル基

s-ブチル基

t-ブチル基

イソブチル基

2－3　アルカンの性質

　直鎖アルカンの融点と沸点を表2-3に示した。アルカンは炭素原子が増えるにつれ融点，沸点が高くなる。25℃の室温下では，C_4以下のアルカンは気体であり，C_5からC_{17}では液体（密度 0.6～0.8 g/cm³），C_{18}以上では固体（密度 0.8 g/cm³）となる。C_1のメタンやC_3のプロパンは都市ガスの成分，C_5からC_{10}はガソリンの成分として知られている。C_4のブタンはよく100円ライターなどに使用されているが，プラスチック容器を通して見ると液体である。これはブタンを約2気圧（19℃）で圧縮し，液化しているからである。また，いわゆるプロパンガスとして家庭で使われている液化石油ガスも，主成分であるプロパンとブタンを圧縮し液化したものである。

　アルカンはいずれも水より軽く，また炭素と水素の電気陰性度の差が小さいため極性も小さく水には溶けないが，同族体の液体アルカン（ヘキサンなど）やジエチルエーテルなどの有機溶媒にはよく溶ける。

2－4　アルカンの反応

a）置換反応

　アルカンは常温付近では化学的に安定で反応性は低い。

　飽和結合のみで構成されるため付加反応はせず，水素原子が別の基に置き換わる置換反応をする。アルカンの水素が極性のないハロゲン原子（F, Cl, Br）に置換する時，ラジカルが関与するので，特にラジカル反応という。

　以下にメタンと塩素との混合気体に光をあてた時の置換反応の例を示した。

メタン $\xrightarrow{Cl_2, 光}$ クロロメタン $\xrightarrow{Cl_2, 光}$ ジクロロメタン $\xrightarrow{Cl_2, 光}$ トリクロロメタン（クロロホルム） $\xrightarrow{Cl_2, 光}$ テトラクロロメタン（四塩化炭素）

最初に加熱または，Cl_2 への紫外線の照射によって Cl–Cl 結合が開裂し，2つの塩素ラジカル :Ċl· が生じるところから反応は開始する。

$$Cl_2 \xrightarrow{光} 2 \text{ :Ċl·}$$

塩素ラジカル :Ċl· は反応性が高く，メタン分子と衝突すると水素原子を引き抜いてメチルラジカル $H_3C·$ を生じる。続いてメチルラジカルが塩素分子と衝突すると，クロロメタン H_3C:Ċl: と塩素ラジカルを生じる。これが繰り返される。

$$H_3C· + \text{ :Ċl:Ċl:} \longrightarrow H_3C\text{:Ċl:} + \text{ :Ċl·}$$

ラジカル間で衝突することにより，ラジカルが消失すると反応は停止する。

$$\text{:Ċl·} + \text{·Ċl:} \longrightarrow \text{:Ċl:Ċl:}$$
$$H_3C· + \text{·Ċl:} \longrightarrow H_3C\text{:Ċl:}$$
$$H_3C· + ·CH_3 \longrightarrow H_3C\text{:}CH_3$$

b) アルカンの燃焼

アルカンは燃焼すると二酸化炭素と水と熱エネルギーを生成する。人はこの熱エネルギーを利用して湯をわかしたり料理をしたりしている。

メタンとプロパンの燃焼熱生成の例を示す。

$$CH_4 + 2\,O_2 \longrightarrow CO_2 + 2\,H_2O + 891 \text{ kJ}$$
$$C_3H_8 + 5\,O_2 \longrightarrow 3\,CO_2 + 4\,H_2O + 2221 \text{ kJ}$$

2−5 石油とアルカン

油田からくみ上げられた原油は，何千種類もの化合物からなるが，おもな成分は炭化水素類である。この中に炭素と水素からなる単結合化合物のアルカンも含まれる。

原油は脱水・脱塩した後，加熱したものを精留塔に導き，各種の炭化水素を得ることができる。精留塔では低分子で沸点の低いものが上層に，高分子で高沸点のものが下層で凝縮する（図2−2）。ナフサと灯油はさらに蒸留され（改質蒸留），熱分解（クラッキング）することにより，エチレン，プロピレン，ブチレンを生成して，石油化学製品の原料としたり，環化することによりベンゼンやトルエン，キシレンに改変したりする。

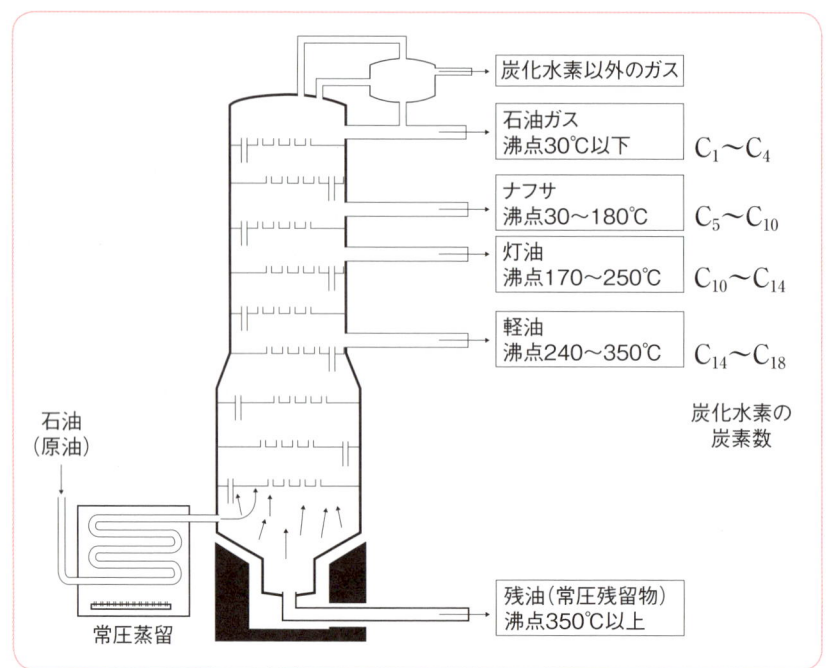

図2−2　石油・石油ガスの分留

2−6　環状アルカン

　直鎖アルカンの両端の炭素がつながってできる，環状構造をした化合物をシクロアルカン（脂環式飽和炭化水素）という。一般式 C_nH_{2n} ($n \geq 3$) で表されるアルカンの異性体である。

　シクロアルカンのIUPAC名は，図2−3に示すように同数の炭素のアルカンの名称の前に接頭語のシクロ（cyclo-）をつければよい。

　環を構成する原子の数（炭素以外のこともある）によって三員環，四員環，五員環，六員環とよぶ。天然には安定な構造の五員環と六員環が多い。両者はそれぞれ鎖状のアルカンと性質が似ている。

　シクロヘキサンはいす形と舟形がある（図2−4）。いす形が安定で，室温では99.9％以上がいす形である。舟形は図2−4に見られるように，2つの水素原子が接近しており，互いに障害となる。

　環についた水素には，2種類の水素がある。環の平面に垂直に結合したアクシアル水素が6個と，環の平面にほぼ平行に結合したエクアトリアル水素が6個ある。水素の代わりにメチル基がついている場合，アクシアルメチル基，エクアトリアルメチル基とよぶ。

　環状の化合物として芳香族炭化水素があるが，これは本章3．アルケンの中で説明する。

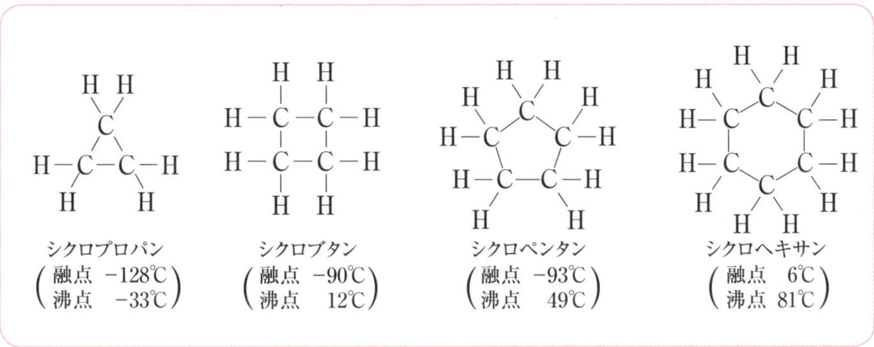

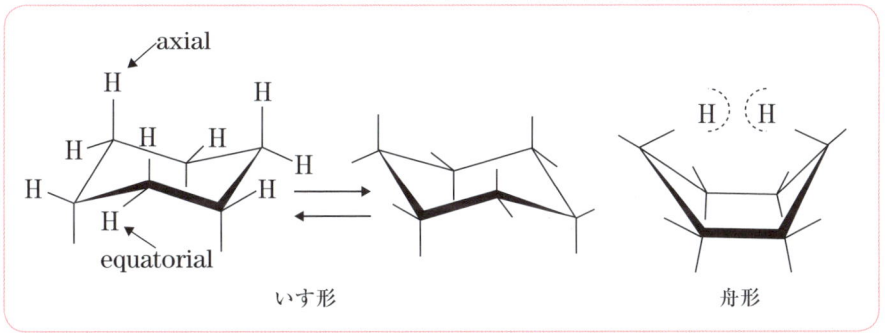

図2-3　シクロアルカンの例

図2-4　シクロヘキサンの立体的な構造

3. アルケン (alkene)

3-1　アルケンの構造

アルケンは不飽和炭化水素の一種で，鎖式炭化水素のうち分子内にC=Cの二重結合を1つもち，一般式C_nH_{2n}（$n \geqq 2$）で表される。オレフィン（olefin）ともよばれる。

最も簡単なアルケンはエテン（ethene，慣用名はエチレン〈ethylene〉）であり，図2-5のような構造をもつ。この二重結合はσ結合とπ結合で形成されており，エチレンの場合すべての原子は同一平面上にある。エチレンのC=C二重結合の結合エネルギーは611 kJ/molであり，C-C単結合の結合エネルギー 351 kJ/molの2倍より小さいが，このπ結合の開裂には高温や光のエネルギーを要する。アルケンの二重結合はπ電子雲の存在により回転できない。アルケンには幾何異性体（シス・トランス異性体）が存在する。幾何異性体は融点・沸点などの物理的な性質のほか，反応性などの化学的性質が異なる。

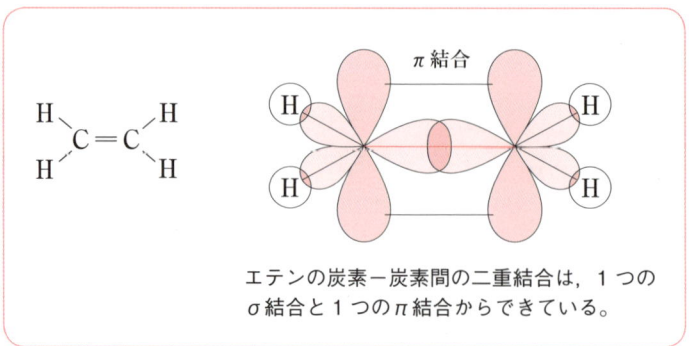

図2-5　エチレンの構造

3-2　アルケンの命名法

アルケンの IUPAC 名は，炭素数の等しいアルカン名の語尾を -ene とする。

また，二重結合が複数ある場合，2個の場合は～ジエン（-diene），3個の場合は～トリエン（-triene）などの語尾をつける。その他は，アルカンの場合と同様である。

表2-5　アルケンの名称

名　称	示性式	融点（℃）	沸点（℃）	密度（g/cm³）
エテン	$CH_2=CH_2$	-169	-104	
プロペン	$CH_3CH=CH_2$	-185	-48	
1-ブテン	$CH_3CH_2CH=CH_2$	-185	-7	
1-ペンテン	$CH_3(CH_2)_2CH=CH_2$	-165	30	0.641
1-ヘキセン	$CH_3(CH_2)_3CH=CH_2$	-140	64	0.674
1-ヘプテン	$CH_3(CH_2)_4CH=CH_2$	-119	93	0.698
1-オクテン	$CH_3(CH_2)_5CH=CH_2$	-102	123	0.716

3-3　アルケンの物理的性質

アルケンはアルカンと同様，ほとんど極性がなく水に溶けないが，アルコール，ベンゼン，エーテルなどの有機溶媒にはよく溶ける。基本的にはアルカンと同様の性質を有するが，二重結合をもつことにより特徴的な性質を示す。

アルケンの幾何異性体（シス・トランス異性体）であるブテンの例を以下に示した。

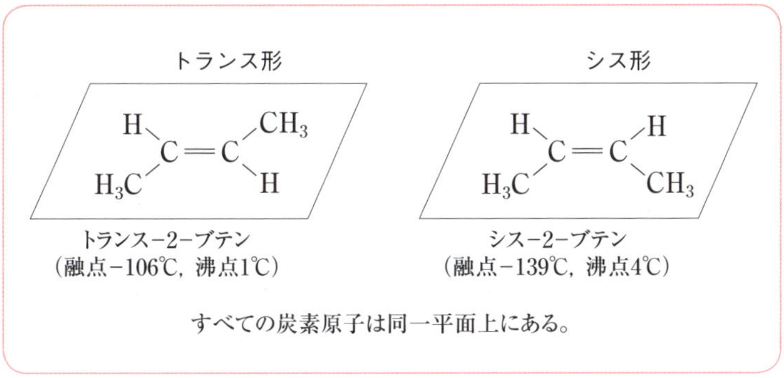

3. アルケン

トランス形　　　　　　　　　　シス形

$$\text{トランス-2-ブテン} \quad \text{シス-2-ブテン}$$
（融点 −106℃，沸点 1℃）　　（融点 −139℃，沸点 4℃）

すべての炭素原子は同一平面上にある。

図 2−6　シス・トランス異性体

3−4　アルケンの反応

a) 付加反応

アルケンの二重結合の部分は σ 結合と π 結合で構成されている。π 電子雲は σ 結合の外側に広がった状態をしているため求電子反応を生じやすく，**付加反応**を起こしやすい。

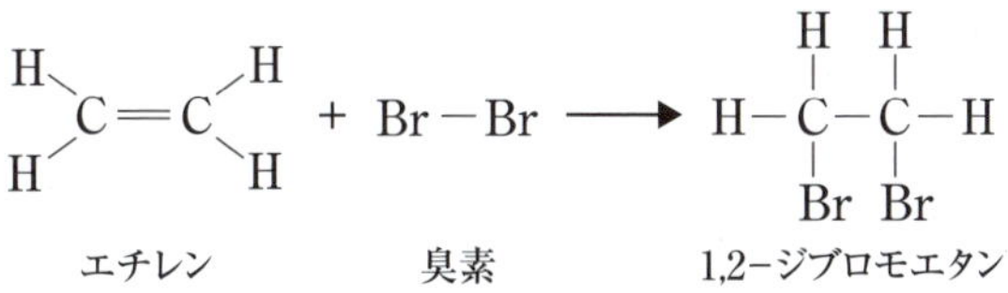

$$\text{エチレン} + Br-Br \longrightarrow \text{1,2-ジブロモエタン}$$

・**マルコウニコフ則（Markownikoff 則）**

アルケンへのハロゲン化水素 HX の付加においては，水素原子 H は水素原子を多くもつ炭素に結合する。

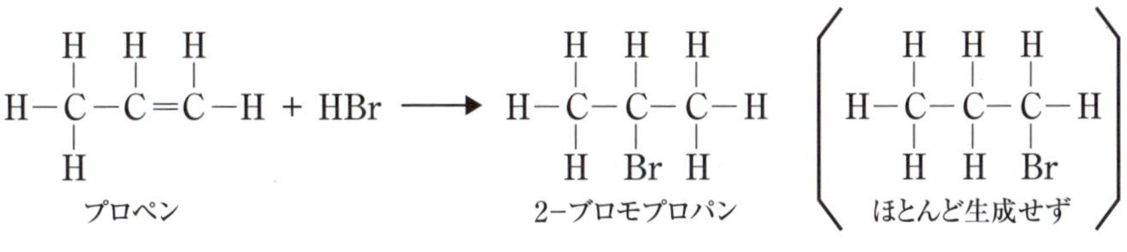

$$\text{プロペン} + HBr \longrightarrow \text{2-ブロモプロパン} \quad (\text{ほとんど生成せず})$$

b) 付加重合

エチレン C_2H_4 やプロペン C_3H_6 は特定の条件下で同じ分子同士で連続的に付加反応を行い（**付加重合**），ポリエチレンやポリプロピレンとなる。

次にエチレンからポリエチレンとなる例を示す。

第2章 有機化合物の基本骨格

> **TOPIC**
>
> エチレン：リンゴをバナナやキウイフルーツと一緒にしておくと，リンゴの出すエチレンによりバナナやキウイフルーツの熟成が早まる。また，植物の若い芽に触れてやると，エチレンが放出されて芽の伸長が止まり，茎が肥厚化する。これらの現象はエチレンの植物の生長ホルモンとしての作用によることが知られている。

3－5　アルケンの合成

　炭素原子数の少ないアルケンは石油の熱分解（クラッキング）で得られる。エチレンやプロピレンは石油化学工業の重要な原料となる。

　エチレンはナフサの熱分解で得られるが，エタノールに濃硫酸を加えて160℃以上に加熱することにより分子内で脱水反応を生じさせ，エチレンを生成することもできる。

$$C_2H_5OH \xrightarrow[160℃以上]{濃 H_2SO_4} H_2C=CH_2 + H_2O$$

3－6　シクロアルケン

　図2－7に示すように，二重結合が1個ある環状構造の炭化水素をシクロアルケンという。この名称は，炭素数が同じシクロアルカンの語尾の － ane を － ene に置き換えて命名する。二重結合をもつため，アルケンと同様にシクロアルケンも付加反応を生じやすい。

　シクロアルケンに置換基が結合した場合，二重結合の炭素を1番，2番として，置換基の位置を示す番号が小さくなるように順に番号をつけていき，命名する。

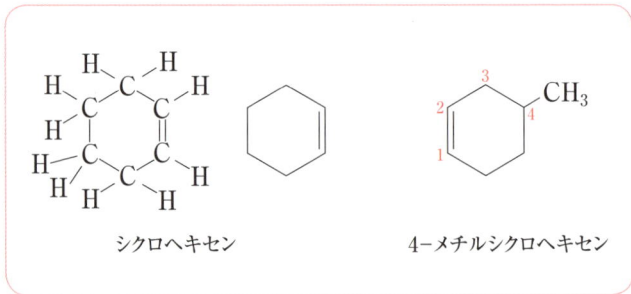

シクロヘキセン　　　　4－メチルシクロヘキセン

図2－7　シクロアルケンの表記例

4. アルキン (alkyne)

4-1 アルキンの構造

アルキンは不飽和炭化水素の一種で，鎖式炭化水素のうち分子内に C≡C の三重結合を 1 つもち，一般式 C_nH_{2n-2} ($n \geq 2$) で表される。

最も簡単なアルキンはアセチレン（acetylene, 系統名はエチン〈ethyne〉）であり，図 2-8 のような構造をもつ。この三重結合は 1 つの σ 結合と 2 つの π 結合で形成されている。したがって，アセチレンの場合炭素間で回転できず，すべての原子は一直線上にある。

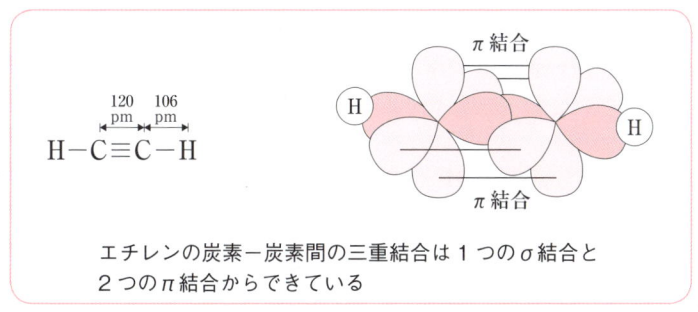

図 2-8 アセチレン（エチン）の構造

4-2 アルキンの命名法

アルキンの IUPAC 名は，炭素数が等しいアルカン名の語尾を -yne とする。

表 2-6 アルキンの名称とその性質

名　称	示性式	融点（℃）	沸点（℃）	密度（g/cm³）
アセチレン（エチン）*	CH≡CH	-82	-84	
プロピン	CH₃C≡CH	-103	-23	
1-ブチン	CH₃CH₂C≡CH	-126	-8	
1-ペンチン	CH₃(CH₂)₂C≡CH	-106	40	0.690
1-ヘキシン	CH₃(CH₂)₃C≡CH	-132	72	0.716
1-ヘプチン	CH₃(CH₂)₄C≡CH	-81	100	0.733
1-オクチン	CH₃(CH₂)₅C≡CH	-79	126	0.746

*アセチレンは慣用名，エチンは系統名。

4−3 アルキンの性質

アルキンはわずかに極性をもち（アセチレンは水と1：1（体積比）で溶解する），アルカン，アルケンと同様，アルコール，ベンゼン，エーテルなどの有機溶媒によく溶ける。基本的にはアルケンと同様の性質を有するが，三重結合をもつことによる特徴的な性質も示す。

アセチレンの三重結合 C≡C の結合距離は 120 pm で，単結合のエタン（154 pm）や二重結合のエチレン（134 pm）に比べて短い。これは，三重結合のため6個の電子が結合に関与し，炭素の原子核を強く引き付けていることによる。また，アルキンの C−H 結合はアルカンやアルケンに比べて解離しやすく，酸性度は高い。このため次に示すように，硝酸銀や金属ナトリウムと反応して炭素が C^- となり，金属とイオン対をもった金属アセチリド（重要な有機金属化合物）となる。銀など重金属のアセチリドは水には安定であるが，乾燥すると刺激により爆発しやすくなるのに対して，ナトリウムアセチリドは爆発性はないが，水で分解してアルキンとなる。また，アルキンはアルケンと同様の付加反応を行う。

$$H-C\equiv C-H + AgNO_3 \longrightarrow H-C\equiv C^-Ag^+ + HNO_3$$

$$H-C\equiv C-H + Na \longrightarrow H-C\equiv C^-Na^+ + \frac{1}{2}H_2$$

アセチレンから金属アセチリドの生成

a）水素の付加反応

$$-C\equiv C- + 2H_2 \xrightarrow{\text{触媒}} \begin{array}{c} H\ H \\ | \ | \\ -C-C- \\ | \ | \\ H\ H \end{array}$$

触媒：Ni, Pt など

b）水の付加反応

アセチレンに $HgSO_4$ を触媒として水を付加させるとビニルアルコールが生成するが，これは不安定なので分子内転移反応によりアセトアルデヒドに変化する。

$$H-C\equiv C-H + H_2O \xrightarrow{HgSO_4} \left(\begin{array}{c} H\ OH \\ | \ | \\ H-C=C-H \end{array} \right) \longrightarrow \begin{array}{c} H\ O \\ | \ \| \\ H-C-C-H \\ | \\ H \end{array}$$

アセチレン　　　　　　ビニルアルコール　　　アセトアルデヒド

4−4 アルキンの合成

アセチレンは実験室では，炭化カルシウム（カーバイド，CaC_2）と水の反応でつくられる。

$$CaC_2 + 2H_2O \longrightarrow HC\equiv CH + Ca(OH)_2$$

工業的には，高温下でのメタンの部分酸化によりつくられている。

$$6\,CH_4 + 6\,O_2 \xrightarrow{1500℃} 2\,HC\equiv CH + 2\,CO + 10\,H_2O$$

5．芳香族化合物

芳香族アミノ酸や芳香族カルボン酸など食品成分を学ぶ際に，しばしば芳香族という言葉が登場するが，芳香族とはベンゼン環をもつ化合物のことである。芳香族化合物の中で最も簡単なものが，ベンゼンである。コールタールを分留した時に，トルエン，キシレン，ナフタレンなどとともに得られる。

5－1　ベンゼンの構造

ベンゼンは炭素6個，水素6個の環状構造をしており，正六角形をしている。図2-9のように表される。

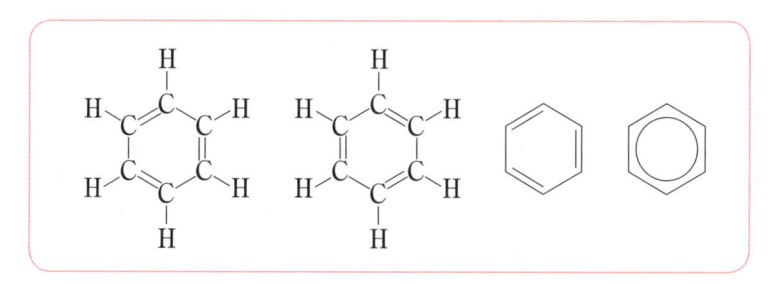

図2-9　ベンゼンの構造表記

ベンゼンは熱力学的に安定である。

ベンゼンの構造を書く時は，図2-9に示したように単結合と二重結合を交互に書く。つまり，共役二重結合（2つの二重結合が1つの単結合をはさんだ結合をいう）の形をとるが，この時π電子は一定の位置に定まっているのではなく，環円を自由に移動し，非局在的に存在すると考えられている。これを共鳴構造という。二重結合を多くもつのにベンゼンの安定性が保たれているのは，この共鳴構造によると考えられている。したがって，ベンゼンのπ電子を書く時，図2-9の右端のように書くことがある。

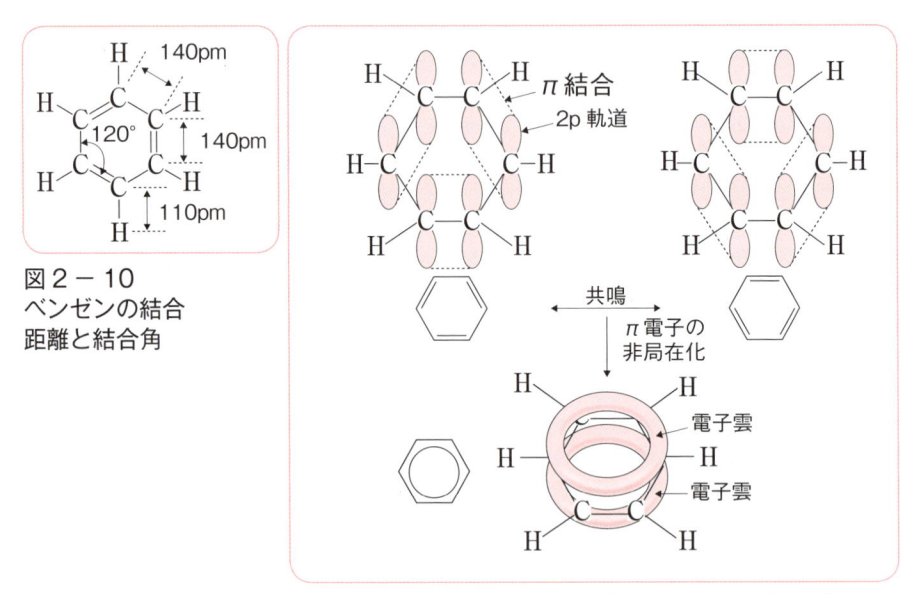

図2−10 ベンゼンの結合距離と結合角

図2−11 ベンゼンの共役二重結合と共鳴構造

炭素と炭素の単結合の結合距離は154 pm，炭素と炭素の二重結合の結合距離は134 pmで平均144 pmであるが，ベンゼンの場合，炭素と炭素の結合距離は140 pmで両者の平均に近く，しかもどの炭素−炭素結合も同じ距離であることから共鳴構造が考えられている。

ベンゼンの炭素の結合角は120°である（図2−10）。

炭素の2sと$2p^2$がsp^2混成軌道をして平面的に六角形をなし，また混成に加わらなかった残りの2p軌道同士がπ結合をつくっている（図2−11）。六角形平面の上下にπ電子雲が広がっているので求電子反応を起こしやすい。

ベンゼンと代表的なベンゼン以外の芳香族化合物を以下に記した。

ベンゼン C_6H_6

ナフタレン $C_{10}H_8$

アントラセン $C_{14}H_{10}$

フラン C_4H_4O

ピリジン C_5H_5N

ピロール C_4H_5N

アデニン $C_5H_5N_5$

炭素以外の窒素や酸素を含む環を複素環という。

ベンゼン環をもたないが，フランやピリジン，ピロール，アデニンも芳香族性をもつ仲間である。

5-2 芳香族化合物の命名法

IUPACの最も簡単な命名法は，ベンゼン (benzene) にクロロ (Cl)，ニトロ (NO_2)，メチル (CH_3) などの接頭語をつける方法である。2つ以上の置換基がある時は，ほかの炭化水素と同じように命名する。オルト，メタ，パラをつけるか，鎖状アルカンと同じように置換基の位置番号をつけ，語尾にベンゼンをつける。ただし，一部に慣用名が認められている。表2-7に代表的な芳香族名を示した。ジメチ

表2-7 代表的な芳香族化合物

IUPAC名	ベンゼン	メチルベンゼン	1,2-ジメチルベンゼン	1,3-ジメチルベンゼン
慣用名		トルエン	o-キシレン	m-キシレン
IUPAC名	1,4-ジメチルベンゼン	エテニルベンゼン	エチルベンゼン	
慣用名	p-キシレン (p-xylene)	スチレン (styrene)		
慣用名	安息香酸	フェノール	アニリン	

ルベンゼンには1,2-，1,3-，1,4-の3つの異性体（慣用名のオルト，メタ，パラ）が存在する。慣用名に用いられる $o-$（ortho），$m-$（meta），$p-$（para）の位置関係を理解しておきたい。スチレンは発泡スチロールを造る時に用いる化合物である。

5-3　芳香族化合物の反応

最も単純な芳香物化合物のベンゼンは二重結合を3つもつにもかかわらず，安定性が高く通常の不飽和結合のような付加反応は起きにくい。代表的な反応は水素との置換反応である。以下に置換反応の例を示す。

ハロゲン化
触媒を用いてベンゼンと塩素を作用させるとクロロベンゼンが生じる。

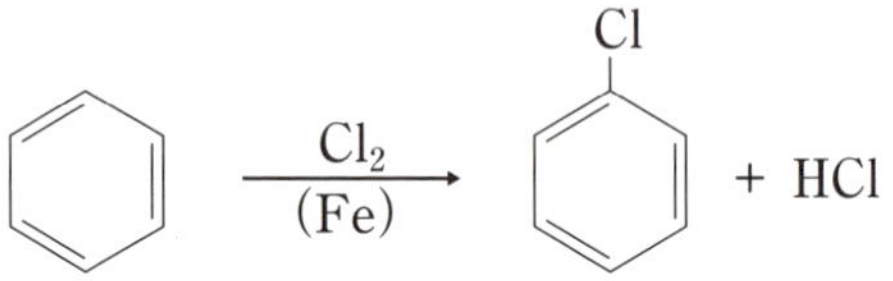

$$C_6H_6 \xrightarrow[(Fe)]{Cl_2} C_6H_5Cl + HCl$$

クロロベンゼン

ニトロ化
ベンゼンに濃硫酸存在下で濃硝酸を反応させるとニトロベンゼンを生じる。

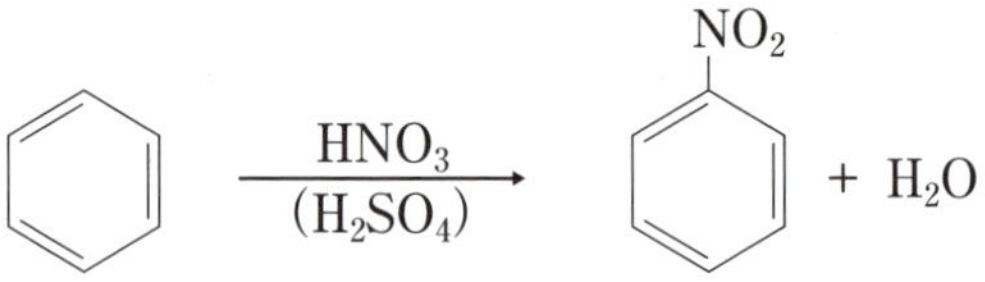

$$C_6H_6 \xrightarrow[(H_2SO_4)]{HNO_3} C_6H_5NO_2 + H_2O$$

ニトロベンゼン

スルホン化
ベンゼンと濃硫酸を加熱するとベンゼンスルホン酸を生じる。

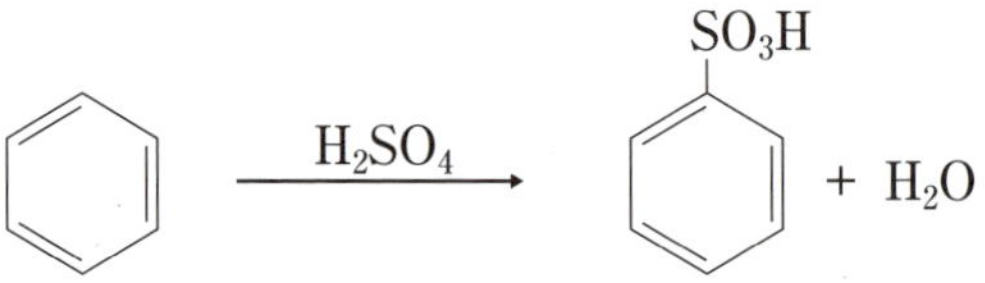

$$C_6H_6 \xrightarrow{H_2SO_4} C_6H_5SO_3H + H_2O$$

ベンゼンスルホン酸

練習問題

1. 次の化合物を IUPAC 法で命名せよ。

(1)
$$H_3C-CH-CH_2-CH_3$$
$$\quad\quad\,|$$
$$\quad\,CH_3$$

(2)
$$\quad\quad\quad CH_3$$
$$\quad\quad\quad\,|$$
$$H_3C-C-CH_3$$
$$\quad\quad\,|$$
$$\quad\,CH_3$$

(3)
$$\quad\quad\quad\quad\quad\quad\quad\quad\quad\quad\quad CH_3$$
$$\quad\quad\quad\quad\quad\quad\quad\quad\quad\quad\quad\,|$$
$$CH_3-CH_2-CH-CH_2-CH_2-CH_2-CH-CH_3$$
$$\quad\quad\quad\quad\quad\quad\,|$$
$$\quad\quad\quad\quad\quad\,CH_3$$

(4)
$$CH_3-CH_2-CH=CH-CH_2-CH_3$$

(5) (シクロペンタン構造)

(6) (シクロペンテン構造)

2. 次の化合物の構造式を記せ。

(1) 2,2 - ジメチルブタン
(2) 3,4 - ジメチル - 2 - ペンテン
(3) 3 - メチル - 1 - ブチン
(4) 4 - メチル - 2 - ペンチン（イソプロピルメチルアセチレンともいう）
(5) トランス - 4 - メチル - 2 - ペンテン

3. 次のアルケンに HCl を反応させた結果生成される物質の構造式を記せ。

(1)
$$\quad\,H\,\,H\,\,H\,\,H$$
$$\quad\,|\,\,\,\,|\,\,\,\,|\,\,\,\,|$$
$$H-C-C=C-C-H$$
$$\quad\,|\,\,\,\,\,\,\,\,\,\,\,\,\,\,|$$
$$\quad\,H\,\,\,\,\,\,\,\,\,\,\,H$$

(2)
$$\quad\,H\,\,H\,\,H\,\,H$$
$$\quad\,|\,\,\,\,|\,\,\,\,|\,\,\,\,|$$
$$H-C-C-C=C-H$$
$$\quad\,|\,\,\,\,|$$
$$\quad\,H\,\,H$$

4. C_1 から C_{10} までのアルキル基の化学式とその名称を記せ。

第3章 有機化合物の化学

1. 官能基の種類

　有機分子の中で，物理・化学的性質を決めるおもな原因となる原子や原子団を官能基という。有機化合物は官能基によって分類することができる。主要な化合物の種類と官能基を表3-1に示した。

表3-1　有機化合物の種類と官能基

化合物群の名称	一般式	官能基	化合物の例
アルケン	$(H)R\underset{(H)R'}{}C=C\underset{R'''(H)}{R''(H)}$	二重結合	$CH_2=CH_2$ エテン（エチレン）
アルキン	$(H)R-C\equiv C-R'(H)$	三重結合	$CH\equiv CH$ エチン（アセチレン）
アルコール	$R-OH$	アルコール性ヒドロキシ	CH_3CH_2OH エタノール（エチルアルコール）
フェノール類	C$_6$H$_5$-OH	フェノール性ヒドロキシ	C$_6$H$_5$-OH フェノール
エーテル	$R-O-R'$	アルコキシ	$CH_3CH_2OCH_2CH_3$ エトキシエタン（ジエチルエーテル）
ハロゲン化物（ハロアルカン）	$R-X$	ハロゲノ	CH_3I ヨードメタン（ヨウ化メチル）
カルボニル化合物　アルデヒド	$R-\underset{H}{\overset{O}{C}}$	ホルミル（アルデヒド）	CH_3CHO エタナール（アセトアルデヒド）
カルボニル化合物　ケトン	$R-\overset{O}{C}-R'$	カルボニル	CH_3COCH_3 プロパノン（アセトン）
カルボン酸	$R-\underset{OH}{\overset{O}{C}}$	カルボキシ	CH_3COOH エタン酸（酢酸）

エステル	R−C(=O)−O−R'	アルコキシーカルボニル	CH₃COOCH₂CH₃	エタン酸エチル(酢酸エチル)
酸無水物	R−C(=O)−O−C(=O)−R'		(CH₃CO)₂O	無水酢酸
アミド	R−C(=O)−N(R''(H))R'(H)	カルバモイル	CH₃CONH₂	エタンアミド(アセトアミド)
アミン	R(H)−N(R'')R'(H)	アミノ	(CH₃)₃N	N,N-ジメチルメタンアミン(トリメチルアミン)
チオール	R−SH	スルファニル	CH₃CH₂SH	エタンチオール
スルフィド	R−S−R'	アルキル−スルファニル	CH₃SCH₃	メチルスルファニルメタン(ジメチルスルフィド)

2. アルコール

2−1 アルコールの構造

アルコールは，脂肪族炭化水素鎖の水素原子が−OH基（ヒドロキシ基）に置換したものであり，R−OH（Rはアルキル基）で表される。また，H_2O分子の1つのHがアルキル基に置き換わったものと考えることもできる。−OH基の酸素はsp^3混成軌道をもち，水素，炭素とσ結合を形成し，残りの2つの混成軌道は非共有電子対で占められている。

2−2 アルコールの命名法

ある炭素にほかの炭素が何個結合しているかにより，その炭素を第何(級)炭素とよぶ。1個の時は第一(級)炭素，2個の時は第二(級)炭素である。

−OH基が第一(級)炭素，第二(級)炭素，第三(級)炭素のそれぞれに結合したものを第一(級)アルコール，第二(級)アルコール，第三(級)アルコールとよぶ。また，分子中にある−OH基の数が1, 2, 3…個のものを，それぞれ1価アルコール，2価アルコール，3価アルコール…などとよぶ。また，2価アルコール以上はまとめて多価アルコールとよばれることもある。

第3章 有機化合物の化学

アルコールは普通2つの系統によって命名されている。炭素数5つ以下のアルコールは，官能基名を用いた命名法（基官能命名法）でよばれる場合が多いが，複雑なものは体系的命名法（置換命名法）でよばれる。基官能命名法は，官能基名の"アルコール"を炭化水素基名の後ろにつける命名法である。一方，置換命名法は，基本となる炭化水素鎖を中心に接頭語，接尾語で置換基を表す命名法である。ここでは置換命名法について述べる。以下の命名法は，－OH基より優先順位の高い官能基が存在しない場合の命名法であり，－OH基より優先順位の高い官能基が存在する場合は－OH基は"ヒドロキシ"の接頭語（置換基名）に換わる。

(1) 最多数の－OH基を含む最長の炭素鎖（主鎖）を見い出す。この主鎖の炭化水素名の語尾eを，アルコールを表すol（オール）に換える。

表3-2 代表的なアルコールの名称と物理的性質

構造式	置換命名 （基官能命名）	融点 （℃）	沸点 （℃）	水に対する溶解度 （g/100g, 20℃）
CH_3OH	メタノール （メチルアルコール）	－97	65	∞
CH_3CH_2OH	エタノール （エチルアルコール）	－130	78	∞
$CH_3CH_2CH_2OH$	プロパン－1－オール （n－プロピルアルコール）	－126	97	∞
CH_3CHOH 　$|$ 　CH_3	プロパン－2－オール （イソプロピルアルコール）	－90	82	∞
$CH_3CH_2CH_2CH_2OH$	ブタン－1－オール （n－ブチルアルコール）	－90	118	6.4
CH_3CH_2CHOH 　　　$|$ 　　　CH_3	ブタン－2－オール （s－ブチルアルコール）	－115	100	20.0
CH_3CHCH_2OH 　$|$ 　CH_3	2－メチルプロパン－1－オール （イソブチルアルコール）	－108	108	8.5
CH_3 　$|$ CH_3COH 　$|$ 　CH_3	2－メチルプロパン－2－オール （t－ブチルアルコール）	26	83	∞
$HOCH_2CH_2OH$	エタン－1,2－ジオール （慣用名　エチレングリコール）	－13	178	∞
$HOCH_2CH(OH)CH_2OH$	プロパン－1,2,3－トリオール （慣用名　グリセロール）	18	290	∞

＊∞は任意の割合で溶ける。

(2) －OH 基の結合した炭素の番号ができるだけ小さくなるように，主鎖の炭素原子に鎖の端より番号をつける。
(3) －OH 基の結合した炭素の位置番号をオールの直前につける。
(4) 主鎖の置換基に位置番号と名称をつけ接頭語とする。
(5) －OH 基が 2 個，3 個…の場合は，ジオール，トリオール…などとし，その位置番号を，ジオール，トリオール…などの前につける。

表 3-2 に代表的なアルコールの名称と構造式を示した。

2-3 アルコールの物理的性質

アルコールは水の誘導体と考えることができ，炭素数が少ないアルコールは水と似た性質をもつ。－OH 基をもつ化合物は同種類の分子同士で，あるいは異種の分子間で水素結合（第 1 章 5-2 参照）を形成することができるので，アルコールは，ほぼ同じ分子量の炭化水素やエーテル（本章 4. 参照）より高い沸点をもつ（表 3-4 参照）。また，アルコールと水の －OH 基間で水素結合する結果，炭素数が 3 以下のアルコールは水とよく溶け合う。炭素数が大きくなると，疎水性である炭化水素鎖の効果が親水性である －OH 基の効果を上回るようになり，水に対する溶解度が下がる（表 3-2 参照）。異性体である第一級，二級，三級アルコールの水に対する溶解度は，炭化水素鎖同士の相互作用の多少により第三級＞二級＞一級の順となる。一般に，アルコールの水に対する溶解度は分子中の －OH 基と炭化水素鎖との割合によって決まる。

2-4 アルコールの反応

a) 酸・塩基との反応

酸との反応：HCl のような強酸が存在すると，アルコールは塩基としてはたらき，共役酸に変わる。

$$CH_3-O-H + HCl \rightleftharpoons CH_3-\overset{H}{\underset{|}{O}}{}^+\!-H + Cl^-$$

　　　　塩基　　　　酸　　　　　共役酸　　　　共役塩基

HCl と $CH_3-\overset{H}{\underset{|}{O}}{}^+\!-H$ の pK_a 値（25℃，水中）はそれぞれ －7 と －2.5 であり，平衡は左側に寄る。

塩基との反応：Na のような強塩基が存在すると，アルコールは酸としてはたらき，共役塩基に変わる。

$$CH_3-O-H + 塩基 \rightleftharpoons CH_3-O^- + H^+\!-塩基$$

　　　酸　　　　　　　　　共役塩基

アルコールより生じた共役塩基は，アルコキシドイオン（R-O⁻）とよばれる。R-O⁻はアルコールとアルカリ金属とを反応させてつくられる。

$$C_2H_5-O-H + Na \longrightarrow C_2H_5-O^-Na^+ + \frac{1}{2}H_2$$

R-O⁻は強塩基であり，酸と反応してアルコールになる。

$$C_2H_5-O^-Na^+ + H_2O \longrightarrow C_2H_5-O-H + Na^+OH^-$$
$$C_2H_5-O^-Na^+ + CH_3COOH \longrightarrow C_2H_5-O-H + CH_3COO^-Na^+$$

b）酸触媒存在下での置換反応*と脱離反応**

> *置換反応：炭素原子上の1つの基や原子がほかの基や原子で置き換わる反応
> **脱離反応：炭素原子に結合した水素および隣接炭素原子上の基や原子の脱離により二重結合ができる反応

アルコールから水酸価イオン（ヒドロキシドイオン；OH⁻）は簡単には脱離しないが，酸性溶液中で反応させると脱離し，置換反応が起こる。

$$CH_3CH_2-OH + H^+ + Br^- \rightleftharpoons CH_3CH_2-\overset{+}{O}H_2 + Br^- \longrightarrow CH_3CH_2-Br + HOH$$

> ⌒は特定の反応過程での1個の電子対の動きを表す。

第一級アルコールを，求核性の低い共役塩基をもつ硫酸のような強酸の存在下で加熱すると，アルコールが求核試薬ともなりエーテルが生成する（本章4-1参照）。また，160〜170℃で加熱するとアルケンが生成する。

$$2\,CH_3CH_2-OH \xrightarrow[\text{加熱(140℃)}]{H_2SO_4} CH_3CH_2OCH_2CH_3 + H_2O$$

$$CH_3CH_2-OH \xrightarrow[\text{加熱(160℃)}]{H_2SO_4} CH_2=CH_2 + H_2O$$

> 求核試薬：正電荷（＋）や部分電荷（δ＋）をもつ反応中心に高い親和性をもつ試薬。非共有電子対や負電荷をもつ化合物が求核試薬となる。RS⁻，RO⁻，X⁻（ハロゲン化物イオン），R₃N，ROH などが含まれる。

第二，第三級アルコールを硫酸やリン酸とともに加熱すると脱離反応が起こり，アルケンが生成する。

$$CH_3CH_2\underset{\underset{OH}{|}}{CH}CH_3 \xrightarrow[\text{加熱}]{H_2SO_4} CH_3CH=CHCH_3 + H_2O$$

2. アルコール

アルコールとカルボン酸を酸触媒下，加熱すると不飽和炭素での置換反応が起こり，エステルが生成する。

$$CH_3-\underset{\underset{O}{\|}}{C}-OH + C_2H_5-OH \xrightleftharpoons{H^+} CH_3-\underset{\underset{C_2H_5-OH}{|}}{\overset{\overset{OH}{|}}{C}}-OH \rightleftharpoons CH_3-\underset{\underset{C_2H_5-\overset{+}{O}H}{|}}{\overset{\overset{OH}{|}}{C}}-OH$$

$$\rightleftharpoons CH_3-\underset{\underset{O}{\|}}{C}-O-C_2H_5 + H_2O$$

c）酸化反応

無水クロム酸（CrO_3）の硫酸酸性溶液（ジョーンズ試薬）や過マンガン酸カリウム（$KMnO_4$）のような酸化剤で酸化すると，第一級アルコールはアルデヒドになり，さらに酸化されるとカルボン酸になる。第二級アルコールはケトンになる。

第三級アルコールは酸化を受けない。第一級アルコールの酸化をアルデヒドで止めたい時は，酸化力が穏和なクロロクロム酸ピリジニウム（PCC, pyridinium chlorochromate）を酸化剤として用いる。

$$CH_3CH_2-OH \xrightarrow{酸化} CH_3-\underset{H}{\overset{\overset{O}{\|}}{C}} \xrightarrow{酸化} CH_3-\underset{OH}{\overset{\overset{O}{\|}}{C}}$$

$$CH_3-\underset{\underset{}{}}{\overset{\overset{OH}{|}}{CH}}-CH_3 \xrightarrow{酸化} CH_3-\underset{}{\overset{\overset{O}{\|}}{C}}-CH_3$$

2−5　アルコールの合成

a）ハロゲン化アルキルの加水分解（本章 5. ハロゲン化アルキル 参照）

$$CH_3CH_2CH_2-Br + H_2O \xrightarrow{+H^+} CH_3CH_2CH_2-OH + HBr$$

$$CH_3CH_2CH_2-Br + OH^- \longrightarrow CH_3CH_2CH_2-OH + Br^-$$

b）アルケンへの水の付加（第2章 3. アルケン 参照）

$$CH_2=CH_2 + H_2O \xrightarrow{+H^+} CH_3CH_2-OH$$

$$CH_3CH_2CH_2CH=CH_2 + H_2O \xrightarrow{+H^+} CH_3CH_2CH_2CH(OH)CH_3$$

2−6　アルコールの硫黄類似化合物　チオールとスルフィド

アルコール（R−OH）の酸素原子が硫黄原子に置き換わったものはチオール（R−SH）とよばれ，チオールの水素原子がアルキル基，アリール基に置き換わっ

たものはスルフィド（R–S–R'）とよばれる。スルフィドはエーテルの酸素原子が硫黄原子に置き換わったものと考えることもできる。チオールと同一分子量のスルフィドの沸点はほぼ等しいことより（表3–3参照），チオールはアルコールと異なり，ほとんど水素結合していないことがわかる。硫黄化合物は悪臭をもつものが多いが，とりわけ低分子量のチオールは強い悪臭をもつ。スルフィドの悪臭はチオールよりもずっと弱い。

表 3–3　代表的なチオールとスルフィドの物理的性質

構造式	名称	分子量	沸点	構造式	名称	分子量	沸点
CH_3SH	メタンチオール	48	6				
C_2H_5SH	エタンチオール	62	35	CH_3SCH_3	ジメチルスルフィド	62	38
C_3H_7SH	プロパンチオール	76	68	$CH_3SC_2H_5$	エチルメチルスルフィド	76	67
C_4H_9SH	ブタンチオール	90	98	$C_2H_5SC_2H_5$	ジエチルスルフィド	90	92

エタノールのpKa値は16であるが，エタンチオールのpKa値は10.5であり，チオールはアルコールより酸性度が強い。チオールは水にはほとんど溶けないが，酸性を示すので，アルカリ性溶液には塩（**チオラートイオン**）となって溶ける。

$$C_2H_5SH + NaOH \rightleftarrows C_2H_5S^-Na^+ + H_2O$$
（ナトリウムエタンチオラート）

また，チオールはアルコールより容易に酸化され，ジスルフィド（R–S–S–R）になりやすい。この一例にアミノ酸のシステインが酸化されシスチンになる反応がある。

硫黄原子は酸素原子と同族であるが，酸素原子より原子半径が大きく分極しやすいのでチオラートイオンの求核性は**エノラートイオン**より大きく，脱離基としての反応性も大きい。

チオールはハロゲン化アルキルと反応してスルフィドを生成する。

$$CH_3SH + CH_3CH_2CH_2-Br \longrightarrow CH_3SCH_2CH_2CH_3 + HBr$$
（メチルプロピルスルフィド）

スルフィドもエーテルよりは求核性が強く，ハロゲン化アルキルと反応してスルホニウム塩を生成する。

$$CH_3CH_2-S-CH_2CH_3 + CH_3-I \longrightarrow CH_3CH_2-\overset{CH_3}{\underset{+}{S}}-CH_2CH_3 I^-$$
（ヨウ化ジエチルメチルスルホニウム）

生成したスルホニウム塩は，それ自身求核性があり求核試薬となって反応する。

$$H_3CH_2C-\overset{CH_3}{\underset{}{S^+I^-}}-CH_2CH_3 + Na^+C^-\equiv N$$

$$\longrightarrow CH_3-C\equiv N + H_3CH_2C-S-CH_2CH_3 + NaI$$

生体には窒素，酸素原子がメチル化されたコリン，クレアチン，3-メトキシチラミンなどの化合物が数多く存在する。これらはスルホニウム塩である*S*-アデノシルメチオニン（*S*-Adenosyl methionine）へ求核試薬である窒素，酸素化合物が求核置換反応を起こして窒素，酸素原子がメチル基に結合し，スルフィドが脱離基として脱離してできる。

ゲアゾニノ酢酸 → クレアチン

S-アデノシルメチオニオン   *S*-アデノシルホモシステイン

3. フェノール類

3-1 フェノール類の構造

フェノールは，ベンゼン環に-OH基が直結した芳香族化合物のことである。H_2O分子の1つのHがフェニル基に置き換わった化合物とも考えることができる。フェノールの誘導体をフェノール類という。

3-2 フェノール類の命名法

芳香族炭化水素名にオール，ジオール，トリオール…などをつける。-OH基の位置番号は基名の直前につける。

慣用名であるフェノール，クレゾール，ピロカテコール，レソルシノール，ヒドロキノン，ピクリン酸，チモール，カルバクロール，また，ナフトール，アントロール，フェナントロールなどの慣用名は使用が認められている。

第3章　有機化合物の化学

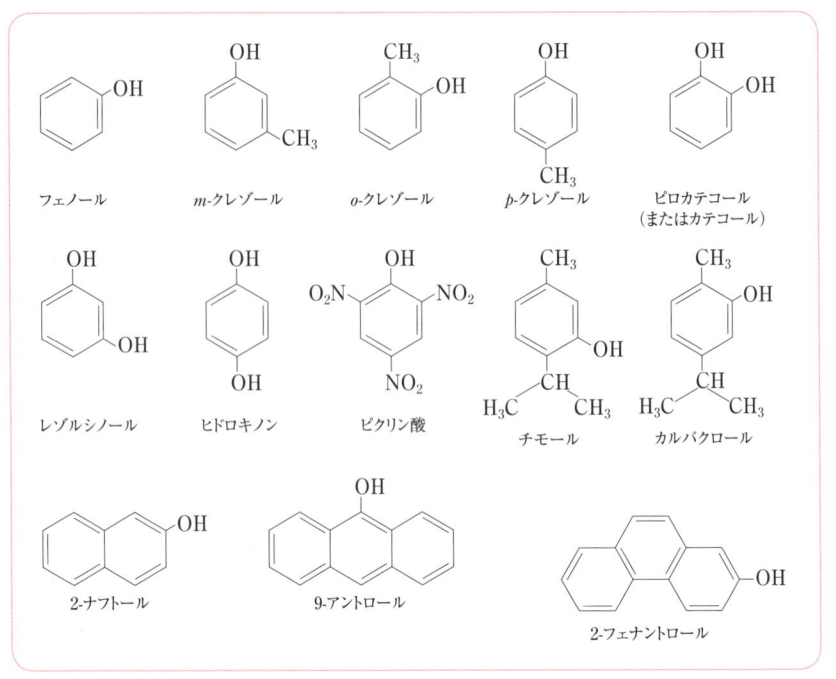

図3-1　慣用名の使用を認められているフェノール化合物

3-3　フェノール類の物理的性質

　フェノールは－OH基により分子間水素結合が形成できるので，分子量がほぼ等しい炭化水素より高い融点（41℃）と沸点（182℃）をもつ。－OH基は水と水素結合を生じ，水に対する溶解性を高めるが，疎水性のベンゼン環の効果が大きく，水には室温で約8％しか溶けない。フェノールは脂肪族アルコールに比べ，高い酸性度をもつ。これは，フェノールの共役塩基である$C_6H_5O^-$（**フェノキシドイオン**）がベンゼン環の共鳴安定化を受けるためである。

図3-2　フェノキシドイオンの共鳴安定化

　一方，エタノールの共役塩基である$C_2H_5O^-$（**エトキシドイオン**）は，共鳴現象を起こさない。フェノールとエタノールのpKa値はそれぞれ，10.0と15.9であり，フェノールはエタノールより100万倍も強い酸性度を示す。

3－4 フェノール類の反応

a) 塩基との反応

フェノールの化学的性質は脂肪族アルコールと似たものと，異なるものとがある。異なるものの中で最も顕著なものは，フェノールが酸性を示すことである。フェノールはNaOHやCH$_3$O$^-$Na$^+$（**ナトリウムメトキシド**）と反応して，定量的にC$_6$H$_5$O$^-$Na$^+$（**ナトリウムフェノキシド**）になる。

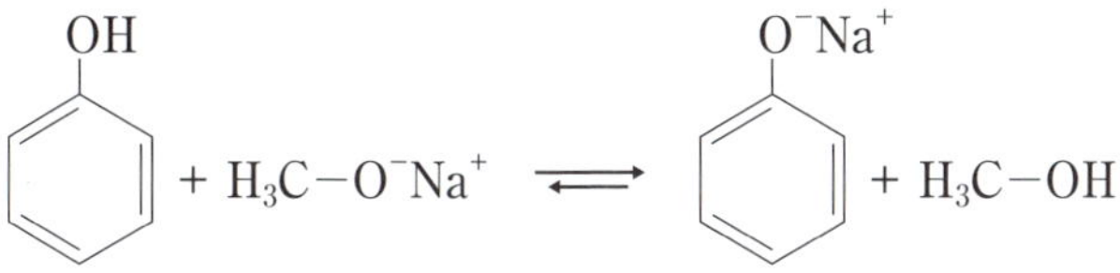

$$C_6H_5OH + H_3C-O^-Na^+ \rightleftharpoons C_6H_5O^-Na^+ + H_3C-OH$$

ナトリウムフェノキシド
（ナトリウムフェノラート）

b) エステルの形成

フェノールの酸素原子の塩基性が小さいので，酸触媒下カルボン酸と加熱しても脂肪族アルコールのようにエステルを生成しない。エステルの合成にはカルボン酸ではなく酸塩化物が必要である。

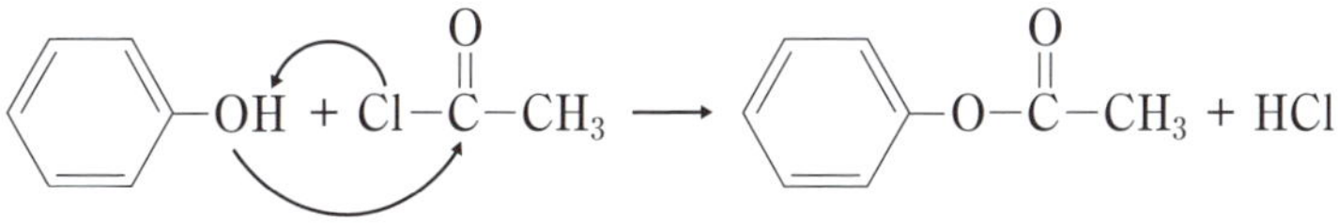

$$C_6H_5-OH + Cl-\underset{\underset{O}{\|}}{C}-CH_3 \longrightarrow C_6H_5-O-\underset{\underset{O}{\|}}{C}-CH_3 + HCl$$

塩化アセチル

c) 酸化反応

用いた酸化剤によってヒドロキノン，ピロガロール，キノンなど，種々の生成物を与える。強い酸化剤を使うと，組成不定のタール状の着色物質となる。

d) 親電子置換反応

フェノールの－OH基は，ベンゼン環に電子を押しやる効果をもつオルト－パラ配向性の置換基であり，ベンゼン環の2（$o-$）位と4（$p-$）位のπ電子雲の密度を高くし，親電子試薬に対する反応性をあげる。

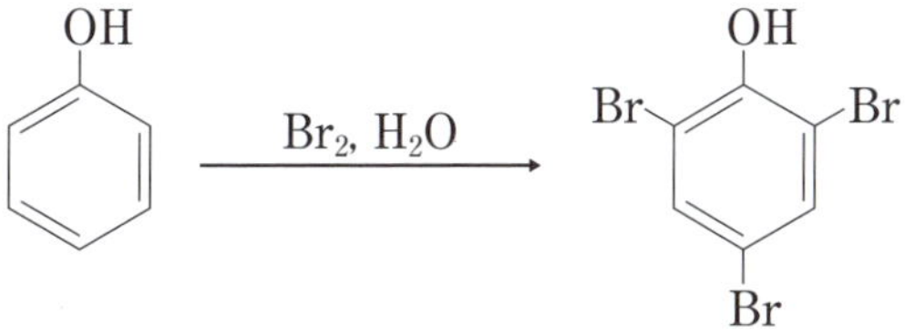

$$C_6H_5OH \xrightarrow{Br_2, H_2O} 2,4,6\text{-tribromophenol}$$

3-5 フェノールの合成

ジアゾニウム塩の加水分解

実験室では，ジアゾニウム塩を加水分解してフェノールを得る方法が一般的である。ジアゾニウム塩は，アニリンを希硫酸溶液に亜硝酸を作用させてつくる。

$$\text{C}_6\text{H}_5\text{NH}_2 + \text{O}=\text{N}-\text{OH} \xrightarrow[0\sim5℃]{\text{H}_2\text{SO}_4} \text{C}_6\text{H}_5\overset{+}{\text{N}}\equiv\text{NHSO}_4^{-} + 2\,\text{H}_2\text{O}$$

$$\text{C}_6\text{H}_5\overset{+}{\text{N}}\equiv\text{NHSO}_4^{-} + \text{H}_2\text{O} \xrightarrow{50\sim60℃} \text{C}_6\text{H}_5\text{OH} + \text{N}_2 + \text{H}_2\text{SO}_4$$

工業的には，ベンゼンスルホン酸ナトリウム（$\text{C}_6\text{H}_5\text{SO}_3\text{Na}$）を NaOH と溶融する方法が用いられている。

$$\text{C}_6\text{H}_5\text{SO}_3\text{Na} + 2\,\text{NaOH} \longrightarrow \text{C}_6\text{H}_5\text{ONa} + \text{Na}_2\text{SO}_3 + \text{H}_2\text{O}$$

$$\text{C}_6\text{H}_5\text{ONa} + \text{CO}_2 + \text{H}_2\text{O} \longrightarrow \text{C}_6\text{H}_5\text{OH} + \text{NaHCO}_3$$

TOPIC

エタノールは，糖化させたデンプンや糖を原料とし微生物により発酵させる生化学的方法，もしくはエテンの水和反応により合成される化学的方法によりつくられる。最近では，深刻化した環境問題打開策の一環として，生化学的方法によって得られたエタノール（バイオエタノール）をガソリンに代わる代替エネルギーとして用いるようにもなってきている。エタノールのほか，食用油にナトリウムメトキシドを作用させエステル交換反応を行い，脂肪酸メチルとしたもの（バイオディーゼル）を軽油（ディーゼル）の代わりに用いてもいる。バイオエタノールやバイオディーゼルは，植物が太陽エネルギーと大気中の CO_2 を原料につくり出したものと考えられるため，これらの燃料を燃やしてエネルギーを得，CO_2 を大気に放出しても大気中の CO_2 は増加しない（カーボンニュートラル）と考えられているが，原料が食料と競合すること，バイオ燃料作物栽培による生態系の破壊，精製・製造に化石燃料を必要とすること，バイオ燃料用の内燃機関をつくる必要があることなど，まだまだ問題点が多い。

4. エーテル

4-1 エーテルの構造

　水分子の2つのHを炭素（アルキル基，アリール基）に置き換えた構造，すなわち，アルコールの−OH基を炭素（アルキル基，アリール基）に置き換えた構造をもつ。アルコール，フェノール，エーテルの酸素原子は，いずれもsp^3混成軌道をもち，酸素原子と水素原子あるいは置換基のなす結合角は水とほぼ同じ112°である。

表3-4　代表的なエーテルの名称と物理的性質

構造式	置換命名 （基官能命名）	分子量	融点 (℃)	沸点 (℃)	水に対する溶解度 (g/100g, 20℃)
CH_3OCH_3	メトキシメタン （ジメチルエーテル）	46	−142	−25	7.6
$C_2H_5OC_2H_5$	エトキシエタン （ジエチルエーテル）	64	−116	35	7.5
$C_3H_7OC_3H_7$	プロポキシプロパン （ジプロピルエーテル）	102	−122	90	微溶
$CH_3CHOCHCH_3$ 　　CH_3　CH_3	2-イソプロポキシプロパン （ジイソプロピルエーテル）	102	−85	69	微溶 (0.2)
H_2C-CH_2 　＼O／	エポキシエタン （オキシラン）	44	−111	11	∞
（五員環エーテル）	オキソラン （半慣用名 　テトラヒドロフラン）	72	−109	65	∞
（ベンゼン環-O-CH₃）	メトキシベンゼン （メチルフェニルエーテル） （慣用名，アニソール）	108	−37	154	不溶
（1,4-ジオキサン環）	1,4-ジオキサン	88	12	101	∞
（フラン環）	フラン	68	−86	31	微溶

＊　∞は任意の割合で溶ける。

4-2 エーテルの命名法

簡単なエーテルは基官能命名法でよばれることが多い。

a) 基官能命名法

R-O-R'は，基Rと基R'の基名をアルファベット順に並べ，その後にエーテルをつける。

b) 置換命名法

(1) R-O-R'で表される非対称エーテルは，主鎖Rの前に基R'O-の基名(…オキシ)をつける。非環式化合物の主鎖は，(a) 多数の不飽和結合をもつ炭化水素鎖，(b) (a)が同数ならば多数の炭素原子をもつ炭化水素鎖，(c) それも同数ならば多数の二重結合をもつ炭化水素鎖の順で選ばれる。

(2)
```
    H H
    | |
  R-C-C-R
     \ /
      O    (R = H or C)
```
左記のような構造をもつ化合物はエポキシドとよばれる。

エポキシドはエポキシ(epoxy)を炭化水素名の前につけるか，酸素含有複素環系とみなして命名する。代表的なエーテルを表3-3に示した。

4-3 エーテルの物理的性質

エーテルはアルコールと違い-OH基をもたないため，分子間水素結合は形成しない。このため，沸点，融点は分子量が同じアルコールより低く，アルカンに近い。しかし，水とは水素結合を形成できるので，水にある程度溶解する(表3-4参照)。

ジエチルエーテルの水に対する溶解度は，異性体である1-ブタノールに近い値を示す。ジエチルエーテルで飽和された水にNaClを加え，NaCl飽和水溶液とすると水に溶けていたジエチルエーテルが一部分かれてくる。これは，ジエチルエーテルと水との水素結合がNaClと水との水素結合に置き換えられたため(塩析)である。エーテルはR-O-R'の酸素と，水の水素との間の水素結合によって親水性が生じるとともに，基R, R'によって疎水性の性質ももち，炭化水素によく溶ける。なお，ジメチルエーテルはエタノールと，ジエチルエーテルは1-ブタノールおよび2-ブタノールと構造異性体の関係にある。

4-4 エーテルの反応

エーテルはアルコールに比べ反応性が乏しいので溶媒として用いられるが，強酸の存在下，置換反応を起こす。反応機構はアルコールの置換反応と同じである。

a) 求核置換反応

$$\text{C}_6\text{H}_5\text{-O-CH}_3 + \text{HI} \rightleftharpoons \text{C}_6\text{H}_5\text{-O}^+(\text{H})\text{-CH}_3 \cdot \text{I}^- \longrightarrow \text{C}_6\text{H}_5\text{-OH} + \text{CH}_3\text{I}$$

b) 過酸化物の生成

エーテルを空気にさらしておくと，爆発性の過酸化物をつくる。ジエチルエーテル，ジイソプロピルエーテル，オキソラン（テトラヒドロフラン）などの溶媒には安定化剤が加えてある。

4-5 エーテルの合成

a) 置換反応による合成

ハロゲン化アルキルに，求核試薬であるナトリウムアルコキシドを反応させる求核置換反応（ウイリアムソンのエーテル合成）が一般的である。

$$\text{Na}^+\text{O}^-\text{-CH}_2\text{CH}_3 + \text{CH}_3\text{CH}_2\text{-Br} \longrightarrow \text{CH}_3\text{CH}_2\text{-O-CH}_2\text{CH}_3 + \text{NaBr}$$

また，エタノールと H_2SO_4 を 140〜145℃で加熱してジエチルエーテルをつくる方法もある。中間生成物の硫酸エチルにエタノールが求核置換反応を起こす。

$$\text{CH}_3\text{CH}_2\text{-OH} + \text{H}_2\text{SO}_4$$

$$\xrightarrow{-\text{H}_2\text{O}} \text{CH}_3\text{CH}_2\text{-OSO}_3\text{H} \xrightarrow[-\text{H}_2\text{SO}_4 \quad 140℃]{+\text{CH}_3\text{CH}_2\text{-OH}} \text{CH}_3\text{CH}_2\text{-O-CH}_2\text{CH}_3$$

4-6 環状エーテル

環状エーテルにはエポキシエタン（オキシラン），テトラヒドロフラン，1,4-ジオキサン，フランなどがある（表3-4参照）。脂肪族環状エーテルは炭素数が同じ鎖状のエーテルに比べ，水によく溶ける。これは，環状の炭化水素がエーテルの酸素原子と，水の水素原子との水素結合を遮蔽しないので，水素結合の形成が容易であるからと考えられる。

一方，フランは芳香族性をもったエーテルで，エーテルの酸素は正の電荷を帯びる。このため，正の電荷を帯びる水の水素原子をひきつけて水素結合を形成することはなく，水への溶解度が小さい。

テトラヒドロフラン，1,4-ジオキサンは，親水性，疎水性の両化合物の溶媒としてよく用いられる。

王冠の形に似た構造をもつクラウンエーテルは大環状ポリエーテルで，環の内側に規則的に位置する酸素の非共有電子対が，正の電荷をもつ金属イオンやアンモニウムイオンと配位し，環の大きさに応じて環内に選択的に陽イオン（カチオン）を取りこむ。金属イオンがクラウンエーテルに取りこまれると，無極性溶媒に溶けるようになる。クラウンエーテルの名称は，環を構成する原子数と酸素原子数をクラウンの前後につけて表される。

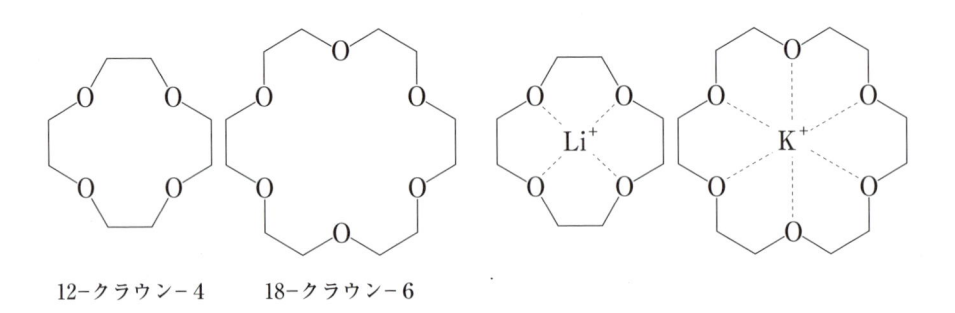

12-クラウン-4　　18-クラウン-6

5．ハロゲン化アルキル

5-1　ハロゲン化アルキルの構造

炭化水素の水素原子が，ハロゲン原子（一般に記号Xで表す）で置換された化合物をハロゲン化アルキルという。ハロゲン化アルキルは，sp^3混成軌道をもつ炭素と，最外殻に3対の非共有電子対をもつハロゲン原子の軌道の重なりによってできたものである。ヨウ素以外のハロゲンは，炭素より電気陰性度が大きく，C－X結合は極性をもつ。ハロゲンは電気的に少し負電荷（δ-）を，一方，ハロゲンと結合した炭素は部分的に正電荷（δ+）を帯び，置換反応や脱離反応の反応中心となる。

5-2　ハロゲン化アルキルの命名法

炭素と結合するハロゲン原子は，基官能命名法と置換命名法によって異なる名称を用いる。表3-5にその名称を示す。

5. ハロゲン化アルキル

表3-5 ハロゲン化物の命名に用いる名称

	置換命名法（接頭語）	基官能命名法 基官能種類名（接尾語）
フッ素	フルオロ－（fluoro－）	フッ化 またはフルオリド（fluoride）
塩素	クロロ－（chloro－）	塩化またはクロリド（chloride）
臭素	ブロモ－（bromo－）	臭化またはブロミド（bromide）
ヨウ素	ヨード－（iodo－）	ヨウ化またはヨージド（iodide）

基官能命名

ハロゲンの官能種類名を炭化水素基名の後ろにつける。ただし，日本語の翻訳名は炭化水素基名の前につける。

置換命名

ハロゲンを母体の炭化水素の置換基と考えて命名する。

(1) 最多数のハロゲン原子を含む最長の飽和炭素鎖（主鎖），もしくは最多数の不飽和結合を含む不飽和炭素鎖（主鎖）を見い出し，この主鎖の名称をつける。
(2) ハロゲン原子が結合した炭素の番号ができるだけ小さくなるように主鎖の炭素原子に端より番号をつける。
(3) ハロゲンの結合した炭素原子の位置番号とハロゲンの名称，および炭素置換基の位置番号と名称をアルファベット順に主鎖名の前につける。
(4) 同一の基が2個，3個…の場合はジ，トリ…などを基名の前につける。

表3-6 代表的なハロゲン化アルキルの名称と物理的性質

構造式	置換命名（基官能命名）	沸点（℃）	密度
CH_3F	フルオロメタン（フッ化メチル）	－78	
CH_3Cl	クロロメタン（塩化メチル）	－24	0.920
CH_3Br	ブロモメタン（臭化メチル）	5	1.730
CH_3I	ヨードメタン（ヨウ化メチル）	43	2.279
C_2H_5F	フルオロエタン（フッ化エチレン）	－32	
C_2H_5Cl	クロロエタン（塩化エチレン）	12	0.921
C_2H_5Br	ブロモエタン（臭化エチレン）	38	1.452
C_2H_5I	ヨードエタン（ヨウ化エチレン）	72	1.950
C_3H_5F	1－フルオロプロパン（フッ化プロピル）	2	
C_3H_5Cl	1－クロロプロパン（塩化プロピル）	47	0.890
C_3H_5Br	1－ブロモプロパン（臭化プロピル）	71	1.353
C_3H_5I	1－ヨードプロパン（ヨウ化プロピル）	102	1.747

5-3 ハロゲン化アルキルの物理的性質

アルカンの水素原子をハロゲンで置き換えたハロゲン化アルキルの沸点は，もとのアルカンより高くなる。また，アルキル基が同じハロゲン化アルキルは，ハロゲンの原子量が大きくなるほど沸点は高くなる。

ハロゲン化アルキルの密度は，アルキル基が同じならばハロゲンの原子量が大きくなるほど大きくなり，ハロゲンが同じならばアルキル基が大きくなるほど小さくなる。ヨウ化メチルは一ハロゲン化物の中で最も密度が大きい。

5-4 ハロゲン化アルキルの反応

a) 置換反応

(1) S_N2 反応

S_N2 反応（二分子求核置換反応）は，反応速度が反応物質と求核試薬の2種類の分子の濃度に依存し，反応の律速段階に2分子が含まれる求核置換反応（Nucleophilic Substitution Reaction）のことである。第一級ハロゲン化アルキルと求核試薬との反応は，一般に S_N2 反応である。第一級ハロゲン化アルキルであるブロモエタンに求核試薬である OH^- を反応させると，OH^- はC－Br結合の反対側から炭素を攻撃し，OH^- の非共有電子対を用いて新しい炭素－酸素の結合をつくる。それと同時に炭素－臭素の結合が切れ，Br^-（脱離基）が離れていく。このように，同時に2つの変化が生じ，この変化に求核試薬である OH^- と基質であるブロモエタンの2分子が関与するので，二分子求核置換反応といわれる。

$$OH^- + CH_3CH_2-Br \longrightarrow HO-C-Br \longrightarrow HO-CH_2CH_3 + Br^-$$

表 3-7 求核試薬の種類

構造式	名　称	構造式	名　称
$CH_3\ddot{S}^-$	メタンチオラートイオン	$CH_3\ddot{O}^-$	メトキシドイオン
$H\ddot{S}^-$	硫化水素イオン	$H\ddot{O}^-$	水酸化物イオン
$N\equiv C{:}^-$	シアン化物イオン	$:\ddot{Br}{:}^-$	臭化物イオン
$\begin{array}{c}R\\ C=C\\ RR\end{array}\ddot{O}^-$	エノレートイオン	$:\ddot{Cl}{:}^-$	塩化物イオン
$:\ddot{I}{:}^-$	ヨウ化物イオン	$CH_3\overset{O}{\underset{\|}{C}}-\ddot{O}{:}^-$	酢酸イオン
$\ddot{N}H_3$	アンモニア	$CH_3\ddot{O}H$	メタノール
$R\ddot{N}H_2$	アミン	$H\ddot{O}H$	水

求核試薬の反応性は

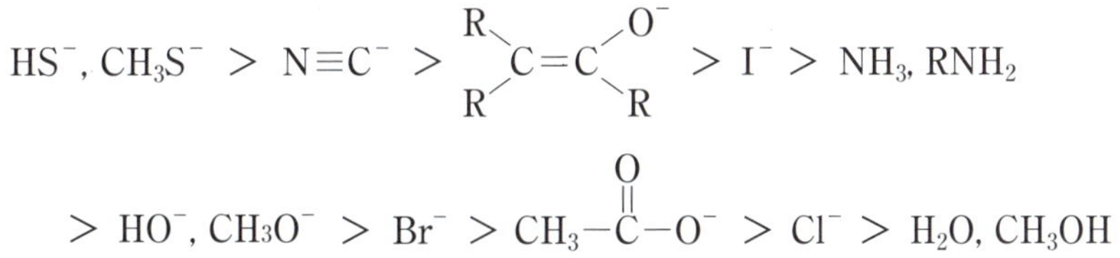

$$HS^-, CH_3S^- > N\equiv C^- > \underset{R}{\overset{R}{C}}=C\underset{R}{\overset{O^-}{}} > I^- > NH_3, RNH_2$$

$$> HO^-, CH_3O^- > Br^- > CH_3-\overset{O}{\underset{}{C}}-O^- > Cl^- > H_2O, CH_3OH$$

の順であり，H_2O のような弱い求核試薬が第一級ハロゲン化アルキルと反応し置換反応を起こすためには長時間加熱する必要がある。

S_N2 反応は求核攻撃を受ける炭素の立体配置が反転する（ワルデン反転）。

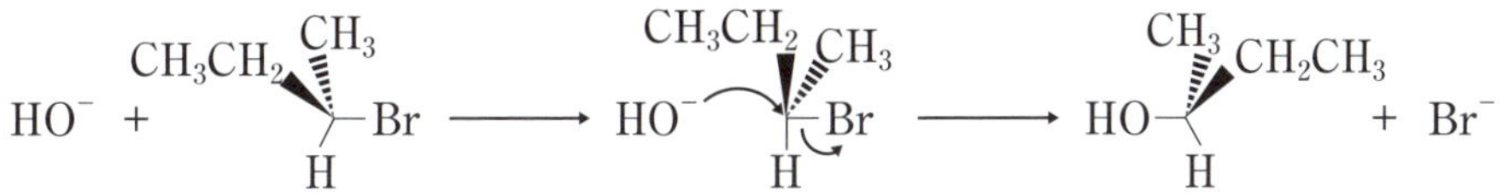

(2) S_N1 反応

S_N1 反応（一分子求核置換反応）は反応速度が反応物質の濃度に依存し，反応の律速段階に一分子だけが含まれる求核置換反応のことである。第三級ハロゲン化アルキルと求核試薬との反応は，一般に S_N1 反応である。この反応ではハロゲン化物イオンが脱離し，炭素陽イオン R^+（カルボカチオン）が生成する。反応物質から R^+ が生成する過程が反応の律速段階となるので一分子反応であり，その後は速やかに求核試薬と反応する。

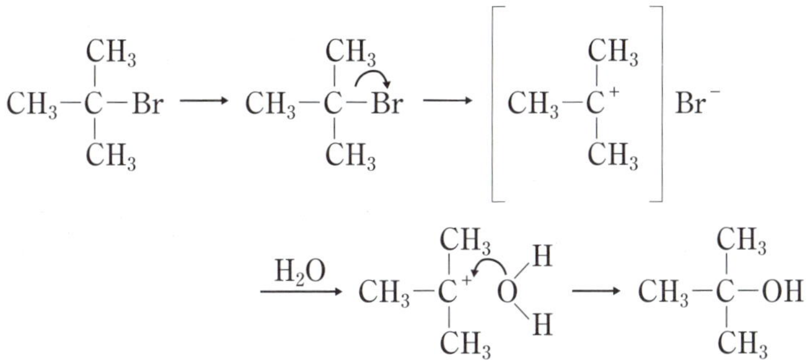

S_N1 反応は，反応の途中で生成するカルボカチオンの炭素が sp^2 混成軌道をとるので平面構造であり，求核試薬はカチオン平面の両側から攻撃できるので，生成物はラセミ体となる。

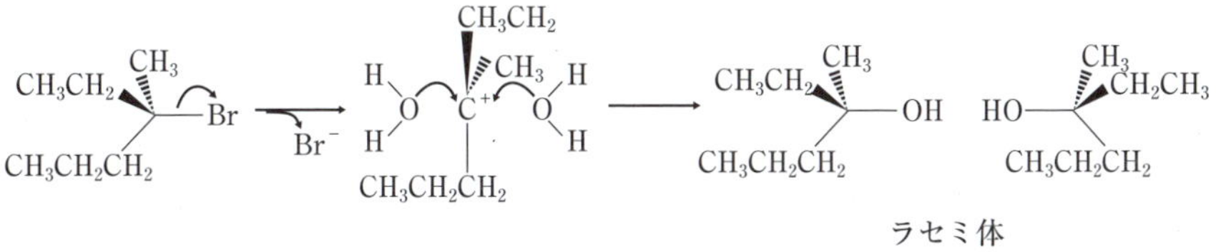

ラセミ体

b) 脱離反応

第二級、三級のハロゲン化アルキルと HO^- や RO^-（アルコキシドイオン）を反応させると、求核試薬としてよりも塩基としてはたらき、オレフィンが生成する。

ハロゲン化アルキルの置換反応と脱離反応は、協奏的に起こる。第一級ハロゲン化アルキルと求核試薬の反応では置換生成物が主生成物となり、第二、三級ハロゲン化アルキルは、反応性の小さい H_2O や CH_3OH と反応すると置換生成物が、反応性の大きい HO^- や RO^- とでは脱離生成物が主生成物となる。

5-5 ハロゲン化アルキルの合成

a) アルコールとハロゲン酸より

アルコールを HCl, HBr, HI と反応させ、ハロゲン化アルキルを合成する。

この反応の反応性は第三級アルコール＞第二級アルコール＞第一級アルコールの順である。第一級アルコールと HCl の反応は反応速度が遅いので、$ZnCl_2$ を加えて反応させる。第一級アルコールと HBr の反応は、H_2SO_4 を加え加熱する。

第三級アルコールは HCl と速やかに反応する。

b) アルコールと塩化チオニル（$SOCl_2$）または三臭化リン（PBr_3）より

ハロゲン酸との反応で反応性の低い第一級アルコールや第二級アルコールは、塩化チオニルや三臭化リンと反応させ、ハロゲン化アルキルに変換できる。

c) オレフィンへのハロゲン化水素（HX）の付加

水素原子とハロゲン原子の付加する炭素原子は，マルコウニコフ則（第2章3－4参照）に従って決まる。

$$HBr + CH_3CH_2CH=CH_2 \xrightarrow{CH_3COOH} CH_3CH_2CHCH_3$$
$$\qquad\qquad\qquad\qquad\qquad\qquad\qquad\quad |$$
$$\qquad\qquad\qquad\qquad\qquad\qquad\qquad\quad Br$$

TOPIC

　高等動物には，有機ハロゲン化合物は甲状腺ホルモンであるチロキシン以外にほとんど存在しない。しかし，海藻や微生物からは生理活性作用をもつ塩素化合物や臭素化合物が数多く発見され注目を浴びている。

海洋生物の生理活性化合物

　また，人工的な有機ハロゲン化合物は有機合成に使われたり，麻酔薬，冷媒，洗浄剤，発泡剤，噴射剤などに使われている。最近，オゾン層破壊で問題となっているフロンは炭素，塩素，フッ素からなる化合物（CFC，クロロフルオロカーボン）で無毒，不燃，低沸点，安定，無色無臭，非腐食などの利用価値の高い緒性質をあわせもつため，広く使われてきた。しかし，CFCは長年かけて成層圏に到達し，太陽の強い紫外線を受けて塩素ラジカルを生じ，この塩素ラジカルがオゾンを破壊するため使用が禁止された。現在では，CFCに代わり水素をもつ代替フロン（HCFC，ハイドロフルオロクロロカーボンやHFC，ハイドロフルオロカーボン）が使われているが，これも一部，塩素を含むものがあったり，塩素を含まないものも温室効果が懸念されたりしており，2030年までに全廃することが取り決められている（モントリオール議定書）。一方，フッ素樹脂はフッ素を含む炭化水素の高分子化合物で耐熱性，対薬品性に優れ，摩擦係数が小さく，化学，工学方面に広く使われていて，家庭用品ではフライパンなどの鍋類の表面加工に用いられている。

6. カルボニル化合物

6−1 カルボニル化合物の構造

アシル基（R−C(=O)−，R はアルキル，アリール，アルケニル，アルキニル）が炭素，水素，酸素，塩素，窒素，硫黄などの原子と結合した化合物をカルボニル化合物という。カルボニル化合物は反応性の違いによって，アシル基が水素と結合したアルデヒド，炭素と結合したケトンのグループと，酸素と結合したカルボン酸・エステル，酸無水物やハロゲンと結合した酸塩化物，窒素と結合したアミド，硫黄と結合したチオエステルのグループに分けることができる。ここでは，アルデヒド，ケトンについて述べる。

カルボニル基の二重結合の炭素原子と酸素原子は，ともに sp^2 混成軌道をとる。炭素は3個の sp^2 混成軌道を使って σ 結合を形成し，炭素−炭素二重結合と同様にこれらの軌道の長軸は 120° の結合角をなし，同一平面に存在する。炭素の残りの p 軌道は，酸素の p 軌道と重なり合って π 結合を形成する。酸素原子には2対の非共有電子対があり，残り2つの軌道を占有している。

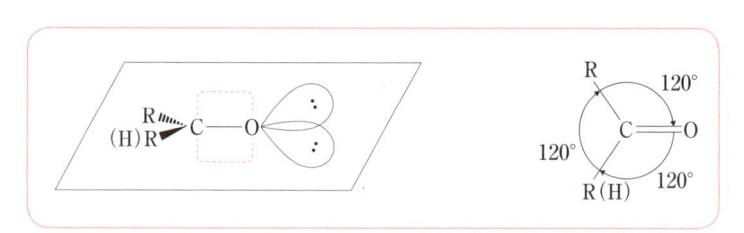

図3−3 カルボニル基の構造

炭素−炭素二重結合と異なり，酸素の電気陰性度は炭素よりも大きいので C=O 結合は分極し，カルボニル炭素は部分的に正の電荷（$\delta+$）を帯び，酸素は負の電荷（$\delta-$）を帯びている。カルボニル化合物と求核試薬の反応では，カルボニル炭素は求核試薬の攻撃の中心となる。

カルボニル基の分極は，共鳴によっても表すことができる。部分的な負電荷をもつ酸素が負電荷をもつように電荷を分離した構造が，カルボニル基の分極にわずかながら寄与している。

6－2　アルデヒドの命名法

アルデヒドは普通，2種類の命名法によって表されている。1つはカルボン酸を誘導してできた化合物とみなし，カルボン酸の語尾の－ic acid または－oic acid を－アルデヒド（aldehyde）に換える慣用名である。もう1つは置換命名法で，主鎖となる炭化水素鎖にアルデヒド基を表すアール（－al）をつけて命名する。ここでは置換命名法について述べる。以下の命名法は－CHO 基より優先順位の高い官能基が存在しない場合の命名法であり，－CHO 基より優先順位の高い官能基が存在する場合は－CHO 基は"オキソ"もしくは"ホルミル"の接頭語（置換基名）に換わる。

(1) －CHO 基を含んだ最長の炭素鎖（主鎖）を見い出す。この主鎖である炭化水素名の語尾 e をアルデヒドを表すアール（al）に換え命名する。
(2) －CHO 基の炭素を 1 として主鎖の炭素に番号をつける。
(3) 主鎖の置換基に位置番号と名称をつけ接頭語とする。

代表的なアルデヒドとその物理的性質を表3－8に示した。

表3－8　代表的なアルデヒドの名称と物理的性質

構造式	置換命名	慣用名	融点（℃）	沸点（℃）
HCHO	メタナール	ホルムアルデヒド	－92	－21
CH_3CHO	エタナール	アセトアルデヒド	－124	20
C_2H_5CHO	プロパナール	プロピオンアルデヒド	－81	49
C_3H_7CHO	ブタナール	ブチルアルデヒド	－99	76
CH_3CHCHO | CH_3	2－メチル－1－プロパナール	イソブチルアルデヒド	－66	64
C_4H_9CHO	ペンタナール	バレルアルデヒド	－92	103
CH_3CHCH_2CHO | CH_3	3－メチルブタナール	イソバレルアルデヒド	－51	93
$C_5H_{11}CHO$	ヘキサナール	カプロンアルデヒド	－56	131
$CH_2=CHCHO$	プロペナール	アクリルアルデヒド（アクロレイン）	－88	53
$CH_3CH=CHCHO$	2－ブテナール	クロトンアルデヒド	－75	104
C$_6$H$_5$－CHO	ベンゼンカルバルデヒド	ベンズアルデヒド	－57	179

6−3 ケトンの命名法

ケトンは普通, 置換命名法と基官能命名によって命名されている。慣用名はアセトン, ビアセチル, アセチルアセトンに使われる。基官能命名法は, R−CO−R' で表される比較的簡単な化合物にだけ適用される。この命名法によると, RとR'の基名を英語名にした時の頭文字のアルファベット順にケトンの前に置いて命名する。RとR'が同じ時は"ジ"の接頭語をつける。ここでは置換命名法について述べる。以下の命名法はR−CO−R'基より優先順位の高い官能基が存在しない場合の命名法であり, R−CO−R'基より優先順位の高い官能基が存在する場合は, −CO−基は"オキソ"の接頭語（置換基名）に換わる。

(1) −CO−基を含んだ最長の炭素鎖（主鎖）を見い出す。この主鎖の炭化水素名の語尾eをケトンを表す"オン"（one）に換え命名する。
(2) −CO−基の炭素番号がより小さくなるように主鎖に番号をつけ, −CO−の位置番号を"オン"の直前におく。
(3) 主鎖の置換基に位置番号と名称をつけ接頭語とする。

6−4 アルデヒド, ケトンの物理的性質

アルデヒド, ケトンは分極した分子で双極子モーメントをもち, 分子間の双極子−双極子相互作用のために分子間引力を生じる。この結果, 沸点, 融点ともに, ほぼ同じ分子量のアルカンよりも高い（表3−7, 8, 9参照）。水と水素結合できるので, 炭素数の少ない化合物は水に溶ける。

双極子モーメントは一対の正負の同じ大きさの電荷とその方向ベクトルの積で表される。

$$\begin{matrix} R \\ R(H) \end{matrix} C=O \cdots H-O_H$$

表3−9 代表的なケトンの名称と物理的性質

構造式	置換命名	基官能命名（慣用名）	融点(℃)	沸点(℃)
CH_3COCH_3	プロパノン	ジメチルケトン（アセトン）	−94	56
$CH_3COC_2H_5$	ブタン−2−オン	エチルメチルケトン	−86	80
$CH_3COC_3H_7$	ペンタン−2−オン	メチルプロピルケトン	−78	101
$CH_3CO(CH_2)_3CH_3$	ヘキサン−2−オン	メチルブチルケトン	−57	127
$CH_3COCOCH_3$	ブタン−2, 3−ジオン	（ビアセチル）	−3	88
$CH_3COCH_2COCH_3$	ペンタン−2, 4−ジオン	（アセチルアセトン）	−23	140
⬡=O	シクロヘキサノン		−16	156

表3-10 代表的なアルデヒド，ケトンの水に対する溶解度（g/100g, 20℃）

アルデヒド		ケトン	
メタナール（ホルムアルデヒド）	＜55	プロパノン（アセトン）	∞
エタナール（アセトアルデヒド）	∞	ブタン-2-オン	27
プロパナール（プロピオンアルデヒド）	20	ペンタン-2-オン	4.3
ブタナール（ブチルアルデヒド）	7(25℃)	ヘキサン-2-オン	3.5
ペンタナール（バレルアルデヒド）	微溶	ヘプタン-2-オン	0.44
ヘキサナール（カプロンアルデヒド）	不溶	シクロヘキサノン	8.0

＊∞は任意の割合で溶ける。

6-5 アルデヒド，ケトンの反応

C＝O結合のカルボニル炭素は部分的に正の電荷（δ+）を，酸素は負の電荷（δ-）を帯びており，カルボニル炭素は求核試薬の攻撃の中心となる。

a）求核付加反応

求核試薬 N≡C⁻, H_2O, R-OH がカルボニル炭素を攻撃して付加物をつくる。N≡C⁻は**シアノヒドリン**，H_2O は **1,1-ジオール（gem-ジオール）**，R-OHは**ヘミアセタール**とよばれる化合物を付加主成分として与える。H_2O や R-OH のような反応性の弱い求核試薬は，酸や塩基触媒の存在下で反応させる。

N≡C⁻の付加反応

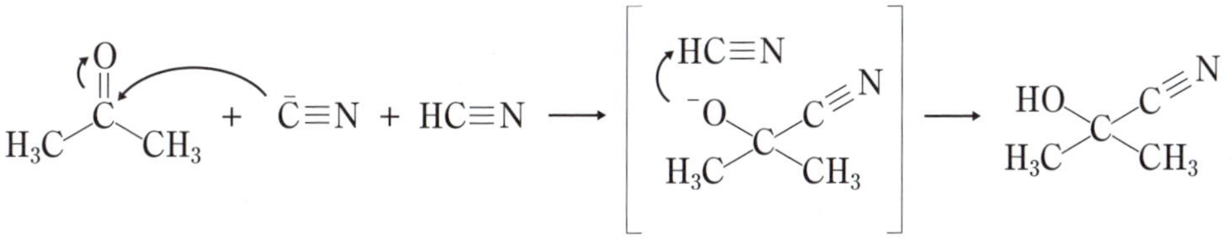

アルコキシドイオン　　アセトンシアノヒドリン

N≡C⁻はC＝Oの炭素原子を攻撃し，炭素-炭素結合をつくる。酸素原子は，一組の電子対を受け取りアルコキシドイオンとなる。アルコキシドイオンは塩基であり，HCNよりH⁺を受け取りアセトンシアノヒドリンになる。

H_2O の付加反応
〈塩基触媒下〉

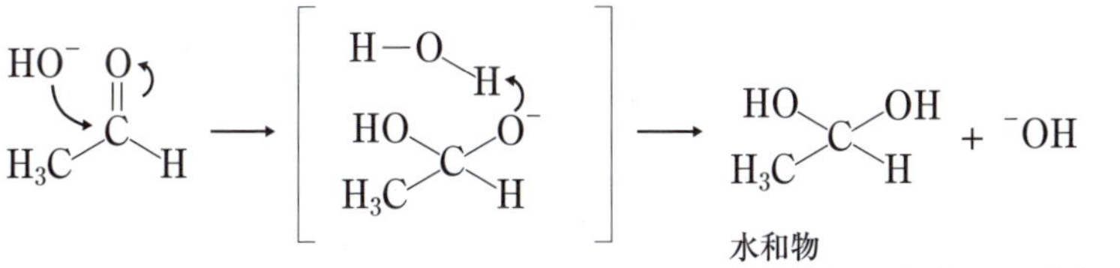

水和物
1,1-ジオール（gem-ジオール）

第3章 有機化合物の化学

シアノヒドリン生成反応と類似しており，OH^-が$N\equiv C^-$の代わりに反応する。

〈酸触媒下〉

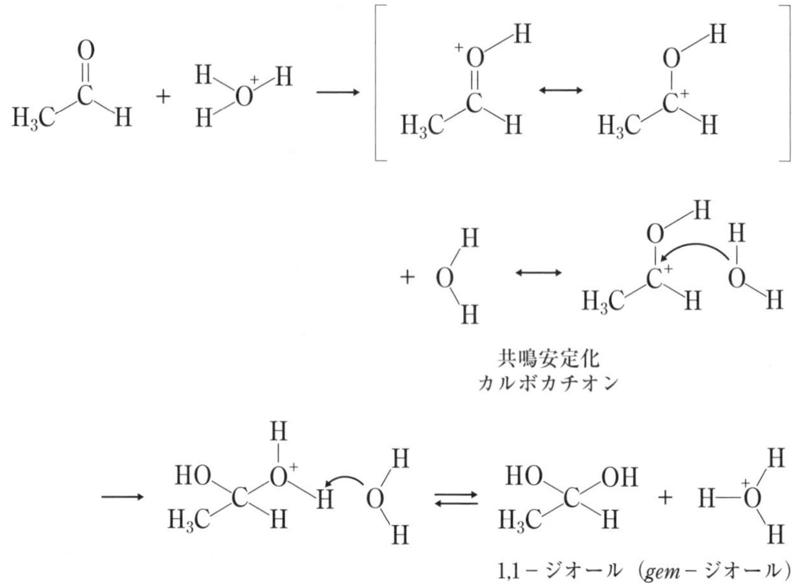

[反応式：アセトアルデヒド + H_3O^+ → プロトン化アルデヒド（共鳴安定化カルボカチオン） → 1,1-ジオール（gem-ジオール） + H_3O^+]

C＝Oの酸素原子はH^+と反応してプロトン化する。プロトン化されたアルデヒドは共鳴安定化され，希薄ながらカルボカチオン（炭素陽イオン）を生じる。この正電荷に水が求核試薬として作用し，炭素－酸素結合をつくる。生成物はアルコールの共役酸で強酸であり塩基としての水と反応してH^+を失いgem-ジオールとなる。

R－OH の付加反応

水の付加と同じように反応が進み，ヘミアセタールが生成する。

〈塩基触媒下〉

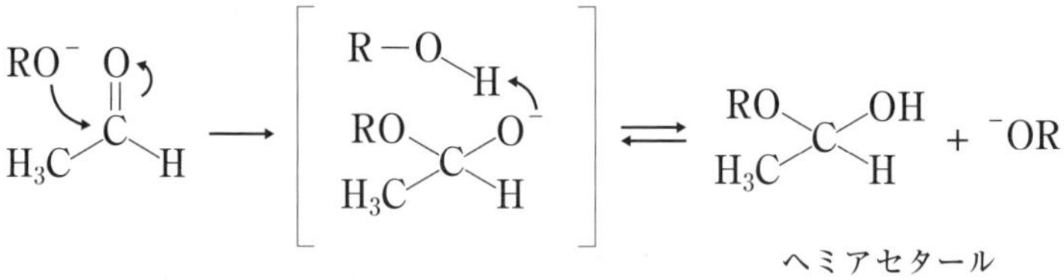

[反応式：RO^- + アセトアルデヒド → 中間体 → ヘミアセタール + ^-OR]

〈酸触媒下〉

[反応式：ケトン + H^+ → プロトン化中間体 + ROH → ヘミアセタール + H^+]

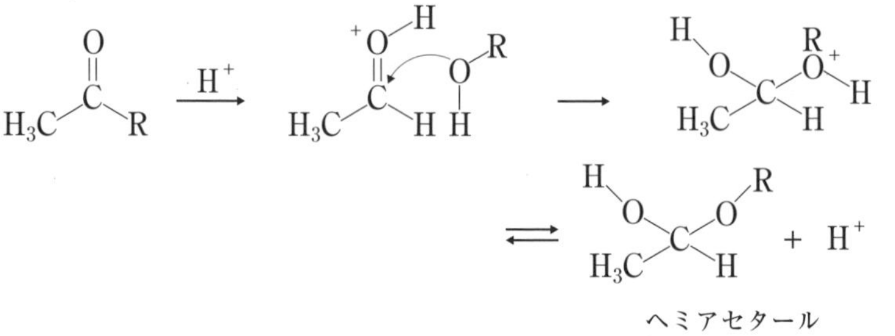

6. カルボニル化合物

ヘミアセタールが生成する反応は、1,1-ジオールと同様に可逆反応であり、ふつうは取り出すことができない。しかし、分子内のアルデヒド、ケトン基とアルコールが反応してできるグルコースのような環状ヘミアセタールは、二分子間でできるヘミアセタールよりは安定で、平衡はヘミアセタール側によっている。六員環のグルコースは、シクロヘキサンのいす形立体配座に似た安定な構造をとることができるからである。

グルコース　　　　　α-グルコース　　　　β-グルコース
（アルデヒド）　　　（ヘミアセタール）　　（ヘミアセタール）

b) 求核付加反応と求核置換反応

アルデヒド、ケトンは求核付加反応により付加生成物をつくった後、さらに求核試薬と反応して酸素が脱離する反応を起こす。

アセタールの生成

アルデヒド，ケトンにアルコールが求核付加し，ヘミアセタールが生成する。このヘミアセタールがプロトン化され，さらに水を失ってカルボカチオンになる。求核試薬であるアルコールの酸素の非共有電子対がカルボカチオンを攻撃し，炭素－酸素結合ができる。アセタールの共役酸からH^+が出てアセタールが生成する。アセタールは，酸性水溶液の中では逆反応が起こり，もとのカルボニル化合物になる。

環状グルコースのヘミアセタール性－OHがほかの糖のR－O－で置換されると，二糖となり，糖以外の化合物のR－O－で置換されると配糖体となる。

c）カルボニル基のα水素が関与する反応

(1) エノラートイオンの生成

アルデヒド，ケトンのカルボニル基のα水素は弱い酸性を示し，強い塩基を作用させると引き抜かれて**エノラートイオン**（enolate）になる。エノラートイオンは共鳴混成体として表される。エノラートとは，二重結合（en）をもったアルコール（ol）の負イオンの意味である。

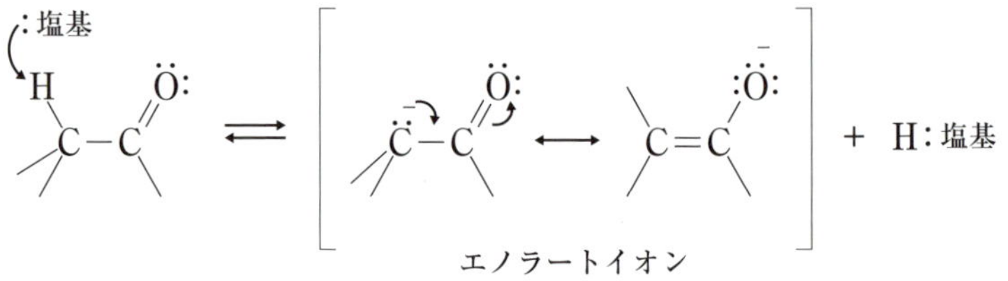

エノラートイオンの1つの共役酸はアルデヒド，ケトンであり，もう1つはエノールである。

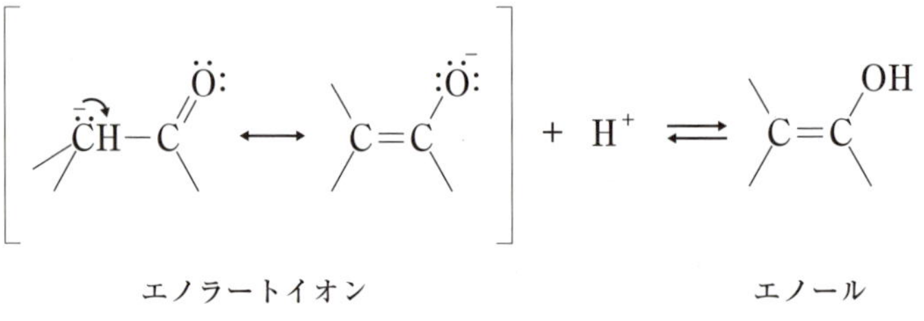

エノールはアルデヒド，ケトンの異性体であり，お互いに容易に変換できるので**互変異性体**とよばれる。エノールは**エノール形**，アルデヒド，ケトンは**ケト形**とよばれる。

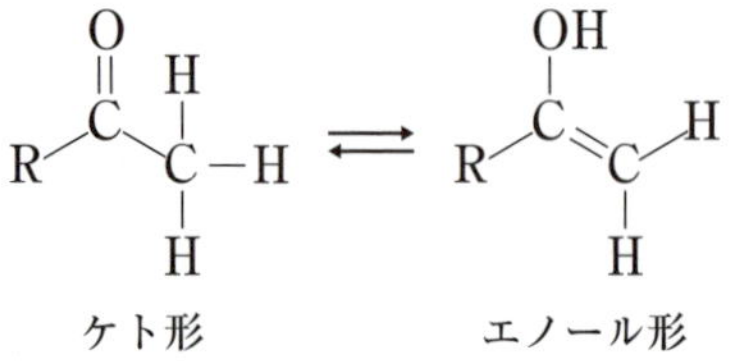

糖のようにカルボニル基に隣接する炭素に-OHがある場合，エノール (enol) 形は**エンジオール** (enediol) 形となる。エンジオールの負イオンはエンジオラートイオンである。アルドースとケトースは，エンジオール中間体を経て平衡状態にある**ケト-エノール互変異性体**となる。

(2) アルドール反応

アルドール反応は 2 つのカルボニル分子間で起こる反応で，一分子は $CH_3O^- Na^+$ や OH^- のような塩基の存在下，求核試薬エノラートとなり，もう一分子はこのエノラートに攻撃中心である正電荷をもつカルボニル基の炭素を提供する分子となる。この反応により，アルドール (aldol ← aldehyde + alcohol，**β-ヒドロキシアルデヒド**) ができる。この反応は可逆反応で，ケトンや二置換アルデヒドは出発物に平衡が偏り，一置換アルデヒドは生成物に平衡が偏っている。

アルドール反応は，塩基の量を多くすると水が脱離し，2-エナールが生成する。脱水をともなうアルドール反応は**アルドール縮合**といわれる。

TOPIC

　食品の化学的褐変は，アミノ酸，ペプチド，タンパク質，ホスファチジルエタノールアミンなどのアミノ化合物が糖，脂質の酸化生成物であるアルデヒド，ケトンと反応して生じ，アミノ・カルボニル反応（メイラード反応，マイヤー反応ともいわれる）が主要な反応である。この反応は生体内でも起こり，グリケーション（糖化）とよばれている。グリケーションによる生成物は数多いが，構造が解明されたものにペントシジン，カルボキシメチルリシン，ピラリン，クロスリンなどがある。ピラリンが健常者に比べ糖尿病患者に量的に多く見い出されたり，グリケーションにより修飾されたタンパク質が動脈硬化，アルツハイマー，糖尿病性血管などの病変部に見い出されたりしており，グリケーションがこれらの疾病に関与していると推定されている。

Arg：アルギニン
Lys：リシン

6-6 アルデヒド，ケトンの合成

a) アルコールの酸化

第一級アルコールが酸化をうけるとアルデヒド，第二級アルコールはケトンを与える（第3章2-4参照）。

b) アルキンの水和（水の付加）

アルキンに水を付加するとエノールを経てアルデヒド，ケトンになる。

$$CH_3(CH_2)_5-C\equiv CH + H_2O \xrightarrow[H_2SO_4]{HgSO_4}$$

c) 1,2-ジオールの開裂

過ヨウ素酸（HIO_4）や四酢酸鉛（$Pb(O_2CCH_3)_4$）によって，1,2-ジオールを開裂すると，アルデヒド，ケトンが生成する。

$$HOCH_2CH_2OH + HIO_4 \longrightarrow 2\,H-\overset{O}{\underset{H}{C}} + HIO_3 + H_2O$$

その他，アセタールの加水分解などがある。

7. カルボン酸

7-1 カルボン酸の構造

カルボン酸はカルボキシ基 $-\overset{O}{\underset{}{C}}-O-H$ をもつ化合物である。カルボキシ基はカルボニル基とヒドロキシ基とが結合した基であり，両方の特性をもつ。カルボキシ基の2つの酸素原子は二対の非共有電子対をもち，カルボニル炭素はsp^2混成軌道をつくるため，カルボキシ基に結合した炭素とカルボキシ基の炭素，カルボキシ基の2つの酸素は同一平面上にあり，C-C-OとO-C-Oの結合角は約120°である。

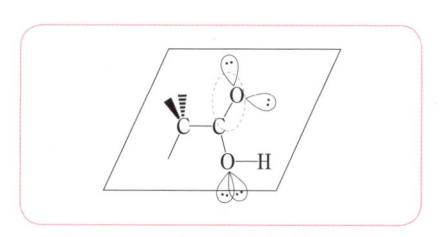

図3-4 カルボキシ基の構造

7-2　カルボン酸の命名法

置換命名法と慣用名が使われている。カルボン酸は慣用名をもつものが数多いが，現在では使用が制限されており，特に C_6 から C_{10} の飽和モノカルボン酸の慣用名は使われない。ここでは，置換命名法について述べる。

(1) －COOH 基を末端にもつ最長の直鎖状炭素鎖（主鎖）を見い出す。この主鎖の炭化水素名の語尾 e をカルボン酸を表す oic acid（～酸）に換える。
(2) －COOH 基の炭素を 1 として，炭素鎖に番号をつける。
(3) 主鎖の置換基に位置番号と名称をつけ接頭語とする。

7-3　カルボン酸の物理的性質

カルボン酸は，アルコールと同じように水素結合により会合している。しかし，その水素結合は 1 つのカルボン酸の －OH 基の水素原子と，ほかのカルボン酸の ＞C＝O の酸素原子との間に形成されるものであり，アルコールの －OH 基同士の間の水素結合より強い。この結果，ほとんどのカルボン酸は環状二量体として存在しており，沸点は相当するアルコールより高い。

表 3－11　代表的なカルボン酸の名称と物理的性質

構造式	置換命名	慣用名	融点（℃）	沸点（℃）
HCOOH	メタン酸	ギ酸	8	101
CH_3COOH	エタン酸	酢酸	17	118
C_2H_5COOH	プロパン酸	プロピオン酸	－21	141
C_3H_7COOH	ブタン酸	酪酸	－4	163
C_4H_9COOH	ペンタン酸	吉草酸	－35	187
$C_5H_{11}COOH$	ヘキサン酸	カプロン酸	－34	205
$H_2C=CHCOOH$	プロペン酸	アクリル酸	13	142
C_6H_5COOH	ベンゼンカルボン酸	安息香酸	122	249
HOOCCOOH	エタン二酸	シュウ酸	190	分解
$HOOCCH_2COOH$	プロパン二酸	マロン酸	136	分解
$HOOC(CH_2)_2COOH$	ブタン二酸	コハク酸	188	分解
(Z)HOOCCH＝CHCOOH	cis-ブテン二酸	マレイン酸	139	分解
(E)HOOCCH＝CHCOOH	trans-ブテン二酸	フマル酸	287	200（昇華）
$CH_3CSH(OH)COOH$	(S)-2-ヒドロキシプロパン酸	L-乳酸	53	分解

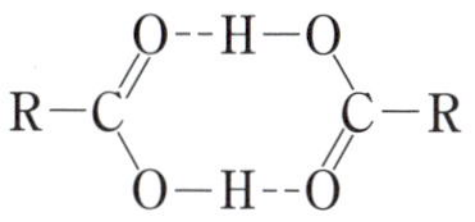

また，カルボキシ基は水と水素結合するので，カルボキシ基に対し炭化水素部分が小さいカルボン酸は水に溶ける。

7-4 カルボン酸の反応

a) 解離

カルボン酸は水溶液中でわずかに解離して H_3O^+ を与え，酸性を示す。酢酸の pK_a 値は4.75であり，塩酸（$pK_a\cdots-7$），硫酸（$pK_a\cdots-3$）のような無機酸に比べると弱い酸であるが，エタノール（$pK_a\cdots15.9$）の約 10^{11} 倍強い酸である。酢酸がエタノールと比べて強い酸性を示す理由は，カルボキシラートイオンの負電荷が2個の酸素原子上に一様に分布し，共鳴安定化されている（負電荷の非局在化）のに対し，アルコキシドイオンはその負電荷が酸素上に局在化し共鳴構造をとることができないためである。

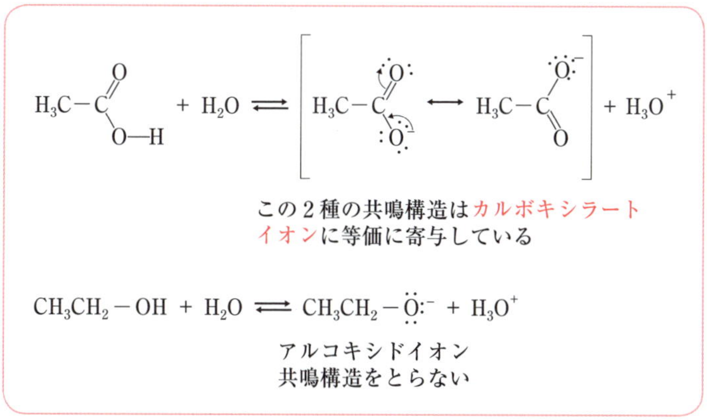

図3-5 共鳴構造のカルボキシラートイオンとアルコキシドイオン

b) 還元

カルボン酸を $LiAlH_4$ で還元すると第一級アルコールが生成する。

$$CH_3(CH_2)_4COOH \xrightarrow[2;\ H_3O^+]{1;\ LiAlH_4,\ THF} CH_3(CH_2)_4CH_2OH$$

THF：テトラヒドロフラン

7-5　カルボン酸の合成

第一級アルコールの酸化によりカルボン酸が生成する（本章2-4参照）。その他，ニトリルの加水分解による方法がある。

$$CH_3(CH_2)_3-C\equiv N + H_2O \xrightarrow{OH^-} CH_3(CH_2)_3-\underset{NH_2}{\underset{|}{C}}=O$$

$$\xrightarrow{OH^-} CH_3(CH_2)_3-COO^- + NH_3$$

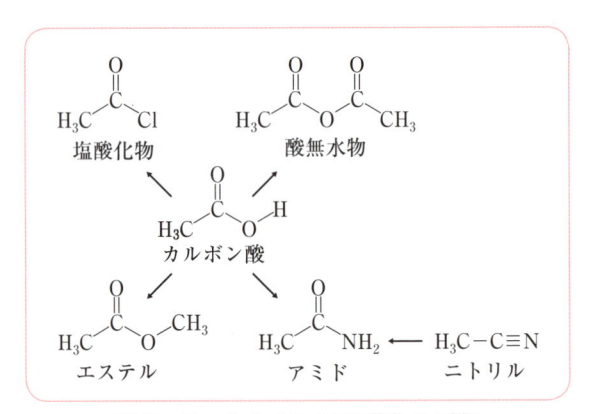

8．カルボン酸誘導体

8-1　カルボン酸誘導体の種類

カルボキシ基の－OH基がほかの原子または基で置換したもので，主要なものにエステル，アミド，酸無水物，酸塩化物，ニトリルなどがある。このうち，ニトリルはカルボニル基をもたないが，加水分解するとアミドとなり，さらにカルボン酸になるので（本章7-5参照），カルボン酸誘導体に入れる。

図3-6　カルボン酸誘導体の種類

8-2　カルボン酸誘導体の命名法

a）エステル

酸名に続きアルキル基やアリール基名をおく。$CH_3COOC_2H_5$ はエタン酸エチル（慣用名，酢酸エチル），$CH_3CH(CH_3)CH_2COOC_3H_7$ は3-メチルブタン酸プロピルである。分子内エステルをラクトンという。酸名の語尾 oic acid の ic acid を o lactone に換える。－OH基の位置番号を o と lactone の間におく。

下記の構造式はブタノ-4-ラクトンまたはブチロ-4-ラクトンである。

$$\begin{array}{c} O \\ \| \\ H_2C-C \\ | \quad \quad \backslash \\ H_2C-CH_2-O \end{array}$$

b) アミド

酸名の"〜酸"を"〜アミド"に換える。窒素に置換基がある場合は N-アルキルやアリールを酸名の前におく。$CH_3(CH_2)_4CON(CH_3)_2$ は N,N-ジメチルヘキサンアミドである。環状アミドをラクタムという。ラクトンと同様に命名し，語尾をラクタムにする。

c) 酸無水物

酸名の"〜酸"を"〜酸無水物"に換える。$(CH_3CH_2CO)_2O$ はプロパン酸無水物である。ただし，無水酢酸，無水コハク酸，無水マレイン酸，無水フタル酸はこの名称を用いる。

d) 酸塩化物

酸名の前に"塩化"をつけ，酸名の語尾を"オイル"に換える。$CH_3(CH_2)_4COCl$ は塩化ヘキサノイルである。

8-3 カルボン酸誘導体の物理的性質

酸塩化物（RCOCl）はカルボキシ基の-OH基が塩素で置換されており，水素結合による分子間会合ができないため，相当する酸に比べ沸点が低い。アミド（$RCONR'_2$）はカルボン酸同様に水と水素結合ができるので，低級の化合物は水に可溶である。また，水素結合による分子間会合を行い，沸点，融点が高い。エステル（RCOOR'）は水素結合ができないので相当する分子量のアルカンとほぼ同じ沸点をもつ。

8-4 カルボン酸誘導体の反応

カルボン酸誘導体は，正電荷を帯びるカルボニル炭素原子が求核試薬と反応し，またカルボニル酸素原子が求電子試薬と反応する。引き続き，多くの場合，カルボニル炭素原子とそれに結合した原子との結合の開裂が起こる。

求核試薬との相対的反応性は，カルボニル炭素原子の電子密度が低いほど反応性が高くなり，酸塩化物＞酸無水物＞アルデヒド，ケトン＞エステル＞アミドの順である。一方，求核試薬の反応性は「本章5-4 ハロゲン化アルキルの反応」で述べたように，$R-S^- > HO^-$, $RO^- > NH_3$, RNH_2, $R_2NH > R-COO^- > H_2O$, $R-OH$ である。反応性の高いもの同士の反応は反応速度が速く，常温

でも反応するが，反応性の低いもの同士の反応は，反応速度が遅いか，起こらないことが多い。

この反応の名称は求核試薬の種類によって異なり，求核試薬が水であれば，ハイドロリシス（hydrolysis，－lysis…分解の意，加水分解），アルコールはアルコーリシス（alcoholysis），アミン，アンモニアはアミノリシス（aminolysis）やアンモノリシス（ammonolysis），アセテートイオンはアセトリシス（acetolysis）などという。

以下，代表的な求核置換反応を示す。

a) エステルのアルカリ加水分解（けん化）

$$CH_3-CO-OC_2H_5 + {}^-OH \rightleftharpoons CH_3-C(O^-)(OH)-OC_2H_5 \rightleftharpoons CH_3-COOH + {}^-OC_2H_5$$
$$\rightleftharpoons CH_3-COO^- + HOC_2H_5$$

エステルのカルボニル炭素原子に求核試薬である OH^- が求核付加し，四面体型中間体の負イオンとなる。この中間体からアルコキシドイオンが脱離してカルボニル基が再生する。

アミドも OH^- と反応しカルボキシラートイオンとアミンを生成する。

$$CH_3CONHCH_3 \xrightarrow{HO^-} CH_3COO^- + CH_3-NH_2$$

b) エステル交換反応

HO^- の代わりに RO^-（アルコキシドイオン）を求核試薬として用いると，反応基質のエステルが同じ酸残基をもち異なるアルコール残基をもつエステルとなる。この反応をエステル交換反応という。

$$C_3H_7-CO-OC_2H_5 + CH_3O^-Na^+ \rightleftharpoons C_3H_7-C(Na^+O^-)(OCH_3)-OC_2H_5 \rightleftharpoons C_3H_7-CO-OCH_3 + C_2H_5O^-Na^+$$

c) エステルとアミンの反応（アミノリシス）

求核試薬としてアンモニア，アミンを用いるとアミドが生成する。反応基質としてエステルの代わりに酸無水物，酸塩化物を用いると反応が容易にすすむ。

$$CH_3-CO-OC_2H_5 + NH_2-CH_3 \rightarrow CH_3-C(H-O)(HN-CH_3)-OC_2H_5 \rightarrow CH_3-CO-NHCH_3 + HOC_2H_5$$

8. カルボン酸誘導体

d) 酸塩化物，酸無水物の加水分解

酸塩化物，酸無水物はエステルやアミド同様に求核試薬と反応するが，反応性が高いので，求核性の低い H_2O，R–OH とも容易に反応する。H_2O と反応すればカルボン酸となり，R–OH と反応すればエステルになる。

$$H_3C-\underset{HO-C_2H_5}{\overset{O}{\underset{\|}{C}}}-Cl \longrightarrow H_3C-\underset{O-C_2H_5}{\overset{H-O}{\underset{|}{C}}}-Cl \longrightarrow H_3C-\overset{O}{\underset{\|}{C}}-OC_2H_5 + HCl$$

$$H_3C-\underset{HOH}{\overset{O}{\underset{\|}{C}}}-O-\overset{O}{\underset{\|}{C}}-CH_3 \longrightarrow H_3C-\underset{OH}{\overset{H-O}{\underset{|}{C}}}-O-\overset{O}{\underset{\|}{C}}-CH_3 \longrightarrow 2\,H_3C-\overset{O}{\underset{\|}{C}}-OH$$

e) カルボニル基のα水素が関与する反応

α水素をもつエステルに $C_2H_5O^-Na^+$ のような塩基を作用させると，**3−オキソエステル（β−ケトエステル）** を生成する。この反応は**クライゼン縮合反応**とよばれる。エステルのα水素が酸性を示し（$CH_3COOC_2H_5$, CH_3CHO, CH_3COCH_3 のα水素の pK_a 値はそれぞれ，25，17，19），塩基によりエステルのα水素が引き抜かれ，エステルエノラートイオンとなる。このイオンが求核試薬となり，エステルのカルボニル炭素に求核攻撃を行い，炭素−炭素結合ができる。続いてアルコキシドイオンが脱離して，新しいカルボニル化合物である 3−オキソエステルができる。

$$CH_3CH_2\underset{\underset{C_2H_5O^-Na^+}{H}}{CH}-\overset{O}{\underset{\|}{C}}-OC_2H_5 \rightleftharpoons \left[\begin{array}{c} CH_3CH_2\overset{-}{CH}-\overset{O}{\underset{\|}{C}}-OC_2H_5 + C_2H_5OH \\ \text{エステルエノラートイオン} \\ \updownarrow \\ CH_3CH_2CH=\underset{|}{\overset{O^-}{C}}-OC_2H_5 \end{array} \right]$$

$$CH_3CH_2CH_2-\overset{O}{\underset{\|}{C}}-OC_2H_5 + CH_3CH_2\overset{-}{CH}-\overset{O}{\underset{\|}{C}}-OC_2H_5$$

$$\rightleftharpoons CH_3CH_2CH_2-\underset{\underset{CH_2CH_3}{C_2H_5O^-}}{\overset{OH}{\underset{|}{C}}}-\overset{H}{\underset{|}{C}}-\overset{O}{\underset{\|}{C}}-OC_2H_5$$

$$\rightleftharpoons CH_3CH_2CH_2-\overset{O}{\underset{\|}{C}}-\underset{\underset{CH_2CH_3}{}}{\overset{H}{\underset{|}{C}}}-\overset{O}{\underset{\|}{C}}-OC_2H_5 + C_2H_5O^-$$

$$\rightleftharpoons \text{CH}_3\text{CH}_2\text{CH}_2-\overset{\text{O}}{\underset{}{\text{C}}}-\underset{\underset{\text{CH}_2\text{CH}_3}{|}}{\text{C}}-\overset{\text{O}}{\underset{}{\text{C}}}-\text{OC}_2\text{H}_5 + \text{C}_2\text{H}_5\text{OH}$$

$$\xrightarrow{\text{H}_3\text{O}^+} \text{CH}_3\text{CH}_2\text{CH}_2-\overset{\text{O}}{\underset{}{\text{C}}}-\underset{\underset{\text{CH}_2\text{CH}_3}{|}}{\overset{\text{H}}{\text{C}}}-\overset{\text{O}}{\underset{}{\text{C}}}-\text{OC}_2\text{H}_5 + \text{H}_2\text{O}$$

3-オキソエステル

TOPIC

　エステルには，カルボン酸とアルコールが脱水縮合してできるカルボン酸エステルのほか，カルボン酸とチオールが脱水縮合してできるチオエステル，リン酸や硫酸のような無機酸とアルコールが脱水縮合してできるリン酸エステル，硫酸エステルなどがある。生体内では，チオエステルやリン酸エステルは代謝の重要な中間体である。生体内チオエステルは，補酵素A（CoA）の末端−SH基が種々のカルボン酸とチオエステル結合したもので，代表的なものにアセチルCoAがあり，脂肪酸のβ酸化，解糖経路，アミノ酸の異化において生成する。その他のチオエステルに脂肪酸のβ酸化で生成するアシルCoA，2−エノイルCoA，3−ヒドロキシアシルCoA，3−オキソアシルCoA，クエン酸回路で生成するサクシニルCoA，脂肪酸生合成経路で生成するマロニルCoAなどがある。

　また，リン酸エステルに関しては，解糖系において見い出すことができる。解糖経路でグルコースはリン酸エステルとなり，さらにフラクトースリン酸エステルに異性化され，いくつかの過程を経てピルビン酸になるが，解糖の調節は，糖がリン酸エステルになることにより，行われている。

　一方，人工的なリン酸エステルの1つに，食品に混入し問題となっているメタミドホス，ジクロロボスなどの殺虫剤がある。これらは神経伝達物質であるアセチルコリンを分解する酵素アセチルコリンエステラーゼ活性阻害作用をもち，神経系に異常を及ぼすので殺虫効果を示すのであるが，ヒトに対する有害性もあり，特にその毒性が強いメタミドホスは日本では農薬，殺虫剤としての使用を認められていない。

メタミドホス　　　　　ジクロロボス

9. アミン

脂肪族アミンと芳香族アミンに分けて述べる。

9–1 アミンの構造

脂肪族アミンはアンモニア（NH_3）の1個以上の水素原子がアルキル基で置換された化合物であり，アミンの構造は NH_3 と似ている。すなわち，アミンの窒素原子は sp^3 混成軌道をとり，4つの混成軌道のうち3つは炭素あるいは水素と σ 結合をつくり，残りの1つの混成軌道は非共有電子対が占めている。C–N–C 結合角は sp^3 混成軌道の結合角 109° に近い値をとる。

窒素に3種の異なる置換基が結合した化合物は，非共有電子対を4番目の置換基と考えれば，4種の異なる置換基が結合した炭素化合物の構造に類似しており，キラルな構造である。しかし，アミンの窒素原子は電子配置を速やかに反転させるため2つの鏡像異性体を分離することはできない。

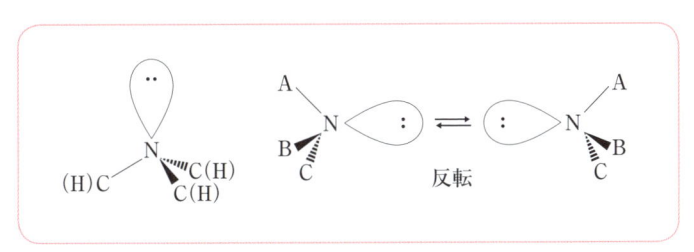

図 3–7 脂肪族アミンの構造

9–2 脂肪族アミンの命名法

窒素原子に結合している炭素の数が1個，2個，3個のものを，それぞれ第一級アミン，第二級アミン，第三級アミン，4個のものは陽イオンとなり，第四級アンモニウム塩とよばれる。

アミンは $NR(H)_2$ より優先順位の高い官能基がある場合は，接頭語である amino（アミノ）をつけて命名する。$NR(H)_2$ が最優先の官能基である場合は，次の3通りの方法により命名する。

(1) 簡単な分子には基名に接尾語 amine（アミン）をつけて命名する。
$CH_3CH_2CH_2NH_2$ はプロピルアミン，$(CH_3CH_2CH_2)_2NH$ はジプロピルアミン，$CH_3CH_2CH(NH)CH_2CH_3$ はエチルプロピルアミンまたは 1–エチルプロピルアミンとなる。

(2) 窒素の結合した炭素を含む最長の炭化水素名の語尾 e を取り，それに amine（アミン）をつけて命名する。

$CH_3CH_2CH_2NH_2$ はプロパンアミン，$(CH_3CH_2CH_2)_2NH$ は N-プロピルプロパンアミン，$CH_3CH_2CH(NH)CH_2CH_3$ は N-エチルプロパン-1-アミンとなる。

(3) 基名に語尾 azane（アザン）をつけて命名する。

$CH_3CH_2CH_2NH_2$ はプロピルアザンとなる。

表 3-12 代表的なアミンとアルコールの沸点

構造式（アミン）	名称（アミン）	沸点（℃）	構造式（アルコール）	沸点（℃）
CH_3-NH_2	メタンアミン メチルアミン	-6	CH_3-OH	65
$CH_3CH_2-NH_2$	エタンアミン エチルアミン	16	CH_3CH_2-OH	78
CH_3-NH 　| 　CH_3	N-メチルメタンアミン ジメチルアミン	7		
$CH_3CH_2CH_2-NH_2$	プロパン-1-アミン プロピルアミン	48	$CH_3CH_2CH_2-OH$	97
CH_3CH-NH_2 　| 　CH_3	プロパン-2-アミン イソプロピルアミン	34	CH_3CH-OH 　| 　CH_3	83
CH_2CH_3-NH 　　　| 　　　CH_3	N-メチルエタンアミン エチルメチルアミン	37		
CH_3-N-CH_3 　　| 　　CH_3	N,N-ジメチルメタンアミン トリメチルアミン	4		
$CH_3(CH_2)_3-NH_2$	ブタン-1-アミン ブチルアミン	76	$CH_3(CH_2)_3-OH$	118
$CH_3CHCH_2-NH_2$ 　| 　CH_3	2-メチルプロパン-1-アミン イソブチルアミン	68	CH_3CH_2-OH 　| 　CH_3	108
CH_3 　| CH_3C-NH_2 　| 　CH_3	1,1-ジメチルエタンアミン tert-ブチルアミン	44	CH_3 　| CH_3C-OH 　| 　CH_3	82
$CH_3(CH_2)_5-NH_2$	ヘキサン-1-アミン ヘキシルアミン	129	$CH_3(CH_2)_5-OH$	157
C_2H_5 　| C_2H_5N 　| 　C_2H_5	N,N-ジエチルエタンアミン トリエチルアミン	90		

9−3 脂肪族アミンの物理的性質

アルコールの−OH基と同様に，アミンの−NH_2基は水分子と水素結合するので，水への溶解度が高くなる（炭素数5以下のアミンは水によく溶ける）。一方，アミンは−NH_2基同士の水素結合により会合する。このため，分子量がほぼ等しい炭化水素より沸点が高い。しかし，この水素結合はアルコールの−OH基同士の水素結合より弱いため，アミン（R−NH_2）の沸点は対応するアルコール（R−OH）より低い。

表3−12に代表的な脂肪族アミンとアルコールの沸点を示した。

9−4 脂肪族アミンの反応

a）アミンの塩基性

アミンは窒素原子の非共有電子対のために塩基性を示し，酸と反応して塩を形成する。

第四アンモニウム塩は非共有電子対をもたないので塩基性を示さない。塩基の相対的強度はアミン（塩基）にH^+が結合したアミンの共役酸のpK_a値によって比較される。共役酸(R−NH_3^+)のpK_a値が大きいことは弱酸であることを意味し，H^+が離れにくい。

$$R-NH_2 + H^+ \rightleftarrows R-NH_3^+$$
　　　　　塩基　　　　　　　　共役酸

上記の酸−塩基平衡反応において，左向きの反応が抑えられ，平衡は右に偏る。すなわち，もとの塩基はH^+を受け取りやすく，強塩基であることになる。逆に，共役酸のpK_a値が小さければ強酸であり，平衡は左に偏り，もとの塩基はH^+を受け取りにくく弱塩基となる。

表3−13　アミンの共役酸のpK_a値の比較

共役酸	NH_4^+	$CH_3NH_3^+$	$(CH_3)_2NH_2^+$	$(CH_3)_3NH^+$	ピロリジニウム	アニリニウム
pK_a値	9.2	10.6	10.8	9.8	11.3	4.6

第3章 有機化合物の化学

脂肪酸アミンはアルキル基の押し出し効果のため，窒素原子の電子密度が高くなり，アンモニアより強い塩基となる。芳香族アミンであるアニリンは窒素原子の非共有電子対がベンゼン環のπ電子と共役して非局在化するため，窒素原子の電子密度が低くなり塩基性が弱い。

b) 求核試薬としてのアミン

ハロゲン化アルキルとアミンとの反応

アンモニアまたはアルキルアミンは優れた求核試薬で，ハロゲン化アルキルと置換反応を起こす。アンモニアから第一級アミンが，第一級アミンからは第二級アミンが，第二級アミンからは第三級アミンが，第三級アミンからは第四級アンモニウム塩が生成するが，生成したアミンが反応基質となりさらにハロゲン化アルキルと反応するので第一級〜第四アンモニウム塩の混合物が生成する。アルキルアミンに対し，十分過剰なハロゲン化アルキルを反応させると，第四アンモニウム塩に変えることができる。また，十分過剰なアンモニアを用いると第一級アミンが主生成物となる。

$$NH_3 + CH_3-I \longrightarrow H-\overset{H}{\underset{H}{N^+}}-CH_3 \; I^- \xrightarrow{NaOH} H-\underset{H}{N}-CH_3 + NaI + H_2O$$

$$CH_3-NH_2 + CH_3-I \longrightarrow CH_3-\overset{H}{\underset{H}{N^+}}-CH_3 \; I^- \xrightarrow{NaOH} CH_3-\underset{H}{N}-CH_3 + NaI + H_2O$$

$$CH_3-\underset{H}{N}-CH_3 + CH_3-I \longrightarrow CH_3-\overset{CH_3}{\underset{H}{N^+}}-CH_3 \; I^- \xrightarrow{NaOH} CH_3-\underset{CH_3}{N}-CH_3 + NaI + H_2O$$

$$CH_3-\underset{CH_3}{N}-CH_3 + CH_3-I \longrightarrow CH_3-\overset{CH_3}{\underset{CH_3}{N^+}}-CH_3 \; I^-$$

第四アンモニウム塩を塩基の存在下で加熱すると，脱離反応が進み，オレフィンが生成する。この反応はホフマン脱離反応とよばれる。

$$HO^- + H-CH_2-CH_2-\overset{CH_2CH_3}{\underset{CH_2CH_3}{N^+}}-CH_2CH_3 \longrightarrow CH_2=CH_2 + \underset{CH_2CH_3}{\overset{CH_2CH_3}{N}}-CH_2CH_3 + H_2O$$

9-5 アミンの合成

a) ガブリエル合成

フタルイミド（pK_a 9.9）は KOH により求核性の高いフタルイミドカリウムとなり，ハロゲン化アルキルと反応し N-アルキルフタルイミドになる。このイミドを加水分解して第一級アミンを得る。

b) アジド合成

ハロゲン化アルキルをアジ化ナトリウム（NaN$_3$）により，アルキルアジド（R-N$_3$）にする。このアルキルアジドを還元して第一（級）アミンを得る。

9-6 芳香族アミン（アリールアミン，arylamine）

a) 塩基性度

脂肪族アミンの項で述べたように，芳香族アミンの塩基性度は脂肪族アミンに比べると弱い。これは芳香族アミンの共鳴構造により窒素原子の非共有電子対が非局在化して結合に使われにくくなっているためである。以下，芳香族アミンの代表であるアニリンの共鳴構造を記した。

b) 置換反応

アミノ基は上に示すように，ベンゼン環のオルト・パラ位の電子密度を高める官能基であるため，芳香族アミンはオルト・パラ位に求電子置換を受ける。

第3章　有機化合物の化学

$$\text{C}_6\text{H}_5\text{NH}_2 \xrightarrow{\text{Br}_2, \text{H}_2\text{O}} \text{2,4,6-tribromoaniline}$$

第一級芳香族アミンは亜硝酸（HNO_2）と反応してジアゾニウム塩を生成する。ジアゾニウム塩は求核試薬により置換反応を起こすので，フェノール，ハロゲン化アリール，アリールニトリルの合成に用いられる。

$$\text{C}_6\text{H}_5\text{NH}_2 + HNO_2 + H_2SO_4 \longrightarrow \text{C}_6\text{H}_5\text{N}_2^+ \, HSO_4^- + 2H_2O$$
（ジアゾニウム塩）

$$\text{C}_6\text{H}_5\text{N}_2^+ + HSO_4^- + H_2O \longrightarrow \text{C}_6\text{H}_5\text{OH} + N_2 + H_2SO_4$$
（ジアゾニウム塩）

$$\text{C}_6\text{H}_5\text{N}_2^+ + HSO_4^- + KI \longrightarrow \text{C}_6\text{H}_5\text{I} + N_2 + KHSO_4$$
（ジアゾニウム塩）

〈参考文献〉

- John McMurry： Organic Chemistry, Brooks/Cole, (2000)
- S.H.Pine：Organic Chemistry, McGraw－Hill, (1987)
- 奥山格：有機化学，丸善, (2008)
- 飯田隆（著）・南原利夫（監）：ライフサイエンス有機化学，共立出版, (2000)
- 安藤祥司・熊本栄一・兒玉浩明ほか：生命の化学，化学同人, (2001)
- Marion H. O'Leary（著）・中島利誠（訳）：有機化学，東京化学同人, (2004)
- 長澤寛道：生物有機化学，東京化学同人, (2008)
- 大饗茂：有機硫黄化学，化学同人, (1982)
- 北川勲・磯部稔，天然物化学・生物有機化学Ⅰ，朝倉書店, (2008)
- 内藤敦：海洋生物資源の有効利用，シーエムシー出版, (2002)
- Kurt B.G. Torssell：Natural Product Chemistry, Taylor & Francis, (1997)

練(習)問(題)

1. 下記の反応を用いて，密封できないフラスコ中にナトリウムメトキシドをつくった。このフラスコを放置しておいたところ，白色沈殿が生じた。
   この変化を化学反応式を用いて説明せよ。

   $$2\,CH_3OH + 2\,Na \longrightarrow 2\,CH_3O^-Na^+ + H_2$$

2. ウメ，モモ，アンズなどのバラ科植物の未熟な果実や種子にはベンズアルデヒドのシアノヒドリン（マンデロニトリル）が糖と結合して存在する。
   このシアノヒドリンの構造式を記せ。

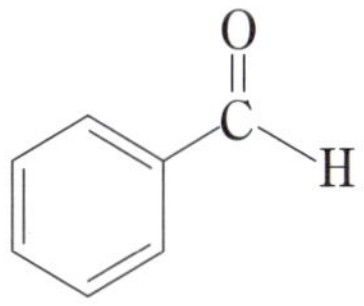

   ベンズアルデヒド

3. 下記にマルトースとよばれる二糖の構造式を示した。アセタール結合を◯で，ヘミアセタール結合を◌で囲め。

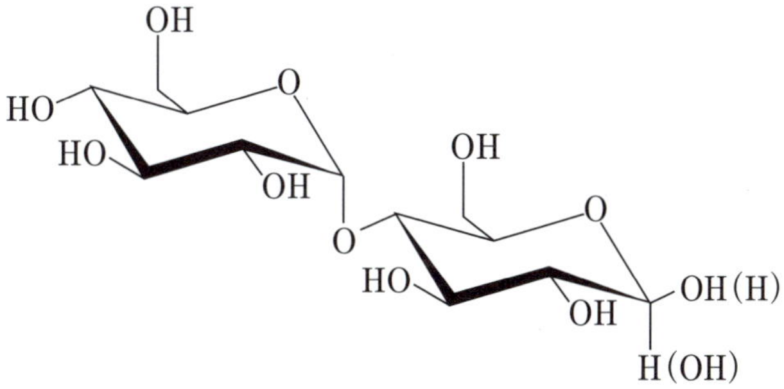

4. グリセロールとステアリン酸のトリエステルにナトリウムメトキシドを反応させると何ができるか。反応式を書き説明せよ。
   また，この反応は何反応とよばれるか。

   $$CH_3(CH_2)_{16}COOH$$
   ステアリン酸

5. コリンは神経刺激の伝達物質であるアセチルコリンの前駆物質である。このコリンはエタノールアミンにヨウ化メチルを作用させて合成することができる。この合成の化学反応式を記せ。

   コリン　　　　　　　　エタノールアミン

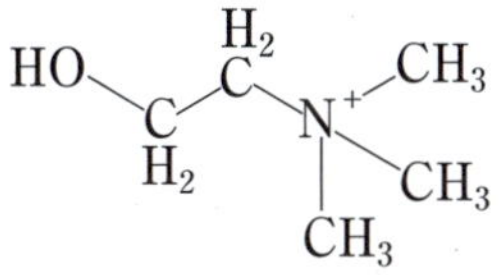

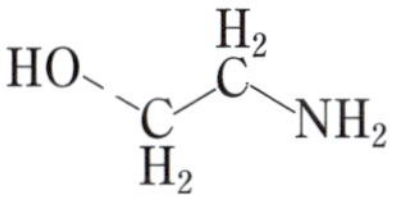

第4章 異性体と立体化学

　有機化合物はC, H, O, N, Sを中心に限られた元素で構成されているが，その種類は極めて多い。要因の1つとして異性体の存在があげられる。

　第2章 有機化合物の基本骨格でも一部述べたが，有機化合物には分子式は同じであるが，その構造や性質の異なるものが存在する。これらを互いに異性体という。また，異性体には大きく分けて構造異性体と立体異性体の2種類が存在する。図4-1にその分類を示す。

```
          ┌ 構造異性体 ┬ 骨格異性体
          │           ├ 位置異性体
          │           └ 官能基異性体
異性体 ─┤
          │           ┌ 幾何異性体
          │           │ （シス・トランス異性体） （非鏡像異性体）
          └ 立体異性体 ┼ 光学異性体        （鏡像異性体）
                      └ 配座異性体        （非鏡像異性体）
```

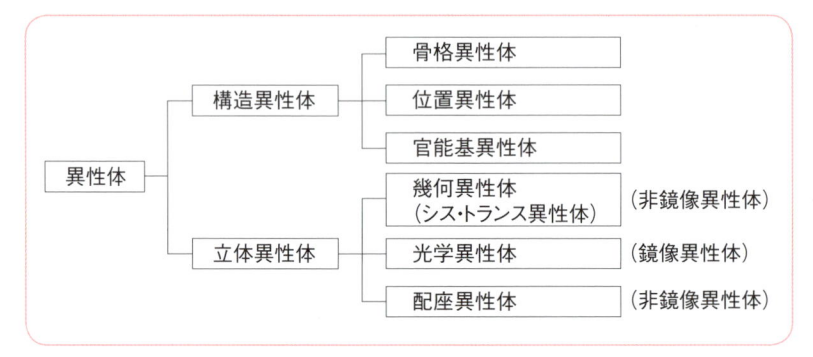

図4-1　異性体の分類

1. 構造異性体

　分子式は同じであるが構造式が異なる化合物のことを，構造異性体という。構造異性体には骨格異性体，位置異性体，官能基異性体がある。

1-1　骨格異性体（連鎖異性体）

　分子式は同じでも炭素原子の連結のしかたが異なるものを骨格異性体という。炭素原子が4つ以上になると出現する。異性体はC_4は2種，C_5は3種，C_6は5種，C_7は9種，C_8は18種，C_9は35種，C_{10}は75種になり，C_{20}では366,319種もある。

1. 構造異性体

C₄ の構造式（2種）

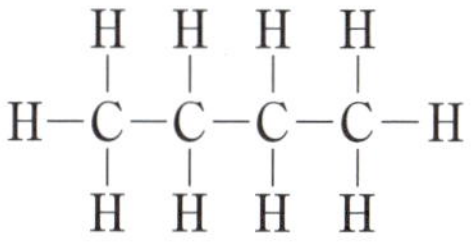

ブタン（ノルマル *n*-ブタン） 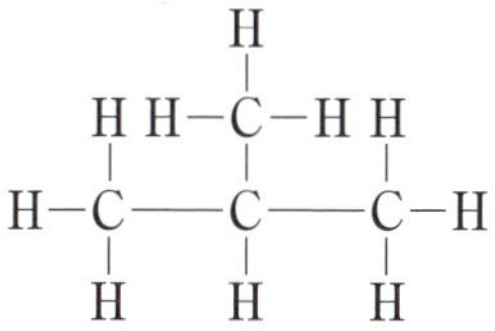　　　2-メチルプロパン（イソ *i*-ブタン）

C₆ の構造式（5種）

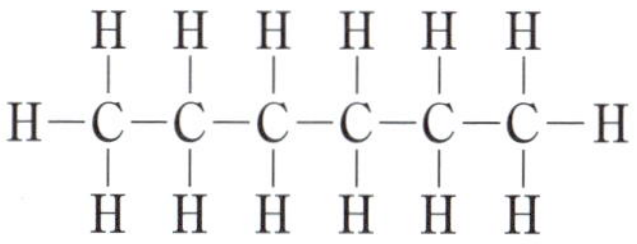

ヘキサン（*n*-ヘキサン） 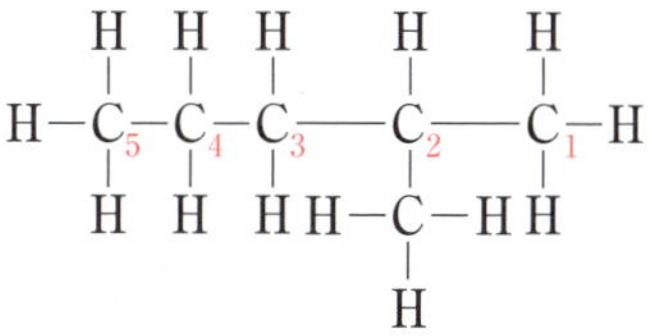　　　2-メチルペンタン（イソヘキサン）

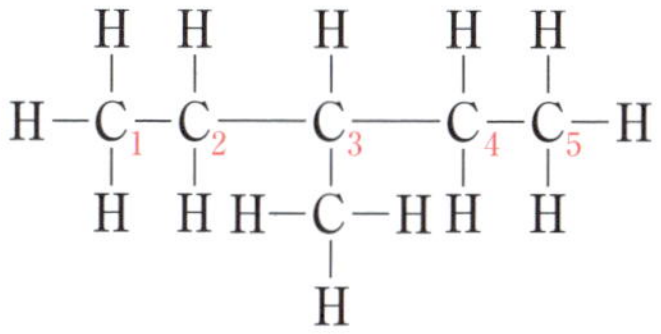

3-メチルペンタン 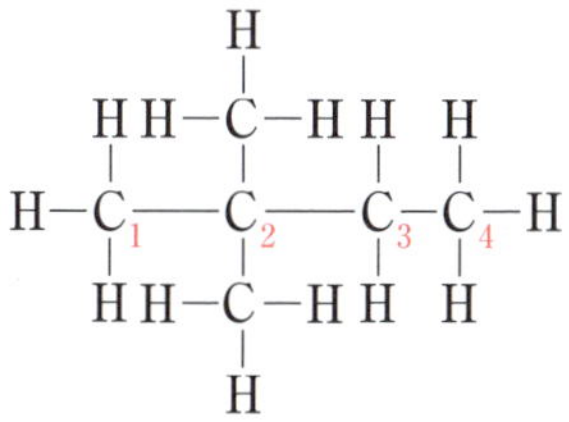　　　2,2-ジメチルブタン（ネオヘキサン）

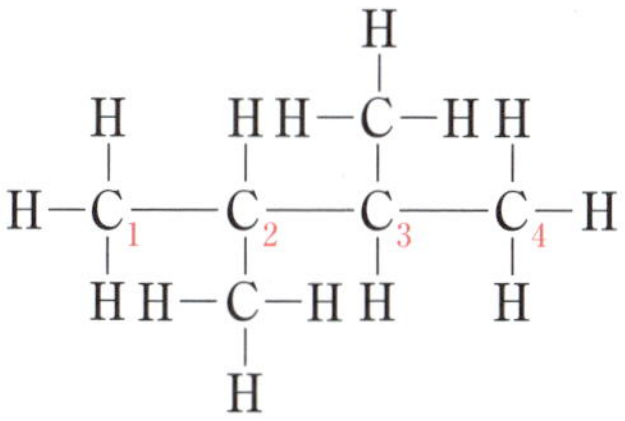

2,3-ジメチルブタン（ジイソプロピル）

枝のある飽和炭化水素の命名は次のように行う。

(1) 分子中の最も長く連続した炭素原子鎖を主鎖（これを基幹と呼ぶ）とし，この化合物の主たる名称とする（化合物の名称の最後尾にいれる）。

(2) 主鎖の炭素原子に末端から順に番号をつけ，結合基などの位置を示す。この時，側鎖の位置ができるだけ小さい番号になるように選ぶ。

(3) 主鎖以外の炭素は置換基として扱う。この置換基の名称と(2)の位置を示す

番号を，主鎖の名称の前につける。
(4) 同じ基が複数存在する場合は，その基の名称の前に，数に応じてギリシア数詞をつける。2，3，4個はそれぞれジ，トリ，テトラとなる。

1－2 位置異性体

分子式は同じでも官能基の位置が異なるものをいう（酸素や窒素などヘテロ〈異なった〉原子が加わって生じる）。

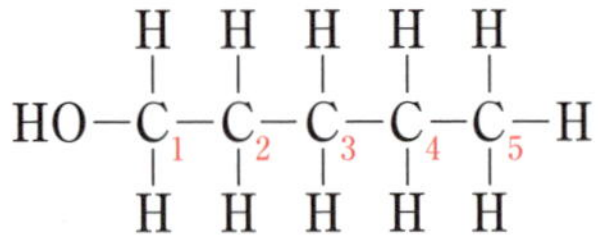

1-ペンタノール $C_5H_{12}O$

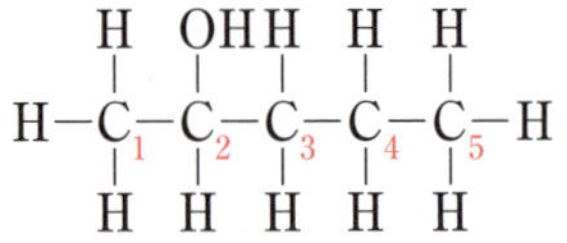

2-ペンタノール $C_5H_{12}O$

モノ置換ベンゼンに2つ目の置換基を導入する場合，$o-$（オルト, ortho），$m-$（メタ, meta），$p-$（パラ, para）の3種の位置異性体が生成する。

図4-2に相対的位置を示す。

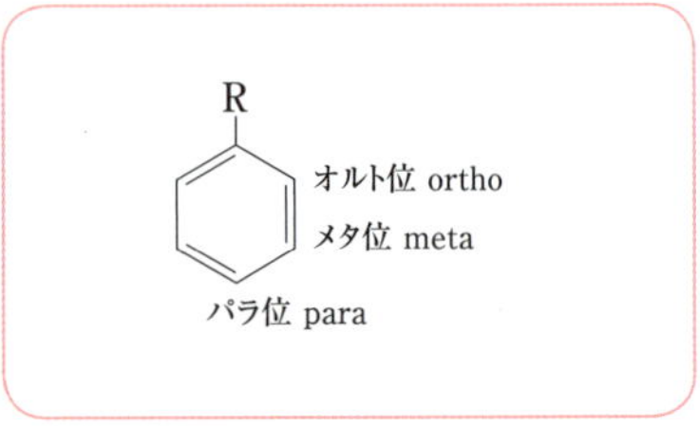

図4-2 二置換ベンゼンの相対的位置と名称

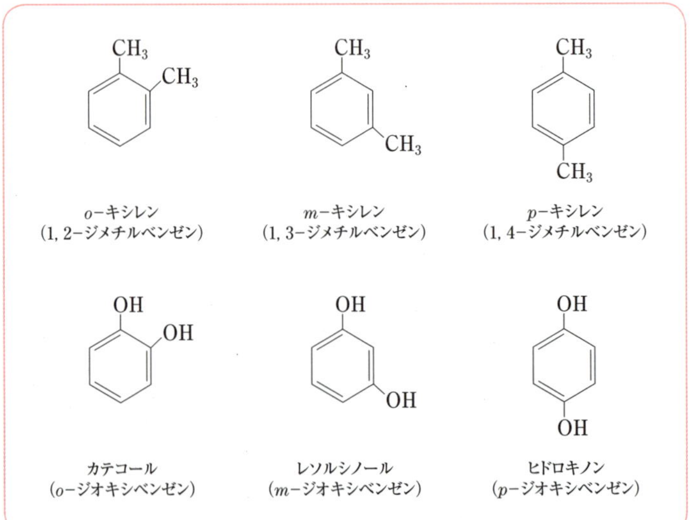

$o-$キシレン
(1, 2-ジメチルベンゼン)

$m-$キシレン
(1, 3-ジメチルベンゼン)

$p-$キシレン
(1, 4-ジメチルベンゼン)

カテコール
($o-$ジオキシベンゼン)

レソルシノール
($m-$ジオキシベンゼン)

ヒドロキノン
($p-$ジオキシベンゼン)

図4-3 キシレンとベンゼンジオールの位置異性体

1-3 官能基異性体

分子式は同じでも含まれる官能基が異なるものをいう。

$$\text{ジメチルエーテル} \qquad \text{エチルアルコール（エタノール）}$$

2. 立体異性体

　原子の結合の順番や結合の種類は同じであるが，空間的（三次元的）構造（配置）が異なるものを互いに立体異性体という。また，分子の構造をこのように立体的に考える化学を立体化学という。難しく聞こえるが，ゆっくり考えれば理解できる分野である。
　立体異性体には，高校ですでに学んだ人も多いと思われる幾何異性体（シス・トランス異性体），光学異性体（鏡像異性体）があり，その他に配座異性体がある。

2-1 幾何異性体（シス・トランス異性体）

　二重結合をもつ炭素は σ 結合と分子軌道が重なって生じる π 結合をしているため，σ 結合だけの単結合の炭素原子と異なり自由に回転できない。
　2-ブテンのように二重結合をはさんだ場合，2個のメチル基が反対側にあるものをトランス型，同じ側にあるものをシス型といい，互いに異性体という。一般にトランス型のほうが安定である。

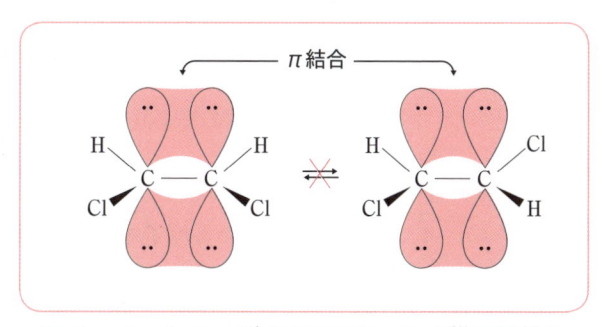

図4-4　1,2-ジクロロエチレンの幾何異性体

第4章 異性体と立体化学

トランス形
trans-2-ブテン
(融点-106℃, 沸点1℃)

シス形
cis-2-ブテン
(融点-139℃, 沸点4℃)

トランス形
フマル酸
(融点300〜302℃(封管中), 200℃で昇華する)

シス形
マレイン酸
(融点133℃, 沸点160℃)

　環状アルカンには，炭素と炭素の結合のまわりで自由に回転ができないことから，幾何異性を生じるものがある。

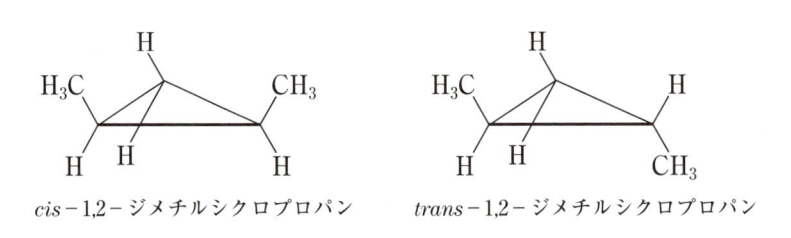

cis-1,2-ジメチルシクロプロパン

trans-1,2-ジメチルシクロプロパン

3. 光学異性体（鏡像異性体）

*2　右手とその鏡像。

L-乳酸　　D-乳酸　　　鏡像　右手

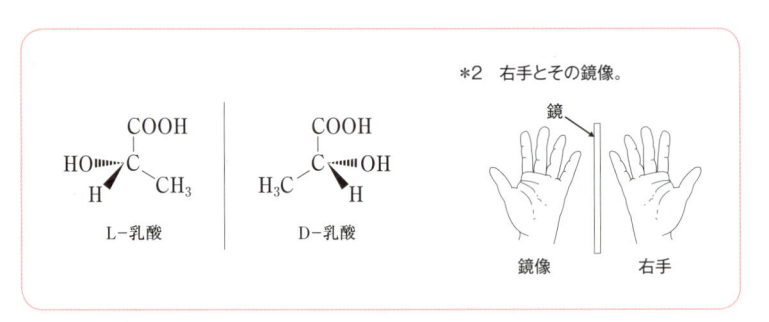

図4-5　乳酸の光学異性体

　乳酸は，中心の炭素原子にすべて異なる原子または原子団が結合している（図4-5）。このように，4つともすべて異なる原子または原子団が結合している単結合の炭素原子を**不斉炭素原子**（asymmetric carbon atom）という。
　不斉炭素原子には，三次元的（空間的）配置の異なる2つの立体異性体が存在する。そしてこの2つは一方が実体だとすると，他方が鏡に映した像のような形をなしている。右手の上に左手を重ねることができないが，互いに向き合わせに重ねることができる。このような分子を**キラル**（ギリシア語で手の意味，キラルで

ない分子はアキラル分子）といい，このことからこれらを<u>鏡像異性体</u>（エナンチオマー）とよぶ．乳酸の鏡像異性体はL-乳酸，D-乳酸とよばれる．

なお，乳酸を化学合成や発酵でつくるとD体，L体が等量に混じった乳酸が得られ，これをラセミ体という（植物中にも存在する）．筋肉中にできる乳酸，動物組織中に存在する乳酸はL-乳酸のみである．

鏡像異性体は物理的性質は等しいが，次に述べるように光学的性質が異なる．そのため光学異性体ともよぶ．ヒトは一部の光学異性体を味やにおいで区別する力をもつ．

3-1 光学活性

自然光や一般的光源による光は，全方向に光（電磁波）を放っている．図4-6に示す旋光計で光をみると，全方向の光が偏光子（偏光フィルター，プリズム）を通ると，単一な振動方向（例えば垂直方向のみ）をもつ光（平面偏光）となる．この単一な方向の光をある分子の溶液が入ったセルに通すと，通過してきた光は偏光面を右または左方向に回転させることがある．このように平面偏光を回転させる性質をもつ分子は<u>光学活性</u>（optical active）であるという．右方向に回転させるものを<u>右旋性</u>（dextrorotatory（+）），左方向に回転させるものを<u>左旋性</u>（levorotatory（-）），また偏光面の回転角度を<u>旋光度</u>（optical rotation）という．

D-（+）-乳酸は右旋性であり，L-（-）-乳酸は左旋性である．

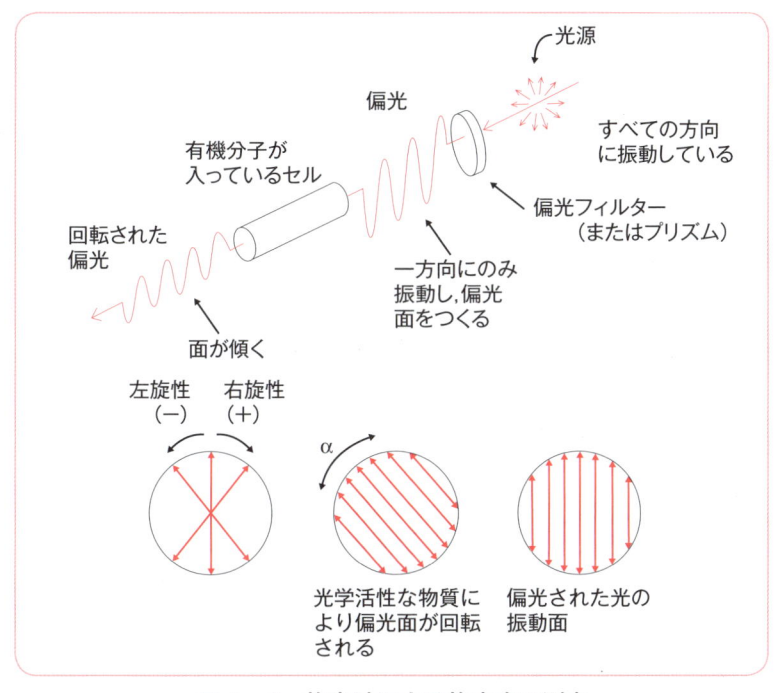

図4-6 旋光計による旋光度の測定

3-2　比旋光度

旋光計で旋光度を測定する際，試料セルの長さ，溶液濃度，温度などの条件を標準化すると比較が可能となる。そこで，セル長 10 cm，濃度 1 g/mL にしたものを比旋光度〔α〕$_D$ という。温度の規定はないが，一般に 20℃ とすることが多い。測定波長は普通 Na の D 線（589.3 nm）を用い次のように求める。

$$〔α〕_D = \frac{旋光度（実測した回転値）（度）}{セルの長さ（dm）× 試料濃度（g/mL）}$$

D-（+）-乳酸は〔α〕$_D$ = + 3.82° をもち，L-（-）-乳酸は〔α〕$_D$ = - 3.82° をもっている。

3-3　D / L 表示法

立体配置と旋光性には特に相関性がない。そこで，キラル分子（対掌体）の三次元的配置を絶対的に表現する方法として，ロザノフ，フィッシャーの D / L 表示法，カーン，インゴールド，プレローグの提案した R/S 表示法を用いることが多い。なお，フィッシャー（Fischer）の投影構造式は，後述の図 4-7 のとおりである。

グリセルアルデヒドを標準物質として，それぞれの立体配置に基づいての対掌体を D 型と L 型とする（図 4-7）。この D/L 表示法は，アミノ酸，糖類等の絶対配置の表示に用いられているが適用範囲は狭い。

$$\begin{array}{cc}
\overset{1}{C}HO & \overset{1}{C}HO \\
H-\overset{2}{C}-OH & HO-\overset{2}{C}-H \\
\overset{3}{C}H_2OH & \overset{3}{C}H_2OH \\
\text{D-(+)-グリセルアルデヒド} & \text{L-(-)-グリセルアルデヒド}
\end{array}$$

図 4-7　グリセルアルデヒド

この場合，縦に C のつながりを記し，C の上下の手はいずれも後方（奥の方向）に伸びている。これに対して C の左右の手は手前側に伸びていて，それぞれ H と OH が結合している。この時，2 位の不斉炭素原子に結合する OH（ヒドロキシ基）の位置が右にくるものを D 型，左にくるものを L 型とする。D/L はスモールキャピタル（小さいサイズの大文字）で記す。

糖の場合，図 4-8 に示すように CHO など還元基を上の方に記し，還元基から最も離れた不斉炭素原子に結合しているヒドロキシ基の位置により D 型，L 型が決まる。この際，D 型と L 型は鏡像関係にあり，互いに異性体である（この D, L は旋光性とは無関係である）。

3．光学異性体（鏡像異性体）

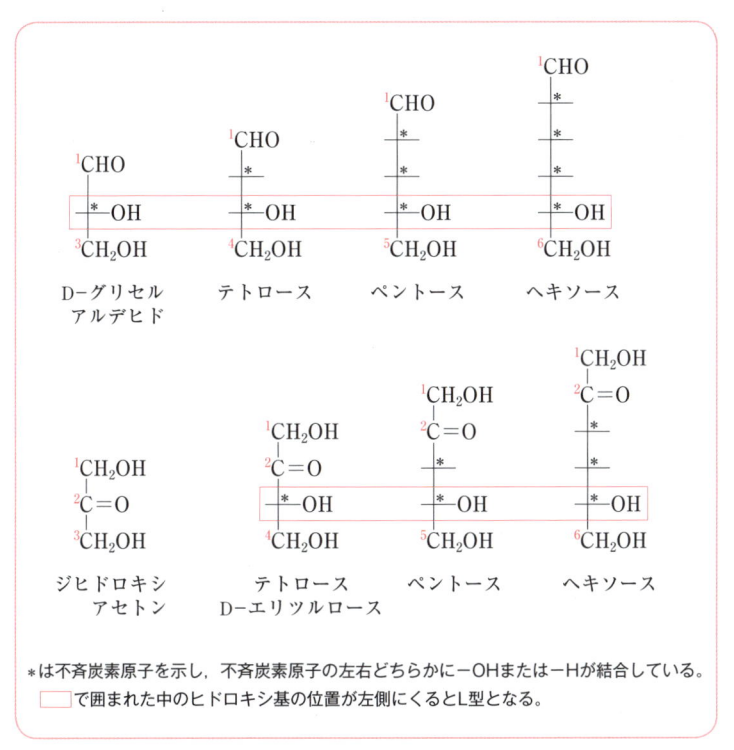

図4−8　D型糖の立体配置

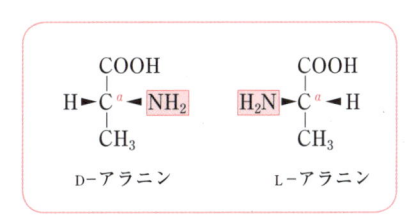

*は不斉炭素原子を示し，不斉炭素原子の左右どちらかに−OHまたは−Hが結合している。
□で囲まれた中のヒドロキシ基の位置が左側にくるとL型となる。

図4−9　アミノ酸の鏡像異性体

　アルデヒド基をもつアルドースの場合はC_3のグリセルアルデヒドからD/Lの区別が生じるのに対し，ケト基をもつケトースの場合はC_4のテトロース以上から異性体が生じる。

　糖の鏡像異性体ではD/Lを決定するヒドロキシ基のみでなく，その他の不斉炭素原子に結合しているヒドロキシ基すべてが鏡像関係となる。

　アミノ酸にも鏡像異性体があり（図4−9），**カルボキシ基**が結合するα位の炭素原子が不斉炭素原子で，アミノ基が右に配置されるものをD型，左に配置されるものをL型という。ヒトおよび動物や植物に含まれるタンパク質は，D/Lの区別のないグリシン以外は，すべてL型のアミノ酸で構成されている。D型は一部の昆虫や微生物により合成される。一方，自然界に存在する単糖は一般的にD型が多く，L型はアラビノース，ソルボース，ラムノースなどわずかである。

3-4 α型とβ型

キシロースなどのペントース（五単糖）やグルコースなどのヘキソース（六炭糖）は，水溶液中で環状構造をとっている。これをグルコースを例に示すと図4-10のとおり，1位のCと5位のCに結合しているヒドロキシ基との間で，ヘミアセタール結合が起こり環状構造となる。その結果，1位のCはあらたに不斉炭素原子となり，このCを アノマー（anomer）炭素原子，これにより生じたヒドロキシ基を アノマー性ヒドロキシ基（ヘミアセタール性ヒドロキシ基，グリコシド性ヒドロキシ基）とよぶ。このヒドロキシ基の位置が6位の $-CH_2OH$ と反対の面にあるか，同じ面にあるかにより，2つの異性体が生じる。前者を α型（αアノマー），後者を β型（βアノマー）という。

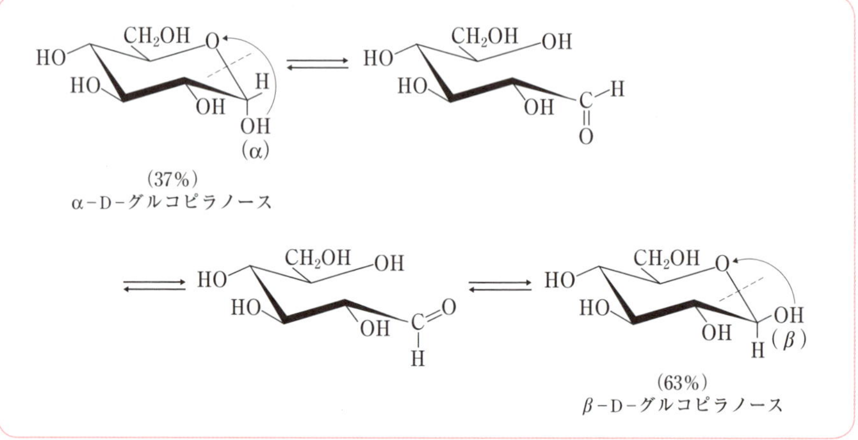

図4-10 グルコースの環型互変異性

α型とβ型では 旋光度 などの物理的性質は少し異なるが水溶液では平衡状態となっている。グルコースの場合の比旋光度は，α型 +113°，β型 +19° であるが，どちらを水に溶かしても α型37%，β型63%で平衡となり，その液の比旋光度は +52.7° となる。なお，この比旋光度の変化を 変旋光 という。

糖の場合，α型とβ型では甘味度が異なるほか，たとえばD-グルコースのみから成る多糖の場合 α-1,4結合のアミロースはヒトが消化できるのに対し，β-1,4結合のセルロースは非消化性であるなど，その性質は大きく異なる。

3-5 R/S表示

立体配置と旋光性は特に相関性はないため，分子の立体配置は特定できない。分子の絶対配置を特定する方法の1つに R/S表示法 がある。1956年にカーン，インゴールト，プレローグの3人が提案した方法で，一部に例外はあるが，最もよく使用されている。以下にその表記法を示す。

3. 光学異性体（鏡像異性体）

(1) まずキラル中心（4つの異なる基がついている原子）を見つける（炭素であることが多い）。

(2) キラル中心に直接結合している原子の中で，最も小さい原子番号のものを見つけ（4番とする），これを紙面の裏側に向け，表から残りの3つの基を見る。

(3) キラル中心に直接結合している原子のうちで，最も大きい原子番号のものを1番とし，次に大きいものを2番その次を3番という順に番号をつける。
　　＊最初の原子の原子番号が同じ場合，順次外側に向かって原子番号を比べて見ていき，1番目，2番目，3番目の順をつける。
　　＊同じ原子（同位体）の時は，質量数の多いものが優先される。
　　＊単結合と多重結合は同格とする。

(4) 3つの置換基を1 → 2 → 3と番号順に回した（結んだ）時，右回りとなるものに R（rectus：ラテン語で右の意），左回りとなるものに S（sinister：ラテン語で左の意）の文字を物質の名称の前に置く。

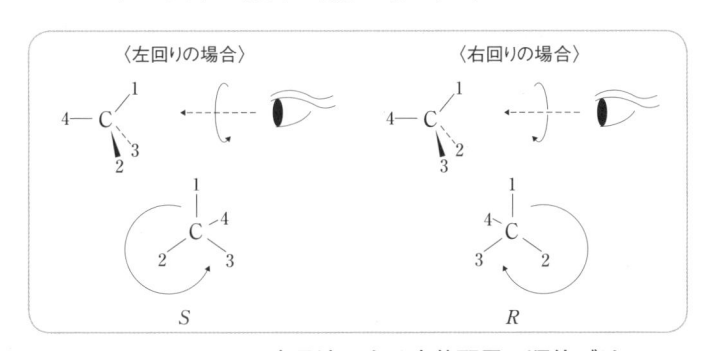

図4-11　R/S 表示法による立体配置の順位づけ

乳酸の場合，不斉炭素原子に結合している－OH基が1番，－COOHが2番，－CH_3基が3番，－Hが4番となるので，D/L表示法のD型は右回りとなり，$R-(-)$－乳酸，L型は左回りとなるので $S-(+)$－乳酸と表される。

◆よく出てくる置換基の優先順位
　・－C(CH_3)$_3$ ＞ －CH(CH_3)$_2$ ＞ －CH_2CH_3 ＞ －CH_3 ＞ －H
　・I ＞ Br ＞ Cl ＞ F
　・－OCH_2CH_3 ＞ －OCH_3 ＞ －OH
　・－$COOCH_3$ ＞ －COOH ＞ －CHO ＞ －CH_2OH

L-乳酸　　　$S-(+)$-乳酸　　　$R-(-)$-乳酸　　　D-乳酸

4．立体配座 (conformation)

　平面的に書くと同じ構造の炭素化合物であるのに，立体的に書くと異なる構造をしているものがある。それは炭素原子同士が単結合をしている場合，常温において単結合（σ結合）を中心にして分子が自由に回転するからである。その回転のスピードは極めて速い（数十万回／秒以上）。

　エタンの両側の炭素原子に結合している3個の水素原子は，炭素原子同士のσ結合を中心に回転し，ねじれることでその空間的配置（立体配座）は異なってくる。したがって，ねじれの角度によってその空間的配置の異なるものは無数に生じることになる。この立体配座の異なるものを**配座異性体**という。

　両方の炭素原子が重なって見える位置から水素原子を見た時（ニューマン (Newman) の投影式による立体配座，図4-12），エタンの片方の炭素原子に結合している3個の水素原子の位置が，もう片方の炭素原子に結合している水素と重なる時（図4-12左側），重なり型という。この形は互いの水素原子が最も近くなり，電子対の反発も大きく，エネルギーが最大となり，不安定である（図4-13）。

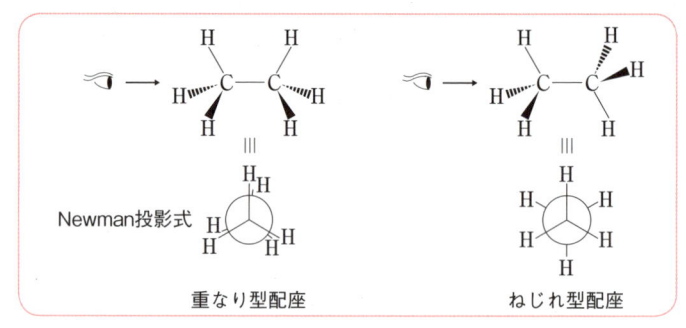

図4-12　エタンの立体配座と Newman 投影式

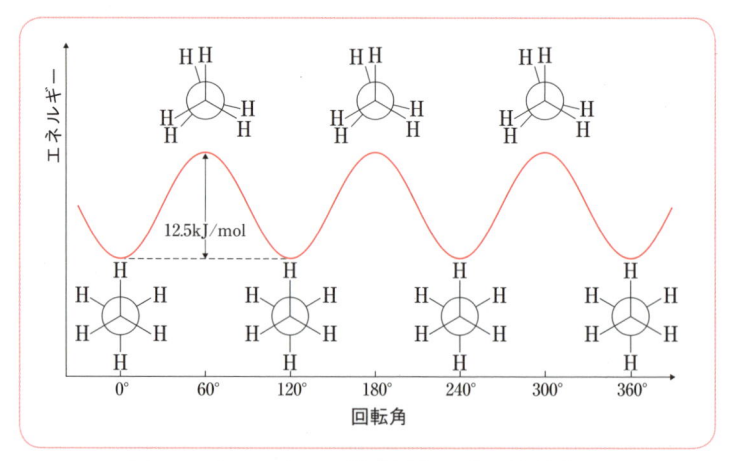

図4-13　エタンの結合回転による異性化のポテンシャルエネルギー図

重なり型から60°ねじれたものをねじれ型といい（図4-12右側），互いの水素原子同士が最も離れた位置となり，エネルギーは最小で最も安定している。最も不安定なものと，最も安定なものとの間には12.5kJ/molのエネルギー差がある。エネルギーの低いものの方が，存在率は高い。

シクロヘキサンやグルコースなどの六員環構造をとるものに，いす形と舟形が存在するが，この立体配座の違いから生じるいす形と舟形は互いに配座異性体である。なお，いす形と舟形の間には互換性があるが，実際には安定性の面からほとんどがいす形をしている（第2章図2-4参照）。

練習問題

1. 分子式 C_7H_{16} で表される炭化水素の構造式を価標と元素記号を省略せず，すべて書き，IUPAC法で命名せよ。

2. ベンゼン環にヒドロキシ基 $-OH$ とメチル基 $-CH_3$ が1つずつ結合した化合物をクレゾール（cresol）という。クレゾールの3つの位置異性体を書き，命名せよ。

3. 分子式 $C_4H_{10}O$ の異性体をすべて構造式で書き，命名せよ。

第5章 生体を構成している主要な有機化合物

　第5章では，生体を構成している主要な有機化合物であるアミノ酸，タンパク質，酵素，炭水化物，脂質，および核酸について記述する。これらの有機化合物は生命体を維持するためにきわめて重要な物質であり，たとえば植物の構造材料や，動物の皮膚，筋肉および各器官などの構成成分であり，またそれらの遺伝情報にも関係している。

1. アミノ酸・タンパク質・酵素

1-1 アミノ酸とは

　アミノ酸は，分子中にアミノ基（$-NH_2$）とカルボキシ基（$-COOH$）とをもつ化合物である。生体機能の重要な成分であるタンパク質は20種類のα-アミノ酸の組み合わせからできており，アミノ基はカルボキシ基の隣の炭素原子（α-炭素原子）に結合している。ただし，プロリンとヒドロキシプロリンは，アミノ基が2級であるのでイミノ酸となる。

　グリシンを除くα-アミノ酸には，4種類の異なる置換基をもつ炭素である不斉炭素原子（キラル，chiral 炭素）があるので光学異性体が存在する。一般にこれらのアミノ酸の立体配置はグリセルアルデヒドを基準物質として通常の状態をD体，その鏡像体をL体と定義に基づいて表示されている（本章2.参照）。

a）両性イオンとしてのアミノ酸

　アミノ酸は水素イオンを受け取る塩基性の$-NH_2$と，水素イオンを放出する

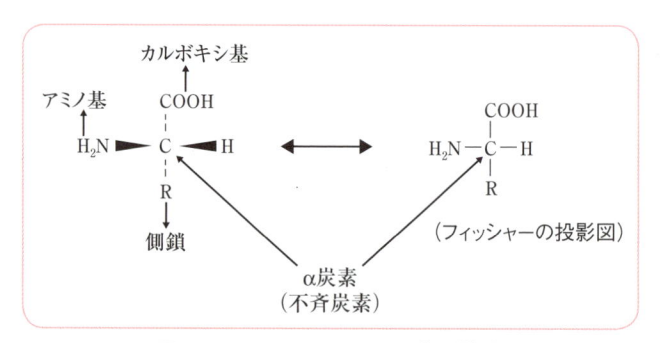

図5-1　L-α-アミノ酸の構造

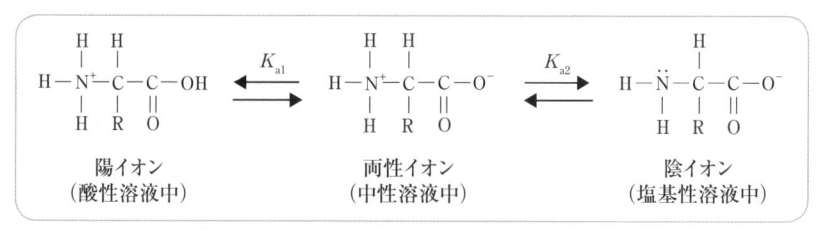

図5-2 L-グリセルアルデヒドとアラニンの鏡像体

図5-3 アミノ酸の性質

酸性の-COOHとをもっているので、酸と塩基の両方の性質を示す。このため、分子内に陽イオンの部分と陰イオンの部分の両方をもつ両性イオン（双性イオン）として存在するし、水溶液中では下記の酸解離平衡が成立している。

b) 酸解離定数（acidity constant）と等電点（isoelectric point）

アミノ酸の解離基は溶液のpHに依存しており、それぞれの解離基には固有のpK_{a1}およびpK_{a2}が存在する。また、アスパラギン酸などの場合は解離基の側鎖についても独自のpK_{a3}をもつ（表5-1）。陽イオンと陰イオンの濃度が等しいpHをアミノ酸の等電点（pI）とよぶ。

c) タンパク質構成アミノ酸

前述したように、タンパク質を構成するα-アミノ酸は20種類存在する（表5-1）。アミノ酸側鎖の性質に基づいて、非極性（疎水性）アミノ酸、極性をもつ非電解アミノ酸、電荷をもつ酸性アミノ酸および塩基性アミノ酸の4つのグループに大別される。

ヒトにおいては、体内で合成できないアミノ酸があり、それらを必須アミノ酸（essential amino acid）という。これらの必須アミノ酸は全部で9種類あり、食物から摂取する必要がある。私たちが毎日摂取している穀類でも、コメではリシンとトレオニン、小麦ではリシン、トウモロコシではトリプトファンとリシンが不足している。アミノ酸は体内では速やかに代謝され蓄積することはないので、日々、ほかの食物などとバランスの取れたアミノ酸摂取に努めなければならない。

第5章 生体を構成している主要な有機化合物

表5−1 タンパク質構成アミノ酸の種類と構造式

	アミノ酸	略号		pK_{a1}	pK_{a2}	pK_{a3}	等電点	構造式
酸性	酸性側鎖アミノ酸	アスパラギン酸	Asp	D	2.1	9.8	3.9	3.0	HOOC−CH$_2$−CH(NH$_2$)−COOH
		グルタミン酸	Glu	E	2.2	9.7	4.3	3.2	HOOC−(CH$_2$)$_2$−CH(NH$_2$)−COOH
中性	極性側鎖アミノ酸	アスパラギン	Asn	N	2.0	8.8		5.4	H$_2$NOC−CH$_2$−CH(NH$_2$)−COOH
		グルタミン	Gln	Q	2.2	9.1		5.7	H$_2$NOC−(CH$_2$)$_2$−CH(NH$_2$)−COOH
		セリン	Ser	S	2.2	9.2		5.7	CH$_2$(OH)−CH(NH$_2$)−COOH
		トレオニン*	Thr	T	2.6	10.4		6.5	CH$_3$−CH(OH)−CH(NH$_2$)−COOH
		システイン	Cys	C	1.7	10.8	8.3	5.0	HS−CH$_2$−CH(NH$_2$)−COOH
		チロシン	Tyr	Y	2.2	9.1	10.1	5.7	HO−C$_6$H$_4$−CH$_2$−CH(NH$_2$)−COOH
	非極性側鎖アミノ酸	グリシン	Gly	G	2.3	9.6		6.0	CH$_2$(NH$_2$)−COOH
		アラニン	Ala	A	2.3	9.7		6.0	CH$_3$−CH(NH$_2$)−COOH
		バリン*	Val	V	2.3	9.6		6.0	(CH$_3$)$_2$CH−CH(NH$_2$)−COOH
		ロイシン*	Leu	L	2.4	9.6		6.0	(CH$_3$)$_2$CH−CH$_2$−CH(NH$_2$)−COOH
		イソロイシン*	Ile	I	2.4	9.7		6.1	CH$_3$−CH$_2$−CH(CH$_3$)−CH(NH$_2$)−COOH
		メチオニン*	Met	M	2.3	9.2		5.8	CH$_3$S−(CH$_2$)$_2$−CH(NH$_2$)−COOH
		フェニルアラニン*	Phe	F	1.8	9.1		5.5	C$_6$H$_5$−CH$_2$−CH(NH$_2$)−COOH
		トリプトファン*	Trp	W	2.4	9.4		5.9	(インドール)−CH$_2$−CH(NH$_2$)−COOH
		プロリン	Pro	P	2.0	10.6		6.3	(ピロリジン環)−COOH

								構造
塩基性	塩基性側鎖アミノ酸	リシン*	Lys	K	2.2	9.0	12.5c	9.8	H$_2$N−(CH$_2$)$_4$−CH−COOH 　　　　　　　　｜ 　　　　　　　　NH$_2$
		ヒスチジン*	His	H	1.8	9.2	6.0c	7.6	(イミダゾール環)−CH$_2$−CH−COOH 　　　　　　　　　　　　｜ 　　　　　　　　　　　　NH$_2$
		アルギニン	Arg	R	2.2	9.0	12.5c	10.8	H$_2$N>C−NH HN/　　　｜ 　　　　(CH$_2$)$_3$−CH−COOH 　　　　　　　　　　｜ 　　　　　　　　　　NH$_2$

＊：必須アミノ酸

> **TOPIC**
>
> L-グルタミン酸ナトリウムを含む化学調味料には，うま味があり，調理に利用されている。しかし，鏡像体である D-グルタミン酸ナトリウム塩には全くうま味がない。また，L-バリン，ロイシン，アルギニン，リシンは苦味を，L-グリシン，アラニンは甘味を各々示す。一般にヒトの体を構成しているタンパク質は，L-アミノ酸が主であるが，近年，タンパク質中の D-アミノ酸残基の存在が報告されている。

1−2 タンパク質

タンパク質は，20 種類のアミノ酸が遺伝情報に基づいてそれらの配列が決定されており，固有の立体構造を形成している。また，タンパク質は生体内で種々の形状および機能をもっている。

a）タンパク質の分類

表 5−2 にタンパク質の組織，形状および機能による分類を示す。

b）タンパク質の構造

タンパク質は，分子量が数百万のものまである巨大分子であり，一般にその構造は非常に複雑で，一次構造から四次構造まで分けて考える。

(1) 一次構造 （primary structure）

一次構造はポリペプチド鎖を形成しているアミノ酸の種類とその結合順序であり，アミノ酸配列のことである。アミド結合の C−N 間は共鳴により，二重結合の性質をもつので C−N 結合は回転不可能となる。したがって，タンパク質は鎖に沿って並んだ平面単位で構成される。

(2) 二次構造 （secondary structure）

タンパク質の二次構造とは，ペプチド結合をつくる主鎖のカルボニル基とイミノ基との間に生じる水素結合によって形成される立体構造であり，ポリペプチドの分子内で水素結合をつくる α−ヘリックス（らせん）と，隣接するポリペプチ

第5章 生体を構成している主要な有機化合物

表5-2 タンパク質の分類

組成	単純タンパク質	ペプチド鎖のみからなるタンパク質
	複合タンパク質	ポリペプチド以外にほかの化合物(糖・リン酸・核酸・色素などの物質)を含むタンパク質
形状	繊維状タンパク質	コラーゲン(腱,軟骨,皮膚)・ミオシン(筋肉) エラスチン(腱,皮膚,血管)・フィブリノーゲン(凝固系) ケラチン(毛髪,皮膚)
	球状タンパク質	血清アルブミン(血液) ラクトアルブミン(乳汁)
機能	①構造タンパク質	細胞・生体の形状を維持。コラーゲン(腱,軟骨,皮膚)
	②輸送タンパク質	生体が吸収あるいは合成した物質の運搬。ヘモグロビン(酸素)
	③貯蔵タンパク質	物質の貯蔵に関与。フェリチン(脾・肝などで鉄を貯蔵) ミオグロビン(筋肉中で酸素の貯蔵)
	④酵素タンパク質	各種生体反応の触媒。アミラーゼ(消化酵素)
	⑤ホルモンタンパク質	生体の情報伝達に関する代謝調節　インスリン

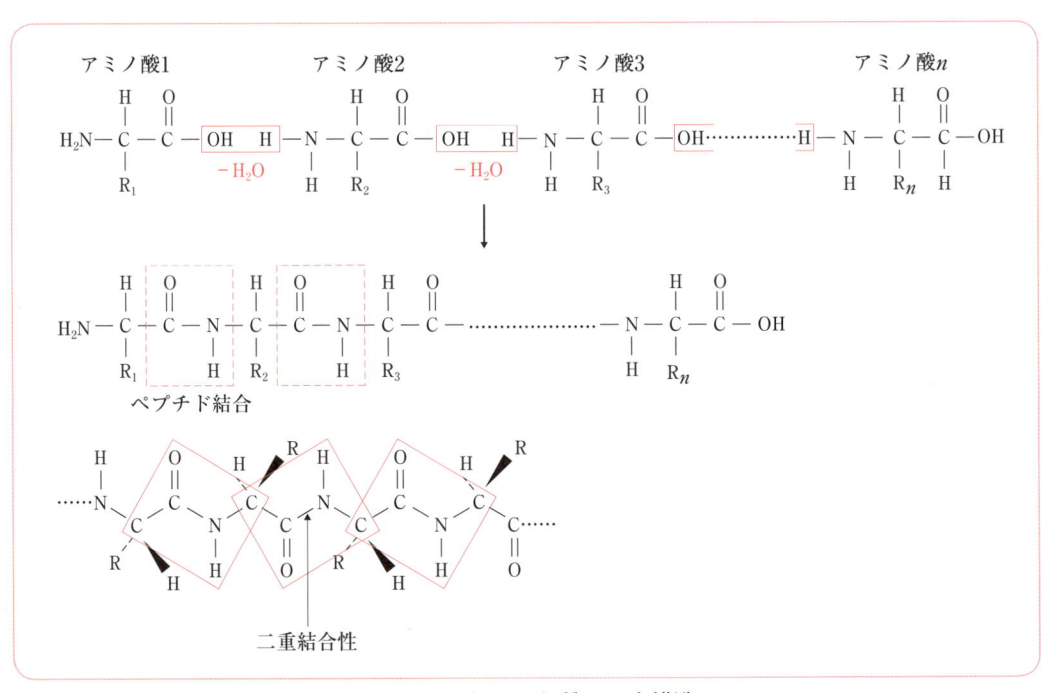

図5-4　タンパク質の一次構造

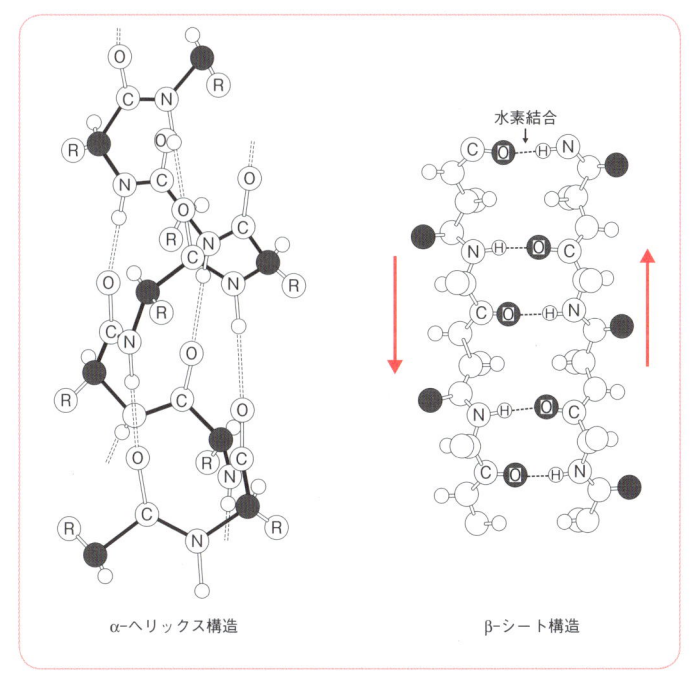

図5-5 タンパク質のα-ヘリックス構造およびβ-シート構造

ド間で水素結合をつくるβ-シート（ひだ状構造）がある。

(3) 三次構造（tertiary structure）

タンパク質のペプチド鎖は二次構造を形成するだけでなく，複雑に折りたたまれ，アミノ酸の側鎖間に種々の結合（水素結合，イオン結合，疎水結合，ジスルフィド結合）がつくられることにより，安定な三次構造が形成される。

(4) 四次構造（quaternary structure）

三次構造をもったタンパク質分子をサブユニット（単量体）といい，サブユニット間のジスルフィド結合による共有結合や水素結合で会合された多量体（オリゴマー）の構造を四次構造という。

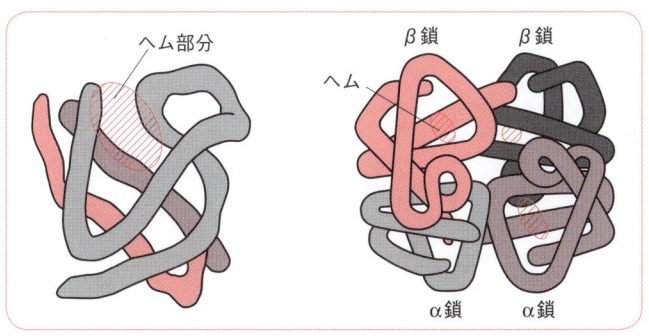

図5-6 タンパク質の三次構造（ミオグロビン，左）と
タンパク質の四次構造（ヘモグロビン，右）

第 5 章　生体を構成している主要な有機化合物

1−3　酵　素

　酵素は生体内で触媒として働き，生体内の化学反応の速度を調節している。酵素の本体はタンパク質であり，現在ヒトでは3,000種類以上あることが知られている。この内，タンパク質のみで構成されているものや，その活性発現に"補酵素"とよばれる低分子の有機化合物を必要とする酵素も存在する。補酵素を必要とする酵素では，タンパク質の部分だけをアポ酵素，補酵素が結合した酵素全体をホロ酵素とよびそれらを区別している。

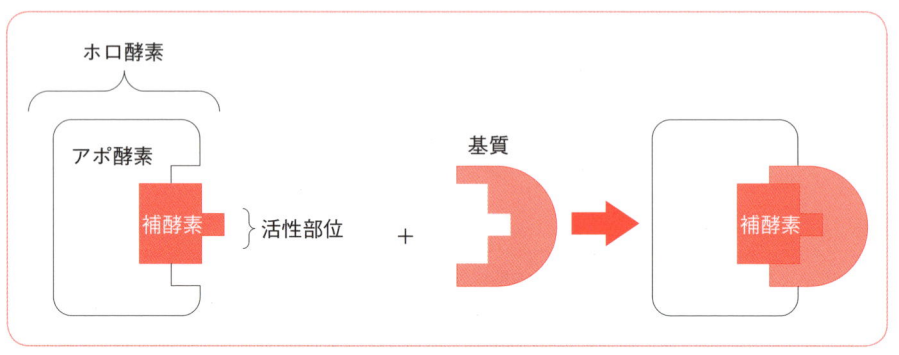

図 5−7　酵素と基質の反応

　酵素反応において，酵素が働きかける物質を基質といい，酵素が基質と結合する部分を活性部位（活性中心）とよぶ。
　酵素反応では，まず酵素（enzyme; E）は基質（substrate; S）と結合して酵素−基質複合体 ES を形成する。酵素と基質との結合はそれらの立体構造の認識により決定される。この酵素の特性を基質特異性という。酵素−基質複合体の形成によって，基質の活性化エネルギーは低下し，化学反応が速やかに進行する。続いて生成物（product; P）が酵素から遊離し，酵素は再び化学反応の触媒として

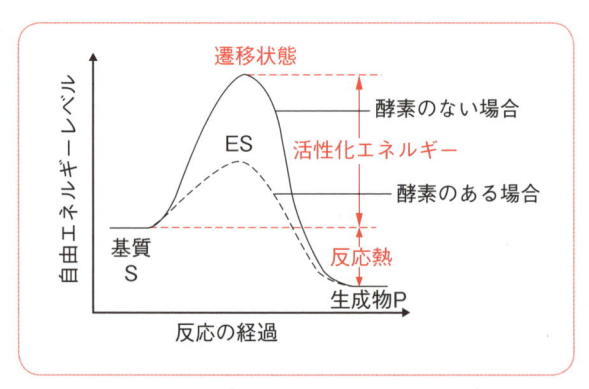

図 5−8　酵素反応と活性化エネルギー

働く。

$$E + S \rightleftarrows ES \longrightarrow E + P$$

　酵素反応の速度（酵素活性）は諸因子の影響をうける。酵素はタンパク質であるため，酸，塩基，熱などによって水素結合，イオン結合，疎水結合が切断され，タンパク質の立体構造は大きく変わる。すなわち，タンパク質は変性し，酵素活性は失われる。このように酵素活性が消失することを失活という。さらに，水素イオン指数（pH）は酵素活性に影響を与え，酵素活性が最も高い時のpHを最適（至適）pHという。pHの変動は，酵素活性部位のアミノ酸側鎖や基質の荷電状態を変化させ，その結果，酵素活性に影響を及ぼすのである。

2. 炭水化物

　天然に存在する高分子化合物は，古代より人類の食料，衣類として利用されてきた。その代表的な化合物である炭水化物は，主に糖類であり，光合成でつくられる有機化合物である。一般に，炭水化物（carbohydrate）は分子式が$C_m(H_2O)_n$で表される物質であり，栄養学および食品学分野では糖質と食物繊維からなると定義されている。

TOPIC

　炭水化物は，クロロフィル（葉緑素）を含む高等植物や藻類において二酸化炭素と水から光合成され，デンプンやセルロースなどの有機物として貯蔵される。

$$\underset{\text{水}}{6\,H_2O} + \underset{\text{二酸化炭素}}{6\,CO_2} \underset{\text{呼吸（酸化反応）}}{\overset{\text{光合成（還元反応）}}{\rightleftarrows}} \underset{\text{炭水化物}}{C_6H_{12}O_6} + \underset{\text{酸素}}{6\,O_2}$$

　これらの植物は有機物と同時に酸素もつくり出している。この光合成による物質の流れは地球環境を考える上で必要であり，森林資源などの自然環境の保全と相まって極めて重要な流れである。地球上で行われている光合成により，大量のCO_2が糖類などの有機化合物に変えられる。この地球上で最も大きな物質の流れの1つである光合成は，植物の緑色部分の細胞内にある葉緑体で行われる。葉緑体には緑色の色素であるクロロフィルが存在し，光エネルギーを吸収し，炭酸同化に必要なエネルギーを供給する。

第 5 章　生体を構成している主要な有機化合物

2−1　炭水化物の種類

　光合成によって生成した糖質は，植物の葉，茎，根，種実などにおいて主にデンプンの形で貯蔵される。また，セルロースは高等植物の細胞壁の主成分であり，植物の骨格を成す成分として重要な働きを果たしている。他方，動物は植物が合成した炭水化物をエネルギー源とし，その一部はグリコーゲンなどに変化され，貯蔵される。一般に炭水化物は表 5−3 のように分類されている。

表 5−3　炭水化物の分類例

分類	名称	分子式	加水分解生成物	水溶性
単糖類	グルコース（ブドウ糖）	$C_6H_{12}O_6$		+
	フルクトース（果糖）	$C_6H_{12}O_6$		+
	ガラクトース	$C_6H_{12}O_6$		+
二糖類	スクロース（ショ糖）	$C_{12}H_{22}O_{11}$	グルコース　フルクトース	+
	ラクトース（乳糖）	$C_{12}H_{22}O_{11}$	グルコース　ガラクトース	+
	マルトース（麦芽糖）	$C_{12}H_{22}O_{11}$	グルコース（2 分子）	+
多糖類	デンプン	$(C_6H_{10}O_5)_n$	グルコース	−
	セルロース	$(C_6H_{10}O_5)_n$	グルコース	−

2−2　単　糖

　糖の基本単位である単糖は，化学構造的には 1 個のカルボニル基（ $\mathrm{C=O}$ ）といくつかのヒドロキシ基（−OH）をもち，アルデヒドの性質をもつアルドース（aldose）とケトンの性質をもつケトース（ketose）に分類される。単糖は −OH を多くもつため，水に可溶である。また，炭糖の名称は炭素原子（C）の数に応じて名前が付けられている。

　糖は一般に環状構造となるため，8 個以上では環が安定しないことから，C が 7 個の $C_7(H_2O)_7$ であるヘプタオース（七炭糖）が最大となる。

a）三炭糖（トリオース，triose）

　図 5−9 に炭素原子が最も少ない糖であるトリオース（三炭糖）のグリセルアルデヒドを示す。

　鏡像異性体を区別する表示法の 1 つに D/L 表示法がある（第 4 章 3−3 参照）。

図5-9 グリセルアルデヒドの鏡像異性体

b）四炭糖（テトロース，tetrose）

テトロースは，先に述べたようにホルミル基（アルデヒド基）から最も遠い不斉炭素原子は2個あるので，計2×2＝4の立体異性体が存在する（図5-10）。AとD，BとCは鏡像異性体となる。自然界に存在する糖は，AとBのみ，また，AとB，CとDは互いに光学異性体であるが互いに鏡像関係にない。このように鏡像関係にない立体異性体をジアステレオマー（diastereomer）という。

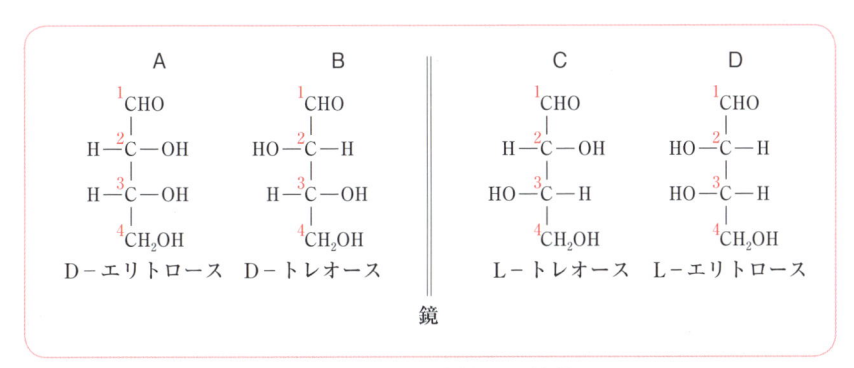

図5-10 四炭糖の異性体

c）六炭糖

①グルコース（glucose）

D-グルコース（D-glucose，ブドウ糖またはデキストロース）は水溶液中での鎖状構造は0.02％程度しかなく，ほとんどが環状構造をとる。1位炭素原子に結合した-OH基は，α型・β型配置をとる（第4章3-4参照）。

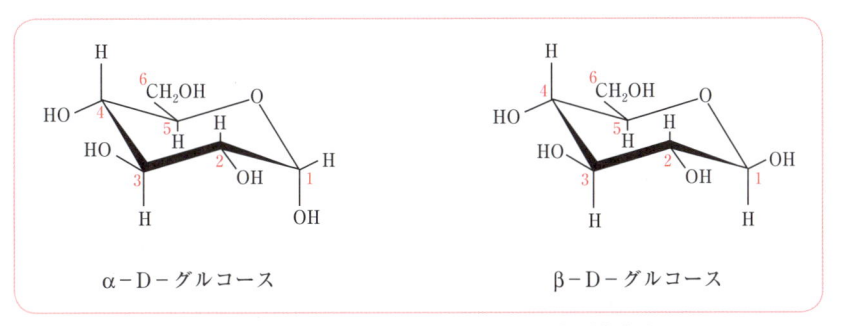

図5-11 D-グルコースのイス型の構造式

②フルクトース (fructose)

D-フルクトース（D-fructose）は，果糖（fruit sugar）またはレブロース（levulose）とよばれる。一般にフルクトースは遊離の状態で甘い果実や蜂蜜に含まれる。二糖のスクロース（ショ糖）中にもある。フルクトースも環状構造をとる。α-D-フルクトースもβ-D-フルクトースも存在する。

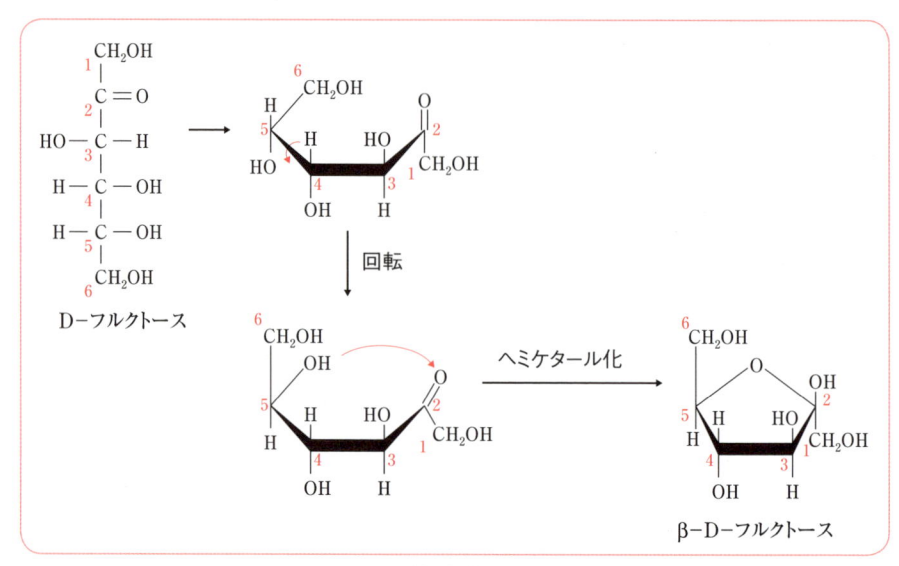

図5-12　フルクトースの鎖状構造式から環状構造式への変換

③ガラクトース (galactose)

ガラクトースは二糖のラクトース（乳糖）中に，また多糖の寒天に含まれている。生体内ではガラクトースはグルコースに変換されて，エネルギー源となる。

TOPIC

ガラクトース血症は，ガラクトースを代謝する働きをもつ酵素を欠損しているために生じる，常染色体劣性遺伝疾患である[1]。

・ガラクトース血症Ⅰ型（ガラクトース-1-リン酸ウリジルトランスフェラーゼ欠損症）

新生児期より発症し，嘔吐，黄疸，低血糖，肝疾患・知能障害などの症状をみる。

・ガラクトース血症Ⅱ型（ウリジル二リン酸ガラクトースエピメラーゼ欠損症）

無症状であり，治療の必要はない。

・ガラクトキナーゼ欠損症

白内障を呈するが，重篤な症状をみない。

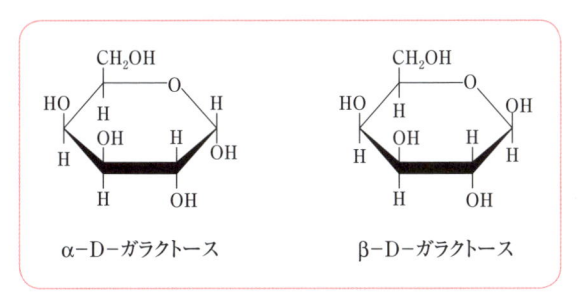

図5-13　D-ガラクトースの環状構造式

d) 五炭糖（ペントース，pentose）

ペントースは，核酸のRNAの糖成分であるβ-D-リボース（ribose），DNAの糖成分は2-デオキシ-β-D-リボースとして存在する。

アデノシン5'-三リン酸（ATP）や補酵素（FAD, NAD^+）の構成成分でもあり，生体のエネルギー供給において重要である。これら核酸ではD-リボース，D-デオキシリボースともにβ型として存在する。

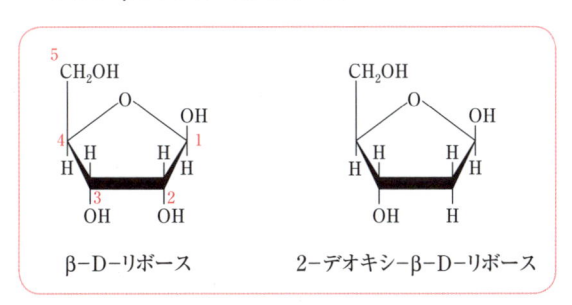

図5-14　D-リボースと2-デオキシリボースの環状構造式

2-3　二　糖

a) マルトース（maltose）

マルトースは麦芽糖（malt sugar）であり，麦芽（malt）に含まれるβ-アミラーゼによってデンプンが加水分解された時に生じる。2分子のα-D-グルコースから水がとれて結合した形である。マルトースは，グリコシド結合をもつ。この結合は第一糖の1位炭素原子に結合したα-OHと，第二糖の4位炭素原子のOHから生じたものであることから，α-1, 4結合ともよばれる。グリコシド結合は塩基では切れず，酸または酵素によって切断される。

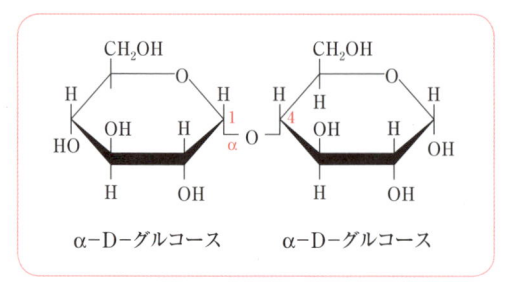

図 5-15　α-マルトースの環状構造式

b) ラクトース (lactose)

ラクトースは乳糖 (milk sugar) ともよばれ，哺乳類における乳の主成分である。ラクトースの構造は，β-D-ガラクトースとα-D-グルコースがβ-1, 4結合により脱水縮合したものである。

ラクトースは小腸でβ-ガラクトシダーゼによってガラクトースとグルコースに分解され，吸収される。

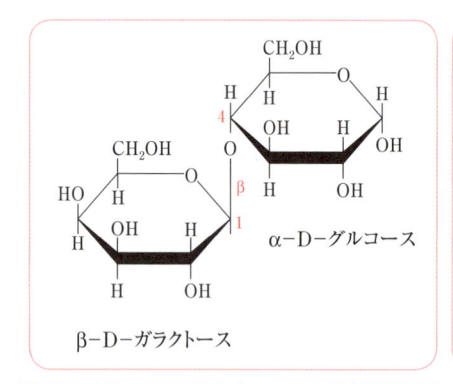

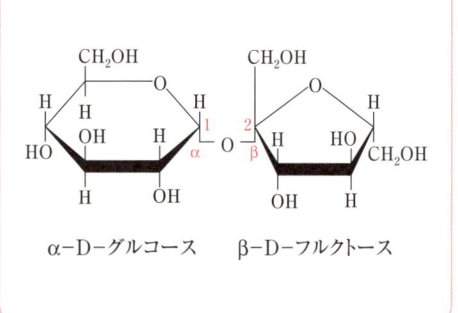

図 5-16　α-ラクトースの環状構造式　　図 5-17　スクロースの環状構造式

TOPIC

糖尿病により亢進した小腸の二糖類加水分解酵素活性を競合的に阻害する医薬品に，アカルボースとボグリボースがある[2]。2つの化合物はオリゴ糖やマルトース，スクロースなどの二糖に構造が似ているため，食直前に服用すると小腸のα-グルコシダーゼやスクラーゼと結合して，酵素活性を競合的に阻害する。その結果，マルトースやスクロースの分解が遅くなり，グルコースの生成量が減少し，食後の過血糖が改善される。

2．炭水化物

c）スクロース（sucrose）

スクロースはショ糖（cane sugar）ともよばれ，サトウダイコン（甜菜），サトウキビなどから工業的に製造される。α-D-グルコースとβ-D-フルクトースのアノマー炭素のOH同士が脱水結合した形である。このスクロースは，α-1, β-2結合によって構成されている。

2-4 多　糖

a）デンプン（starch）

デンプンは，α-1, 4結合のD-グルコースのみが長く連鎖したアミロースと，α-1, 6結合の枝分かれをもつアミロペクチンの集合体で，トウモロコシ，米，麦などの種子，サツマイモ，クズ，カタクリ，ジャガイモなどではデンプン粒として，根や茎に貯えられる。分子量5万程度で水に膨潤せずに溶ける。ヨウ素（デンプン）反応で青藍色を呈する。

アミロペクチンは，分子量10万～100万程度の大きな分岐鎖状分子で，水に膨潤し熱水でデンプン糊を生じる。枝分かれはアミロースの20～24グルコース単位ごとにある。ヨウ素デンプン反応で赤褐色を呈する。

もち米のデンプンはアミロペクチン100％からなるが，一般的なデンプン中ではアミロースが20～25％，アミロペクチンが75～80％を占める。

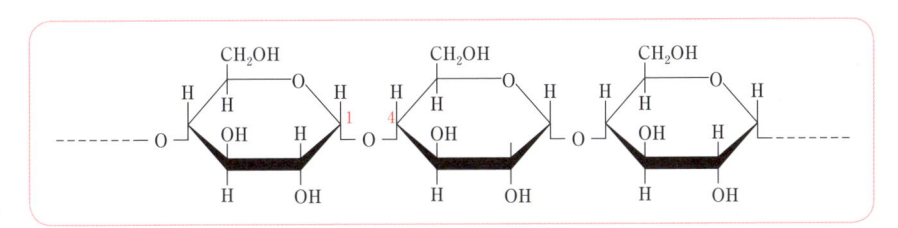

図5-18　アミロースの構造式

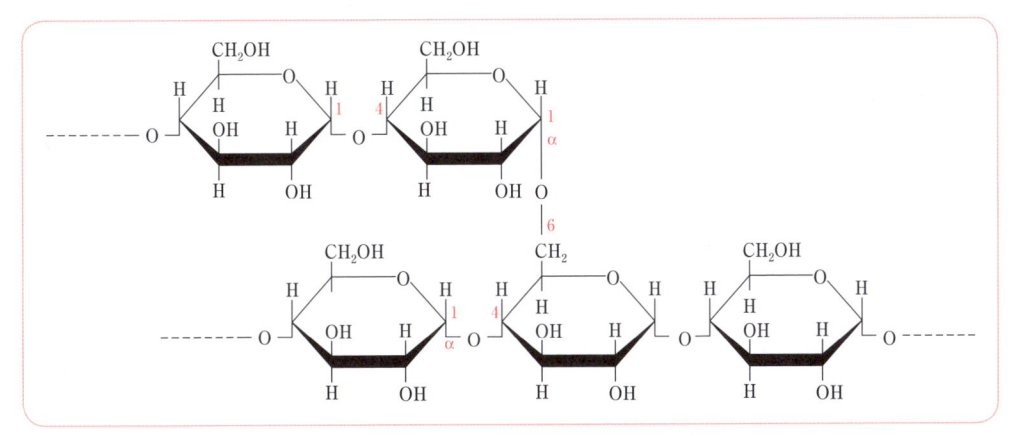

図5-19　アミロペクチンの構造式

b）デキストリン（dextrin）

デンプンを酸や酵素または加熱により，部分的に加水分解した時に生じるさまざまな長さのグルコース鎖や環状分子の混合物をデキストリンという。デンプンは加熱されることで一部分解されて，デキストリンやマルトースを生じ，消化しやすくなる。

c）グリコーゲン（glycogen）

グリコーゲンは，植物のデンプンと同様に動物におけるエネルギーの貯蔵物質である。グリコーゲンの構造は，アミロペクチンより枝分かれが多くグルコースの重合度は数万程度とされている。グルコースをエネルギー源とする生物にとって合理的な貯蔵物質である。

d）セルロース（cellulose）

セルロースは，地球上で最も多量に存在する多糖類であり，有機物の約50％以上を占める。セルロースは植物の細胞壁の主成分であり，ヒトの消化酵素では分解されない。その構造は，D-グルコースがβ-1,4グリコシド結合で直鎖状に3,000〜10,000重合したものである。

3. 脂　　質

3-1　脂質とは

脂質（lipid）は生体でいくつかの重要な役割を担っている。たとえばリン脂質として生体膜の構成成分，トリグリセリドとしてエネルギー代謝における貯蔵庫，および生体の機能を補うビタミン，ホルモンなどとして働いている。

3-2　脂質の分類

脂質とは，一般に水に混ざり合わないものであり，有機溶媒に溶ける物質とされている。脂肪酸（長鎖カルボン酸）とアルコールとのエステルを中性脂質（neutral lipid）ともいう。単純脂質と複合脂質の加水分解によって生じた化合物を含む。主な脂質を分類すると図5-20のようになる。

3-3　単純脂質

a）油脂（oil and fats）の構造

油脂は食品として，あるいは調理用として使われるサラダ油やバター，マーガリンに含まれる最も天然に多く存在する脂肪である。油脂はエネルギーを貯蔵する物質として，動物では皮下や筋肉の表面などに脂肪組織として蓄えられ，植

3. 脂　質

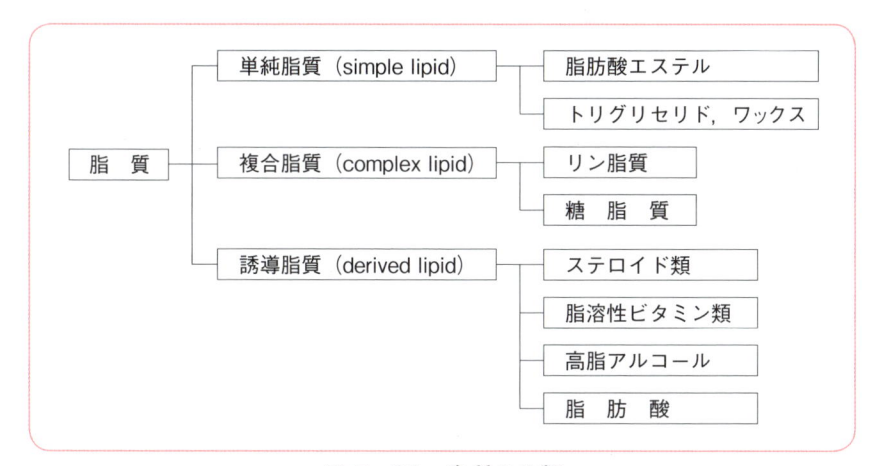

図5-20　脂質の分類

図5-21　脂質の加水分解

物では主に種子に存在している。脂質は常温で固体の「脂」，および液体の「油」に分類される。

　油脂の分子は，3価アルコールであるグリセリン1分子と脂肪酸3分子がエステル結合した構造をしており，一般に中性脂肪，トリアシルグリセロール（triacylglycerol）またはトリグリセリド（triglyceride）とよばれている。

b）脂肪酸

　脂肪酸（fatty acid）とはモノカルボン酸であり，カルボン酸1個に炭素鎖がつらなっている。脂肪酸分類にはいくつかあるが，一般的に炭素鎖に不飽和結合を含まない飽和脂肪酸（saturated fatty acid）と，不飽和結合を含む不飽和脂肪酸（unsaturated fatty acid）がある。飽和脂肪酸は規則的な鎖状構造をとっており，分子が結晶として詰め込まれやすいため常温で固体となりやすい。不飽和脂肪酸は1つ以上の二重結合をもち，通常それらはすべてシス形配置をとる。シス形は二重結合部分で折れ曲がった構造をとるので，シス形不飽和脂肪酸は脂肪酸間の相互作用が弱く液体であることが多い。

　トランス形脂肪酸が悪玉コレステロールに関係するLDLコレステロール値

第5章 生体を構成している主要な有機化合物

(low-density lipoproteins) を上昇させ，善玉コレステロール HDL (high-density lipoproteins) を低下させ，冠動脈疾患の原因にもなると考えられている。

表5-4 天然に存在する主な脂肪酸

名称	炭素数	二重結合	二重結合の最初の位置*	融点（℃）
ラウリン酸	12	0		44
ミリスチン酸	14	0		54
パルミチン酸	16	0		63
ステアリン酸	18	0		70
パルミトレイン酸	16	1	$n=7$	
オレイン酸	18	1	$n=9$	13
リノール酸	18	2	$n=6$	－5
α-リノレン酸	18	3	$n=3$	－11
γ-リノレン酸	18	3	$n=6$	－17
アラキドン酸	20	4	$n=6$	－50
EPA	20	5	$n=3$	－54
DHA	22	6	$n=3$	－44

＊末端のメチル基炭素を1番として数えた位置

表5-5 油脂の脂肪酸組成

	脂肪酸	油脂の名称													
		サフラワー油（高オレイン酸）	サフラワー油（高リノール酸）	大豆油	とうもろこし油	綿実油	なたね油	ごま油	米ぬか油	落花生油	オリーブ油	有塩バター	ソフトタイプマーガリン	牛脂	ラード	まいわし油
飽和脂肪酸	ラウリン酸	0	0	0	0	0	0.1	0	0	0	0	3.6	2.2	0.1	0.2	0.1
	ミリスチン酸	0.1	0.1	0.1	0	0.6	0.1	0	0.3	Tr	0	11.7	1.2	2.5	1.7	6.7
	パルミチン酸	4.7	6.8	10.6	11.3	19.2	4.3	9.4	16.9	11.7	10.4	31.8	17.8	26.1	25.1	22.4
	ステアリン酸	2.0	2.4	4.3	2.0	2.4	2.0	5.8	1.9	3.3	3.1	10.8	5.8	15.7	14.4	5.0
不飽和脂肪酸	パルミトレイン酸	0.1	0.1	0.1	0.1	0.5	0.2	0.1	0.2	0.1	0.7	1.6	0.2	3.0	2.5	5.9
	オレイン酸	77.1	13.5	23.5	29.8	18.2	62.7	39.8	42.6	45.5	77.3	22.2	39.8	45.5	43.2	15.1
	リノール酸	14.2	75.7	53.5	54.9	57.9	19.9	43.6	35.0	31.2	7.0	2.4	29.1	3.7	9.6	1.3
	α-リノレン酸	0.2	0.2	6.6	0.8	0.4	8.1	0.3	1.3	0.2	0.6	0.4	1.4	0.2	0.5	0.9
	γ-リノレン酸	0	0	0	0	0	0	0	0	0	0	0	0	0	0	0.2
	アラキドン酸	0	0	0	0	0	0	0	0	0	0	0.2	0	0	0.1	1.5
	EPA	0	0	0	0	0	0	0	0	0	0	0	0	0	0	11.2
	DHA	0	0	0	0	0	0	0	0	0	0	0	0	0	0	12.6

c) 脂肪酸の性質

①自動酸化

リノール酸，リノレン酸のような不飽和脂肪酸は，細胞の機能に重要な働きをもっている。ヒトは体内で合成することができず食物から取り入れなければならないため，必須脂肪酸とよばれている。$-CH=CH-CH_2-CH=CH-$のような両側を二重結合ではさまれたメチレンをもつ。このメチレン基は，活性メチレンとよばれ高温，可視光線，紫外線などの光エネルギー，遷移金属イオンの関与による自動酸化が起こりやすい。

②けん化

油脂を水酸化ナトリウムや水酸化カリウムを加えて加熱すると，グリセリンと脂肪酸の塩分に分解される。また，この脂肪酸の塩は石けんの主成分である。このように油脂のアルカリによる加水分解反応をけん化という。

$$\begin{array}{c} CH_2OCOR \\ | \\ CHOCOR' \\ | \\ CH_2OCOR'' \end{array} + 3NaOH \longrightarrow \begin{array}{c} CH_2OH \\ | \\ CHOH \\ | \\ CH_2OH \end{array} + \begin{array}{c} RCOO^-Na^+ \\ R'COO^-Na^+ \\ R''COO^-Na^+ \end{array}$$

油脂　　　　　　　　　　　　　　グリセリン　　　脂肪酸ナトリウム塩
　　　　　　　　　　　　　　　　　　　　　　　　　　　（石けん）

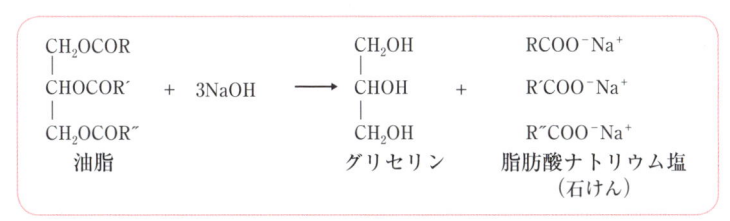

図5-22　油脂のけん化

③ヨウ素化

二重結合を含む化合物は，p軌道間のπ結合の反応性が高いために不可逆反応が起こりやすく，油脂の二重結合には容易にヨウ素が付加する。「油脂100gに付加するヨウ素のグラム数」をヨウ素価という。この値が大きい油脂ほど分子内に二重結合が多く存在する。

TOPIC

ドコサヘキサエン酸（DHA）は，$n-3$系脂肪酸の1つで魚油に多く含まれる不飽和脂肪酸である。近年，このDHAの脳内の役割が詳細に研究されてきている。DHAは大脳皮質，海馬，網膜および精子に多く含まれ，特に大脳皮質，灰白質でのリン脂質における脂肪酸の30〜40％を構成している。アルツハイマー病患者の海馬でDHAが低下していることが報告されており[3]，症状の進行抑制や改善などの治療手段としても注目されている。

4. 核　　酸

4-1　核酸とは

　遺伝子を構成している核酸はヌクレオチド（nucleotide）を構成単位とする長鎖高分子であり、2種類存在する。1つはデオキシリボ核酸（deoxyribonucleic acid, DNA）であり、親から子へ、子から孫へと形質が受け継がれる遺伝情報を含んでいる。このDNAの情報はRNAに渡され、その指令に準じてタンパク質が合成される。

　DNAは、ヌクレオチドの5′-リン酸部分がほかのヌクレオチドの3′-ヒドロキシル基とエステル結合して図5-23に示すような長い鎖となっている。この鎖の一方の端は5′-リン酸基を、もう一方の端は3′-ヒドロキシル基をもつ。DNAの塩基組成の分析では4種の塩基の割合は生物の種において相違するが、アデニンとチミン、グアニルとシトシンはそれぞれ同量含まれていることがわかっている。

4-2　DNA中の水素結合

　細胞から抽出されたDNAは通常2本の鎖が逆方向を向いて（5′末端と3′末端が互いに逆方向）らせん構造をとっている。それはアデニン（A）とチミン（T）

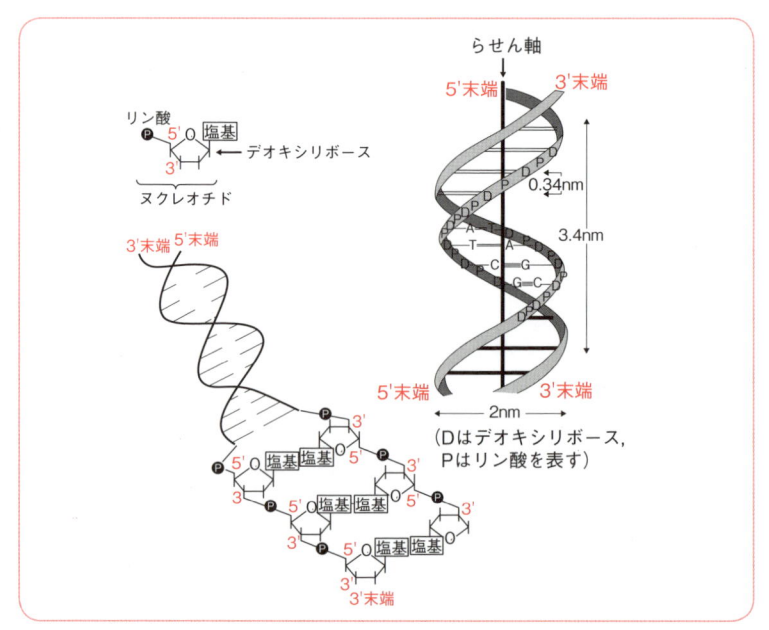

図5-23　ＤＮＡの塩基配列（左）と二重らせん構造モデル（右）

およびグアニン (G) とシトシン (C) との間で，水素結合によって結びつけられているためである。このように2本の鎖は互いに相補的であるため，DNA中の塩基AとTおよびGとCはそれぞれ同量ずつある。

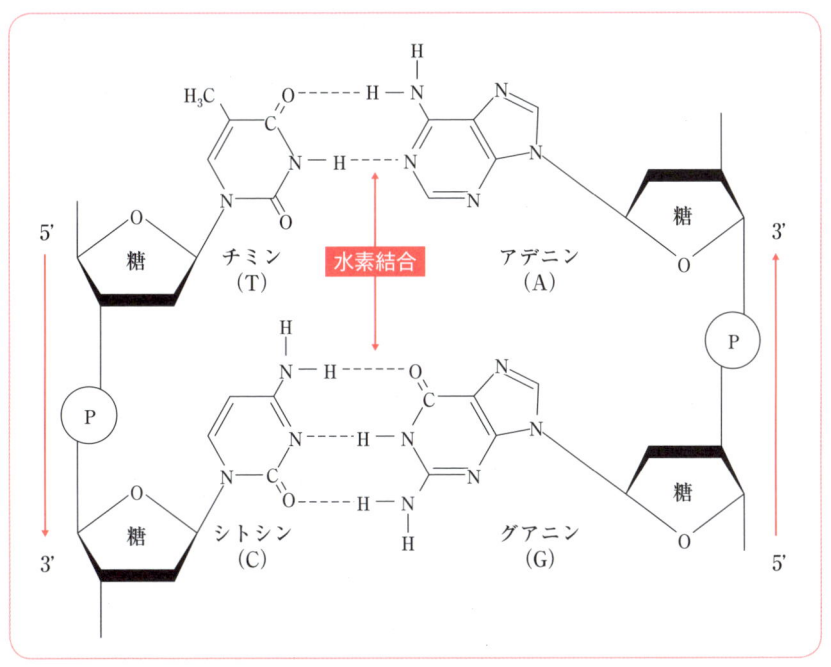

図5-24 塩基対間の水素結合

4-3 タンパク質の合成

タンパク質のアミノ酸配列に関する全遺伝情報は，DNAの塩基配列の中に保持されている。このDNAの塩基配列の中にある目的とするタンパク質の遺伝情報を，必要な部分だけが伝令RNA（メッセンジャーRNA，mRNA）によって写し取られる（転写される）。次に，このmRNAはリボソームへ移動し，そこでmRNAの遺伝情報がアミノ酸への情報として訳される（翻訳）。3個単位の塩基の配列が各アミノ酸に対応する暗号（コドン）となっており，タンパク質はRNAの塩基配列に準じて生合成される。mRNAの情報に基づいて転移RNA（トランスファーRNA，tRNA）が次から次へとアミノ酸を運んできて，リボソーム上でタンパク質が合成される。

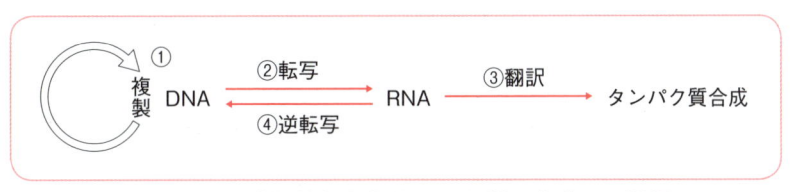

図5-25 遺伝情報からタンパク質の合成への過程

第5章 生体を構成している主要な有機化合物

TOPIC

　DNA分子におけるヌクレオチドの組み込まれ方を明らかにする作業では，X線結晶解析法により，ロザリンド・フランクリン（イギリス）によってDNA結晶構造が測定された。その一連のデータを組み合わせることによって，ジェームス・ワトソン（アメリカ）とフランシス・クリック（イギリス）がDNAの二重らせん構造を決定づけ，1953年に雑誌「Nature」で発表した。彼らは，1962年にノーベル生理医学賞を受賞した。

〈引用文献〉
1) 医学大辞典，南山堂，(2006)
2) 松澤祐次総監修：内分泌代謝疾患・糖尿病診療マニュアル，医薬ジャーナル社，(2002)
3) 奥山治美・橋本道男・伊藤幹雄ほか：各種脂肪酸の生理・薬理機能の多様性，日薬理誌，131, 259-267 (2008)

〈参考文献〉
・松井徳光・小野廣紀：わかる化学－知っておきたい食とくらしの基礎知識－，化学同人，(2002)
・川端潤：ビギナーズ有機化学，化学同人，(2000)
・原田義也：生命科学のための有機化学Ⅱ，東京大学出版会，(2004)
・豊田正武・田島眞編：食物・栄養系のための基礎化学，丸善，(2003)

練習問題

1. キラル炭素について記述せよ。

2. 鏡像体について，アラニンを例に記述せよ。

3. EPAとDHAの構造と機能について説明せよ。

4. DNAとRNAの構成糖と塩基対の相違について記述せよ。

5. α-1, β-2グリコシド結合および1,4-グリコシド結合によって構成されている二糖を1つずつあげ，説明せよ。

天然物と生理活性物質　第6章

　人類によって18世紀頃より食品，医薬品，香料，染料および毒素として利用されてきた陸生や水生の動植物や微生物の二次代謝産物である有機化合物（天然物）が数多く存在する。その中には主要な生理活性物質としてテルペン，アルカロイド，フラボノイド，ビタミン，さまざまな抗生物質などが含まれている（図6-1）。これらの有機化合物の生産と生理作用について考えよう。ただし，ここではビタミンを省略する。

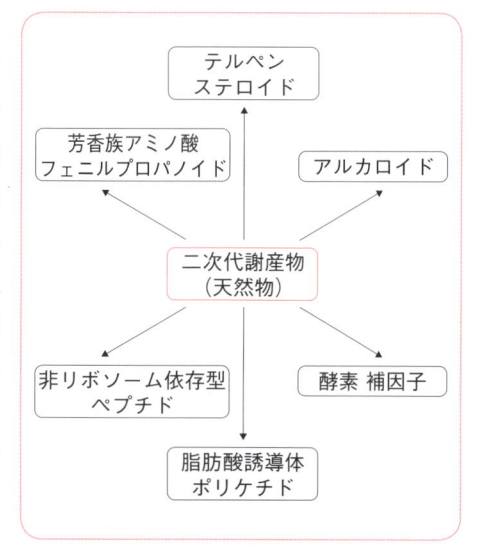

図6-1　生合成経路等からみた天然物の分類

1. テルペン

　テルペンは，メバロン酸（MVA）を経由する経路（メバロン酸経路またはMVA経路），あるいは近年になり新たに発見されたメチルエリトリトールリン酸（MEP）を経由する経路（非メバロン酸経路またはMEP経路）のいずれかにより生合成される。炭素数5個（C_5）のイソプレン単位（isoprene unit）の頭の部分と尾の部分が規則正しく結合（head – to – tail）することにより生合成されたゲラニルピロリン酸（GPP, C_{10}），ファルネシルピロリン酸（FPP, C_{15}），ゲラニルゲラニルピロリン酸（GGPP, C_{20}）およびゲラニルファルネシルピロリン酸（GFPP, C_{25}）を前駆物質とする化合物群である。テルペンは，構成されるイソプレン単位の数によりヘミテルペン（C_5），モノテルペン（C_{10}），セスキテルペン（C_{15}），ジテルペン（C_{20}），セスタテルペン（C_{25}），トリテルペン（C_{30}）およびテトラテルペン（C_{40}）に分類されている。食品中や生体中の成分として重要なステロイド（$C_{17} \sim C_{30}$）やカロテノイド（C_{40}）もテルペンの一種である（図6-2）。

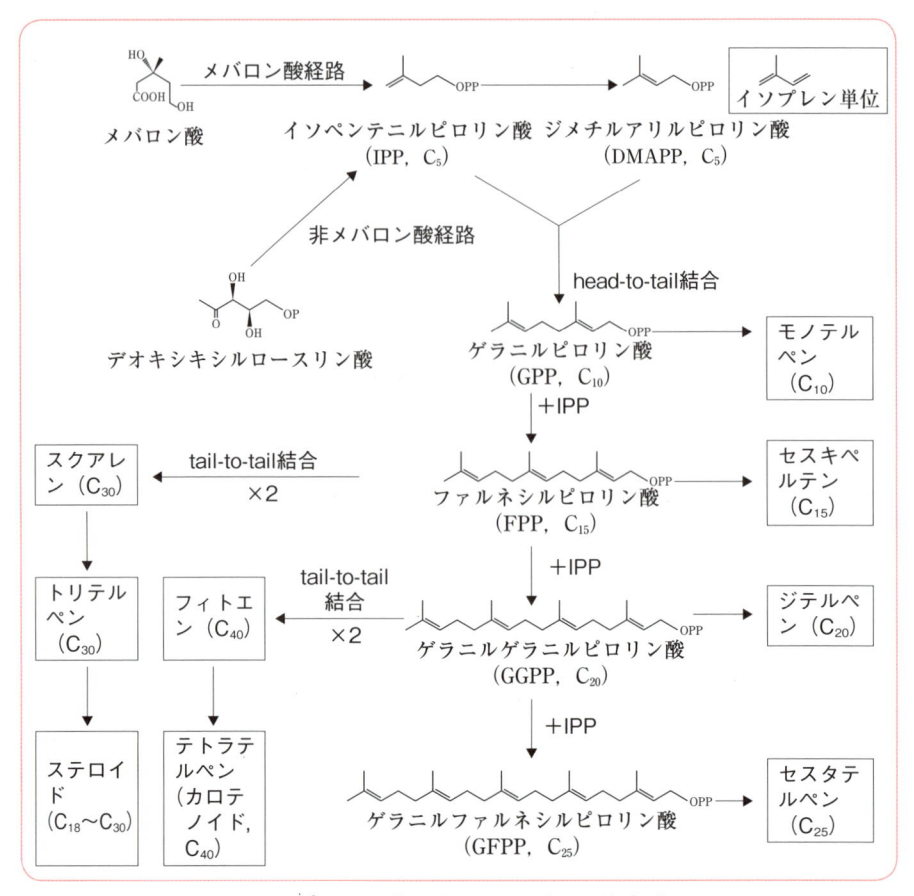

図6-2 プレニル化によるテルペンの生合成

1-1 モノテルペン

　モノテルペンは炭素数10個（C_{10}）の骨格をもった化合物群で，フェニルプロパノイド系の芳香族化合物とともに植物精油の主要な構成成分となっている。これらは低沸点で，香味・香料や香水のほか，防腐剤，医薬品，工業試薬の原料，最近ではアロマテラピーなどにも広く用いられている。環状モノテルペンの中には，セリ科のヒメウイキョウやイノンドの成熟果実に含有される（＋）-カルボンと，シソ科のミドリハッカの新緑葉に含有される（－）-カルボンのような鏡像体（エナンチオマー）も存在し，この立体構造の違いのみにより（＋）-カルボンはヒメウイキョウの香り，（－）-カルボンはスペアミントの香りとヒトにおける官能的な受容反応の違いを与えている（図6-3）。

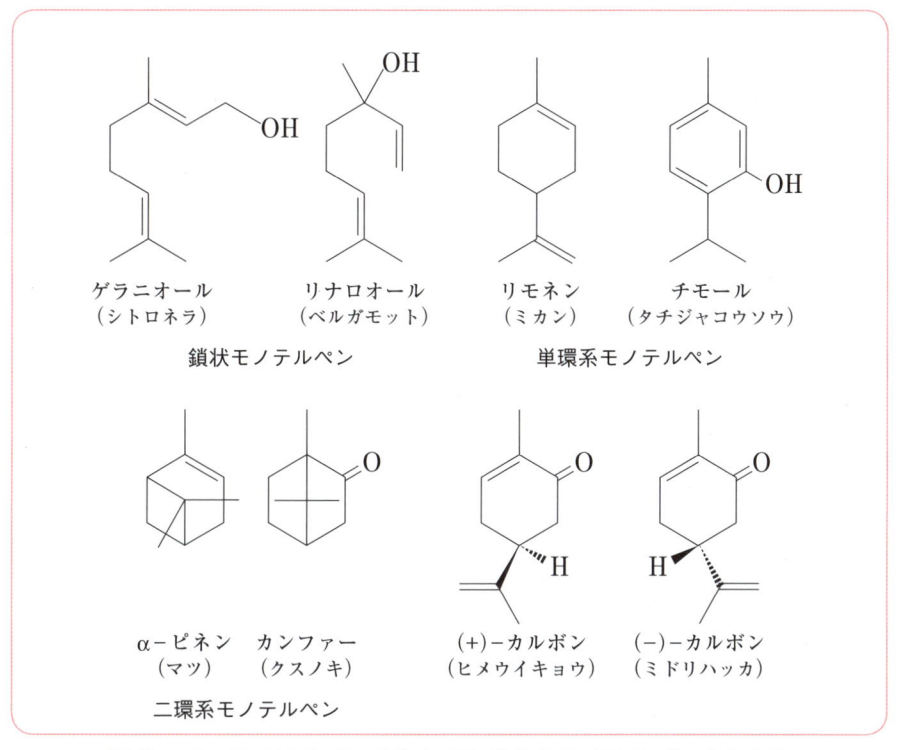

図6-3 モノテルペンの生合成と代表的モノテルペンの化合物

(ゲラニオール（シトロネラ）、リナロオール（ベルガモット）：鎖状モノテルペン／リモネン（ミカン）、チモール（タチジャコウソウ）：単環系モノテルペン／α-ピネン（マツ）、カンファー（クスノキ）、(+)-カルボン（ヒメウイキョウ）、(−)-カルボン（ミドリハッカ）：二環系モノテルペン)

1-2 セスキテルペンとジテルペン

(1) セスキテルペン

セスキテルペンは炭素数15個（C_{15}）よりなる化合物群で，鎖状化合物のほか，多様な環化反応により単環性，二環性および三環性の約30種類もの骨格をもつ化合物が知られている。セスキテルペンには，生理活性物質として多くの物質が知られている。たとえば，鎮痛作用を示すナツシロギク含有成分のパルテノリドなどはα,β-不飽和ラクトン構造をもつ。これらの化合物の作用メカニズムとしては，タンパク質中のシステイン残基などにおけるチオール（−SH）などからの求核的マイケル（Michael）型付加反応を誘導することにより，アルキル化反応を引き起こすことである。その他，抗マラリア作用をもつアルテミシニン，リンゴの害虫であるハマキガの産卵刺激作用をもつα-ファルネセン，フザリウム属の生産するマイコトキシンとして有名なデオキシニバレノールなどのトリコテセン類などもある（図6-4）。

第6章　天然物と生理活性物質

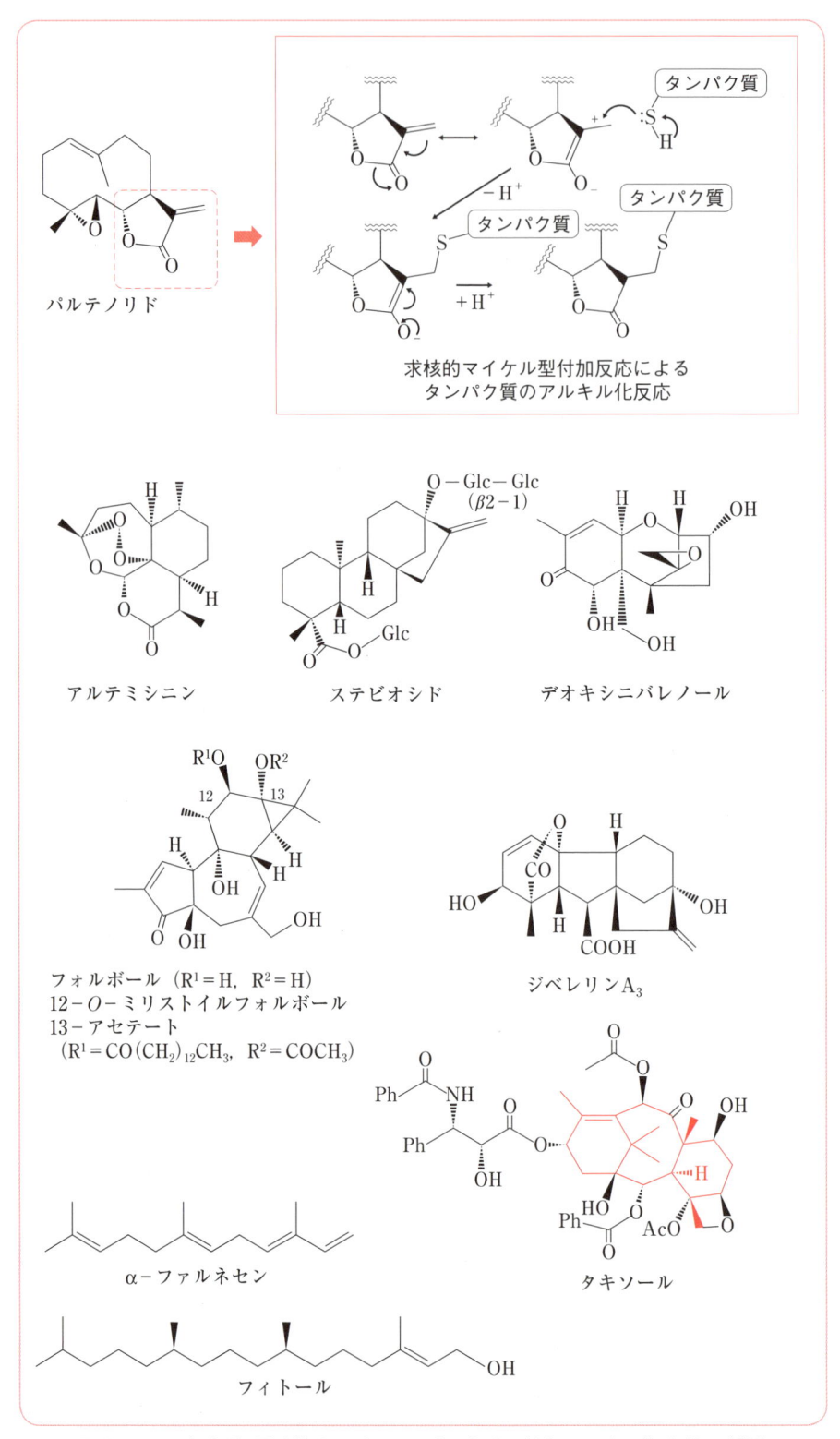

図6-4　主な生理活性セスキテルペンおよびジテルペン化合物の構造

（2）ジテルペン

ジテルペンは炭素数 20 個（C_{20}）よりなる化合物群で，鎖状の化合物から四環性の化合物まで多様な構造の化合物が含まれる。フィトールは，エステル結合により葉緑素であるクロロフィルの脂溶性側鎖構造を形成している。ジベレリン類は植物ホルモンとして知られている物質で，種子の発芽促進や芽の休眠打破といった作用を示す。甘味成分として知られるステビオシドのアグリコン（非糖）部分であるカウラン骨格もジテルペンである。フォルボールエステル（例：12-O-ミリストイル-13-アセテート）は発がんプロモーターとして知られており，プロテインキナーゼCを活性化することで無秩序に細胞増殖を促進する作用をもつ。タイヘイヨウイチイから単離されたジテルペンであるタキサン骨格を中心とした複雑な構造を有するタキソールは，微小管のタンパク質チューブリンに結合して安定化させ，脱重合阻害により細胞分裂を阻害することから，抗がん剤として肺がんや卵巣がんなどの臨床治療に使用される重要な天然物である（図6-4）。

1-3　トリテルペン，ステロイドおよびテトラテルペン

トリテルペンやテトラテルペンは，これまで述べてきたイソプレン単位の頭部と尾部が規則正しく結合（head-to-tail）して生合成されているテルペノイドとは異なり，それぞれ2分子のFPPおよびGGPPが，尾部と尾部とで結合（tail-to-tail）したC_{30}のスクアレンやC_{40}のフィトエンから生合成される化合物群である（図6-5）。

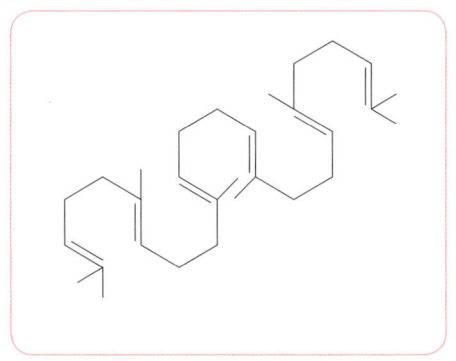

図6-5　スクアレン（C_{30}）

（1）トリテルペン

トリテルペンは主として四環性および五環性の化合物であり，五環性トリテルペンには，ルペオールなどのように界面活性作用を示す植物成分サポニンのアグリコン部分を構成しているものもある。サポニンはマメ科の植物などに豊富に含まれており，食品として多量に経口摂取しても比較的問題はない。しかし，血管内に直接投与されると赤血球の原形質膜透過性を高めるため，溶血作用による毒

性を示す。また，甘草に含まれるグリチルリチン酸には抗炎症作用なども知られている。ステロイドはステロイド骨格とよばれる四環性の基本骨格を有する化合物群でその代表的な化合物を図6-6，図6-7に示す。

（2）ステロイド

コレステロールは動物における主要なステロールで，細胞膜の主要な構成成分でもある。血中のコレステロール量と心臓疾患の間には強い相関関係が認められる。リポタンパク質を形成して移送され，コール酸などの胆汁酸，副腎皮質ホルモンや性ホルモン，ビタミンD_3の生合成などにも利用される。

植物ステロールは側鎖部分のC24位に置換基をもつことや，C22-C23位間に二重結合をもつ化合物があることが特徴である。エルゴステロールやシトステロールが代表的化合物で，プロビタミンD_2や医薬品原料として用いられるほか，血中コレステロール低下作用なども知られている。

強心配糖体は，Na^+/K^+交換ポンプを阻害し，細胞内Ca^{2+}濃度を上昇させ心筋の収縮力を高める働きがある。アグリコンとしては，カルデノライドとブファジエノライドの2つの基本骨格が知られている。

副腎皮質ホルモンはコルチコステロイドともよばれ，その作用から，物質代謝や炎症反応に関与する糖質コルチコイドと電解質平衡に関与する鉱質コルチコイドに分類される。代表的糖質コルチコイドとしてはコルチゾン，また，代表的鉱質コルチコイドとしてはアルドステロンが知られている。

性ホルモンには女性ホルモンの一種であるプロゲステロン（黄体ホルモン）やエストラジオール（卵胞ホルモン），また，精巣から分泌される男性ホルモンのテストステロンなどが含まれる。

（3）テトラテルペン

テトラテルペンは，複雑に環化したものは少なく鎖状あるいは末端に六員環をもつカロテノイドとよばれる分子種に分類される。長い共役二重結合をもつことから黄色，橙色，赤色といった緑黄色野菜の色素にもなっている。代表的な化合物としては，トマトの色素のリコペンやニンジンの色素のβ-カロテンをはじめ，海産生物のカニやエビの色素であるアスタキサンチンも含まれる。ビタミンAはC_{20}であることからジテルペン化合物のようにも思われるが，実際はβ-カロテンなどの酸化的解裂により生成する。カロテノイドは近年，抗酸化活性を有することなどにより生体調節機能も注目されている（図6-8）。

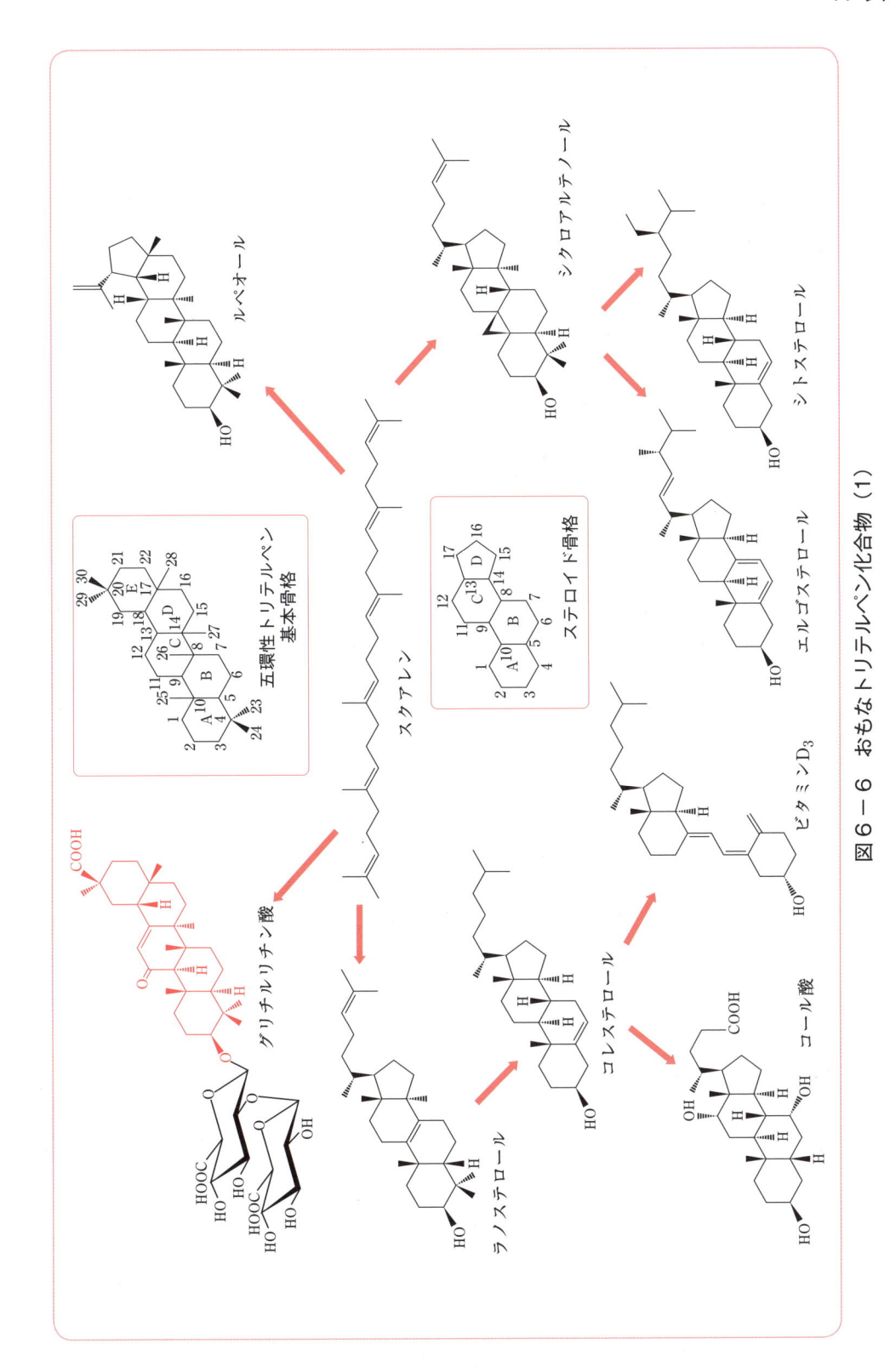

図6-6 おもなトリテルペン化合物(1)

第6章 天然物と生理活性物質

図6-7 おもなトリテルペン化合物（2）

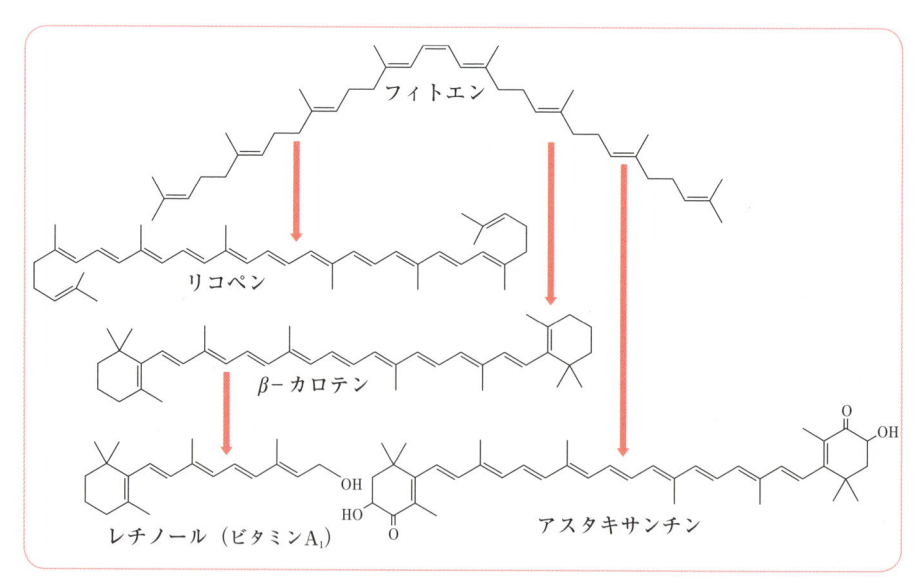

図6-8 おもなテトラテルペン化合物

TOPIC

コレステロール由来のステロイドホルモンが示す多様な働き

　ホルモンは最初「動物体内の特定の内分泌器官で合成・分泌され，血流により運ばれた後，標的となる器官においてわずかな量で特定の効果を発揮する物質」と定義されていた。しかし，その後の研究から，必ずしも血流で運ばれているとは限らないこと，内分泌器官それ自体に作用することもあること，また，内分泌器官以外の器官でもホルモンがつくられることなどがわかり，必ずしもこの定義に従うものではないといわれるようになった。しかし，ホルモンが「極微量でその効果を発揮する」ということは確かであり，生体内での生合成は高度に制御されたものであり，また，ホルモンの情報を伝える機能性タンパク質である受容体（レセプター）も強い親和性をもつ。このように，生体にとって重要な働きをするホルモンは，低分子化合物であるものと，高分子ホルモン（タンパク質やペプチド）であるものに分けられ，分子生物学的な視点から，低分子化合物と高分子の高親和性結合には，より精密な制御が必要であるとされる。特に，コレステロールを起源とするステロイドホルモンは，同じ四環性のステロイド骨格をもち，構造的にもわずかな違いしかみられないにもかかわらず，性ホルモンとしての卵胞ホルモン（エストロゲン，女性ホルモン），黄体ホルモン（女性ホルモン），アンドロゲン（男性ホルモン）や，副腎皮質ホルモンである糖質コルチコイドや鉱質コルチコイドとしてなど多様な働きを担っている。すなわち，これらのステロイドホルモンは，生殖や血糖値並びに血圧の維持といった働きから，生命活動に無くてはならないものであり，ホルモンである以上，多量に存在していてはかえって正常な働きができないこと，また，受容体の構造親和性を含め構造の違いが厳格に区別されなければその任を果たすことができないことなどから，いかに高度な制御が行われているかということがわかる。

2. アルカロイド

アルカロイドという用語は，かつて植物に含まれる含窒素塩基性有機化合物の総称として用いられていたが，近年，動物由来のアルカロイド，また，化合物としては中性であるものも知られていることから，主として生合成の起源をもとにした分類法が用いられている。その窒素原子の起源としての主要なものとしては，チロシン，トリプトファン，リシン，ヒスチジンといった通常のアミノ酸のほか，オルニチン，アントラニル酸，ニコチン酸などが知られている。また，窒素源がアンモニアであるものもみられプソイドアルカロイドとよばれ，アミノ酸由来の化合物とは区別されることもある。

2-1 オルニチン由来のアルカロイド

L-オルニチンは，動物においては尿素回路において生成したL-アルギニンをアルギナーゼの働きにより尿素とともに生成し，また，植物においてはL-グルタミン酸から生合成される。ハイグリンのようなピロリジンアルカロイドは，ほとんどがオルニチンを出発物質として生合成される。ピリジンアルカロイドに分類されるニコチンのピロリジン環部分も，オルニチン由来である。また，麻薬として有名なコカイン，抗コリン作動薬として知られるアトロピンのようなトロパンアルカロイド，強い肝毒性を有するコンフリーに含有されるアセチルインタメディンなどが知られている（図6-9）。

2-2 トリプトファン由来のおもな生理活性アルカロイド

L-トリプトファンを生合成前駆体とするアルカロイドは，多様な炭素骨格を有するインドールアルカロイド，キノリンアルカロイドが知られている。これらのアルカロイドはその化学構造の違いにより，特異的かつ強力な生理活性を与える。

（1）インドールアルカロイド

インドールアルカロイドである神経伝達物質セロトニンには，中枢神経作用や血管・平滑筋の収縮作用などがあり，ワライタケなどのキノコに含まれるシロシビンも類似の構造を有することから，中枢神経作用を示し幻覚などをもたらす。また，ある種の植物に含まれるハルミンも向精神作用を呈する。

複雑に骨格が変化したテルペノイドインドールアルカロイドとよばれる化合物群がある。降圧作用や精神安定作用を示すレセルピンは，キョウチクトウ科の

2. アルカロイド

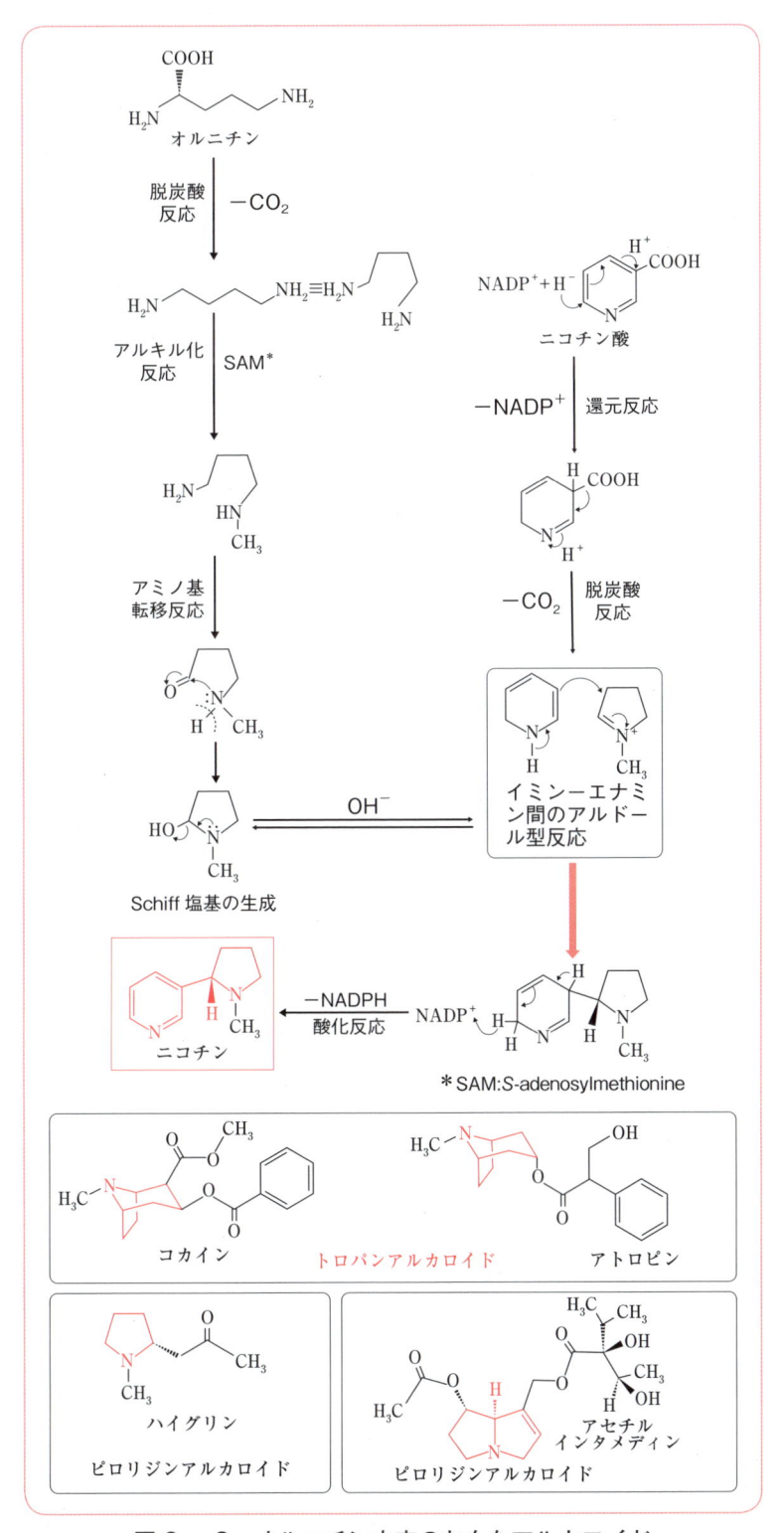

図6－9 オルニチン由来のおもなアルカロイド

第6章　天然物と生理活性物質

植物インドジャボクなどに含まれる。毒性植物マチンには，中枢神経に作用しけいれんなどの強い毒性を示すストリキニーネと類縁化合物のブルシンが含まれるが，ジメトキシ体のブルシンの方が毒性は弱い。ビンカアルカロイドとよばれるビンブラスチンとビンクリスチンは，マダガスカル原産のニチニチソウに含まれ，トリプトファンが2分子取り込まれた構造を有しており，臨床におけるがん治療で重要な化学療法剤となっている。両化合物の構造は1つの官能基の違いだけであるが，ヒトのがんに対する抗がんスペクトルには大きな違いが見られることから，化学構造と生物活性の密接な関連性を示している（図6-10）。

（2）ピロロインドールアルカロイド

ピロロインドールアルカロイドのフィゾスチグミンは，コリンエステラーゼの可逆的阻害剤で緑内障の治療に用いられる。また，バッカクアルカロイドとよばれるエルゴタミンのようなリゼルグ酸誘導体は，交感神経麻痺により麦角菌（*Claviceps purpurea* クラビセプス パープレア）中毒における胃腸障害，知覚障害の原因となる。

（3）キノリンアルカロイド

キノリンアルカロイドには，多くの合成マラリア薬の原型であり古くからマラリア治療に使われてきた南米原産のキナに含まれるキニーネや，中国原産の喜樹に含有され臨床でがん治療のため使用されている，塩酸イリノテカンの基となっ

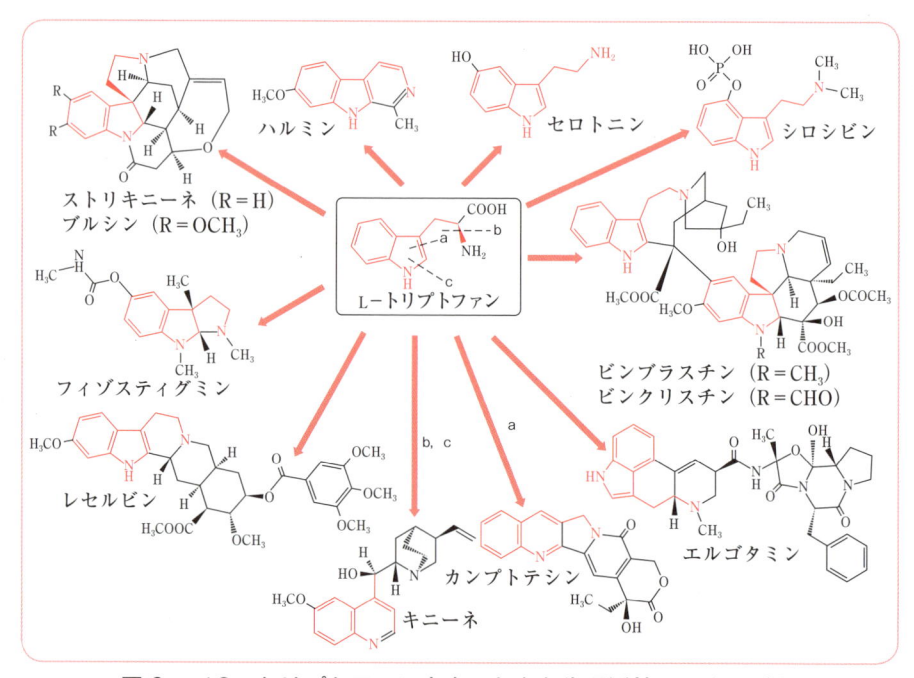

図6-10　トリプトファン由来のおもな生理活性アルカロイド

2. アルカロイド

た広い抗がんスペクトルをもつカンプトテシンなどが知られている。これらの化合物の基本骨格はトリプトファンのインドール骨格の結合の開裂と再結合により形成されている（図 6 – 10）。

2 – 3　リシン，チロシン由来のおもな生理活性アルカロイド

（1）リシン由来のアルカロイド

L – リシンを前駆体とする生理活性アルカロイドとしては，ピペリジンアルカロイドのロベリンが，ニコチン受容体に結合し呼吸興奮作用により喘息発作などに使用される。また，キノリチジンアルカロイドでマメ科植物の有毒成分であるサイティシン，インドリチジンアルカロイドで抗 HIV 作用を有するスワインソニンも L – リシンから生合成される。

（2）チロシン由来のアルカロイド

L – チロシンから生合成されるアルカロイドには，比較的単純な構造ではある

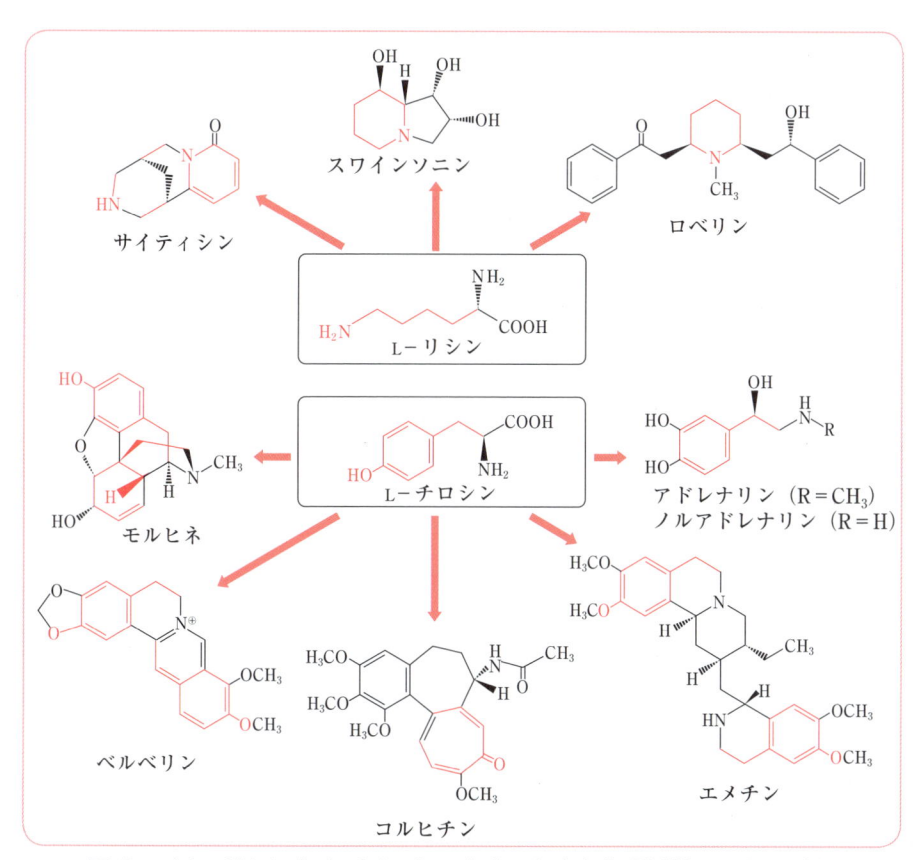

図 6 – 11　リシンおよびチロシン由来のおもな生理活性アルカロイド

第6章 天然物と生理活性物質

ものの神経伝達物質として極めて重要なアドレナリンやノルアドレナリン，ケシから得られるアヘンの主成分でがん性疼痛に鎮痛剤として使用されるモルヒネ，古くから痛風の治療に用いられたコルヒチンなどがある。また，抗赤痢アメーバ原虫に用いられるベルベリンおよびエメチンもL－チロシンを前駆体として生合成される（図6－11）。

2－4　その他のおもな生理活性アルカロイド

　カプサイシンは，トウガラシの辛味成分であり脂肪燃焼作用などが知られている。カフェインは，コーヒーなどに含まれるキサンチン誘導体で中枢神経刺激作用が強い。また，有毒成分として，ジャガイモの緑変部に含まれる毒性物質ソラニンのアグリコンであるソラニジン，フグ毒のテトロドトキシン，トリカブトの強力な毒性成分であるアコニチンなどもアルカロイドである（図6－12）。

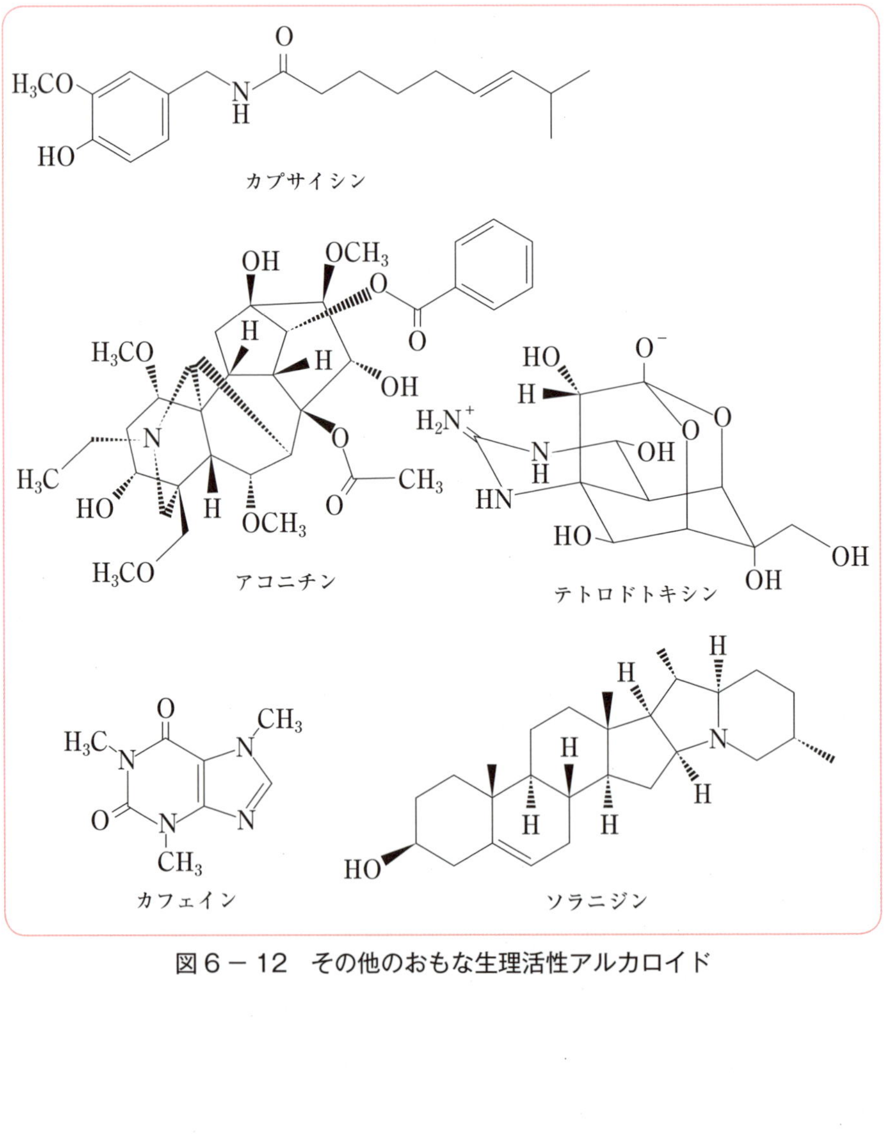

図6－12　その他のおもな生理活性アルカロイド

TOPIC

野菜の色素成分の話

　最近，食と健康の関係に大きな関心が向けられており，野菜などの色素成分にも関心が集まっている。これらの色素成分が化学的にはどのような構造をもった物質なのかを知ることは，生体内での働きを理解する上でも重要である。鮮やかな色彩をもつ食品は合成着色料などの使用を連想させるが，天然に存在する野菜の色素も実に鮮やかな色彩を放っている。いくつかの色素を表にまとめた。

色素成分	色	グループ	野　菜
リコペン	赤	カロテノイド	トマト
カプサンチン	赤	カロテノイド	唐辛子，赤ピーマン
β-カロテン	黄	カロテノイド	ニンジン
クルクミン	黄	クルクミノイド	ウコン
ケルセチン	黄	フラボノイド	タマネギ
ルチン	黄	フラボノイド	ソバ
クロロフィル	緑	ポルフィリン	ホウレン草など
エノシアニン	赤〜赤紫	アントシアニン	ブドウ
ナスニン	紫	アントシアニン	ナス
カリステフィン	赤	アントシアニン	イチゴ
ベタニン	赤	含窒素化合物	ビート

　アントシアニンのような系統の化合物は，pH の変化や金属イオンとのキレート化合物を形成し，色調を大きく変えることが知られており，そのため，アントシアニン類を含む花の色は，pH の影響を受け，酸性では赤色系，塩基性では青色系になるといわれていた。しかし，植物の生細胞内は弱酸性で，塩基性になることは無いことがわかり，花の青色の色素が研究された結果，複数のフラボノイド配当体分子と金属イオンとが超分子とよばれる大きな複合体を形成し，青の色調を与えていることが見い出された。一方，これらの色素成分は植物の成熟期に生産されるものが多いことや，多くが抗酸化活性をもつことも知られており，植物の成熟度と生合成される時期に関して関心がもたれている。さらに，クルクミンには胆汁分泌促進作用（肝機能強化），アントシアニン類には網膜のロドプシン再合成促進活性（視力回復）がある，といった報告もあり，野菜の色素成分の健康維持と関連する生理活性についても精力的に研究が行われている。

3. フラボノイド

フラボノイドは $C_6-C_3-C_6$ の基本骨格をもつ化合物群で、フェニルプロパノイドをスターターユニットとしたポリケタイド化合物と考えることもできる。同様な化合物として $C_6-C_2-C_6$ スチルベンがある（図6-13）。これらの化合物は近年、食材中に含まれるポリフェノールとしての生体調節機能に注目が集まっている。

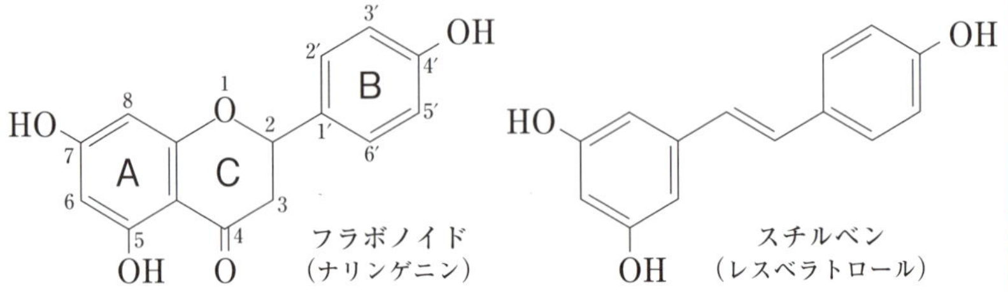

図6-13 フラボノイドとスチルベン

3-1 フラボノイド

フラボノイドの生合成は、カルコン類が直接の生合成前駆体となりマイケル（Michael）型求核反応によりフラバノン類が生成される。次にフラバノン類からフラボン類、フラボノール類、フラバンジオール類、アントシアニジン類、そしてフラバノール類であるカテキン類などが順次生合成される（図6-14）。これらの化合物はさらに水酸化、メチル化、プレニル化、さらには配糖体化などの修飾が行われることにより、膨大な数の化合物群を形成している。また、生物活性としては強い抗酸化活性や酵素阻害活性などを有するものも多数知られている。

（1）フラバノン類

フラバノン類には、ナリンゲニンやエリオディクチオール、ヘスペレチンなどが含まれ、ナリンゲニンの配糖体ナリンジンは柑橘類の果皮に多く含まれる苦み成分であり、また、ヘスペレチンのC7位ルチノース（rutinose）配糖体ヘスペリジンも柑橘類の果皮に多く含まれ、毛細血管拡張作用、骨密度減少抑制効果などが研究されている。

3. フラボノイド

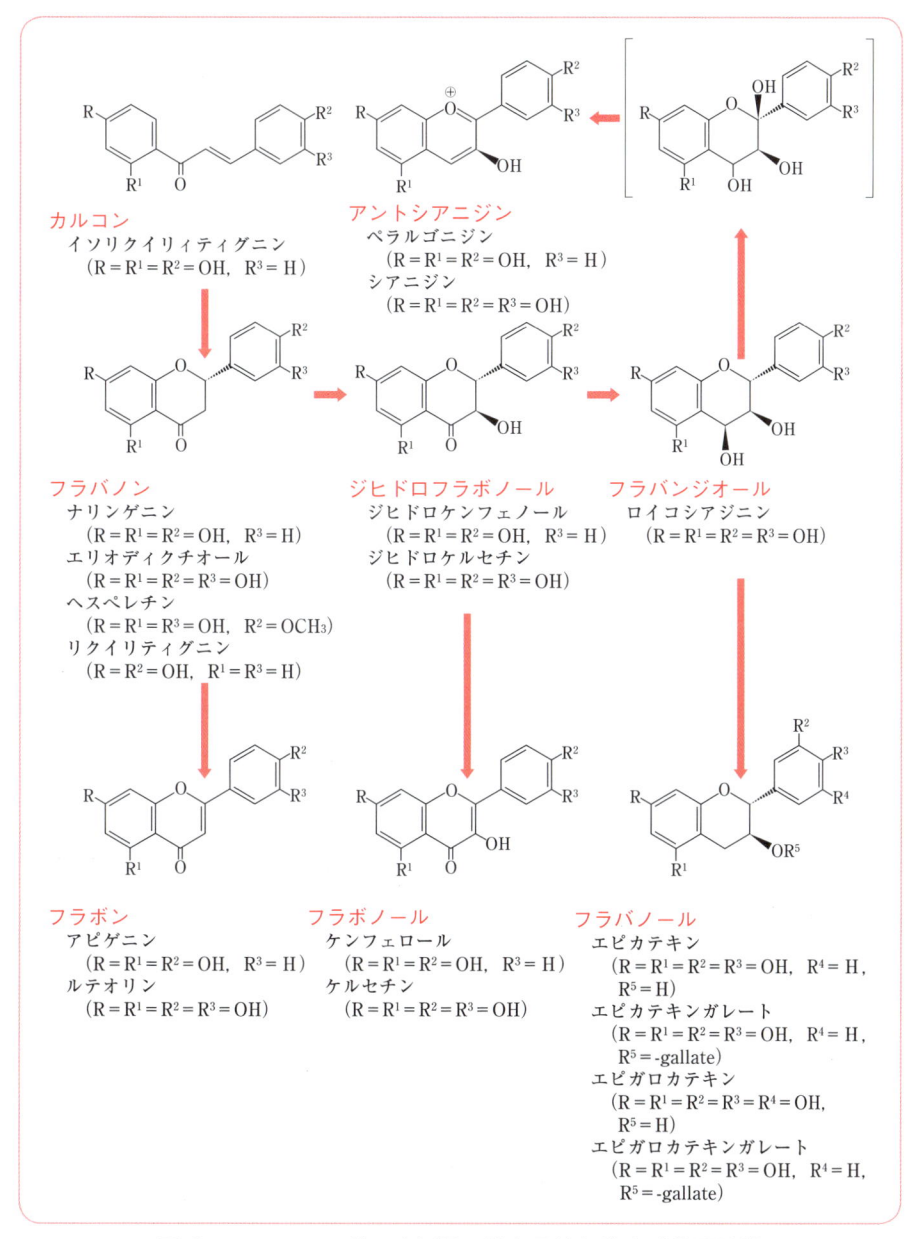

図6-14 フラボノイド類の基本骨格と生合成的関連性

（2）フラボン類

フラボン類は多くの植物に含まれ，代表的なものにアピゲニンやルテオリンがある。抗酸化活性などの生物活性が検討されており，アピゲニンには前立腺がんの予防効果，ルテオリンには肝臓での解毒作用なども期待されている。

（3）フラボノール類およびフラバンジオール類

タマネギに多く含まれるケンフェロール，ケルセチンなどのフラボノール類や，カカオに含まれるロイコシアニジンなどのロイコアントシアニジンともいわれる。フラバンジオール類は，ともに抗酸化物質として生体調節機能が期待されている。ケルセチンのC3位ルチノース配糖体ルチンはそばに含まれ，ヘスペリジンと同様な活性が検討されている。

（4）アントシアニジン類

アントシアニジン類はアグリコンとして，アントシアニンはナスやブルーベリーなど食用植物の色素として広く存在するアントシアニン類を構成している。抗酸化活性のほか視力改善効果などが検討されている。

（5）フラバノール類

フラバノール類は主としてカテキン類として，茶葉中に14～18％程度含有されている。主要成分はエピカテキン，エピカテキンガレート，エピガロカテキンおよびエピガロカテキンガレートの4種である。ほかのフラボノイド同様，その抗酸化活性に加え，抗アレルギーや抗脂質異常症など生活習慣病の予防・改善に対する効果が注目されている。

3-2　その他のフラボン関連化合物

（1）イソフラボノイド

シキミ酸由来のベンゼン環（B環）が，C環のC2位からC3位に転移した構造をもつ化合物をイソフラボノイドとよぶ。イソフラボノイドは，ほぼマメ科の植物にのみ存在する。リクイリティゲニンやナリンゲニンのようなフラバノン類から酸化酵素の働きにより，それぞれ大豆イソフラボンとして知られるダイゼインおよびゲニステインが生合成される。イソフラボンも酸化反応やプレニル化反応，配糖化反応を受けるが，酸化による新たな複素環が構築されるなど，フラボノイドよりも複雑な構造変化がみられる。これらの構造変化による生成物には，ファイトアレキシンとして抗菌活性を示すものも多い。また，イソフラボン類やクメスタン骨格をもつクメストロールにはその平面構造の類似性からエストロゲン様作用をもつことが知られており，植物エストロゲンとよばれている（図6-15）。

（2）テアフラビン類

テアフラビン類は紅茶などの発酵茶に含まれる成分で，カテキン類が二分子重合した構造をもち，抗酸化物質として老化防止，心疾患予防などの効能が期待される化合物である（図6-15）。

3．フラボノイド

（3）フラボノリグナン類

フラボノリグナン類は，フラボノイド1分子とコニフェリルアルコール(coniferyl alcohol) 1分子が酸化的に縮合して生成する化合物で，キク科のオオアザミに含まれる**シリビン**などが知られている。フラボノリグナン類には抗肝毒性作用が知られている（図6－15）。

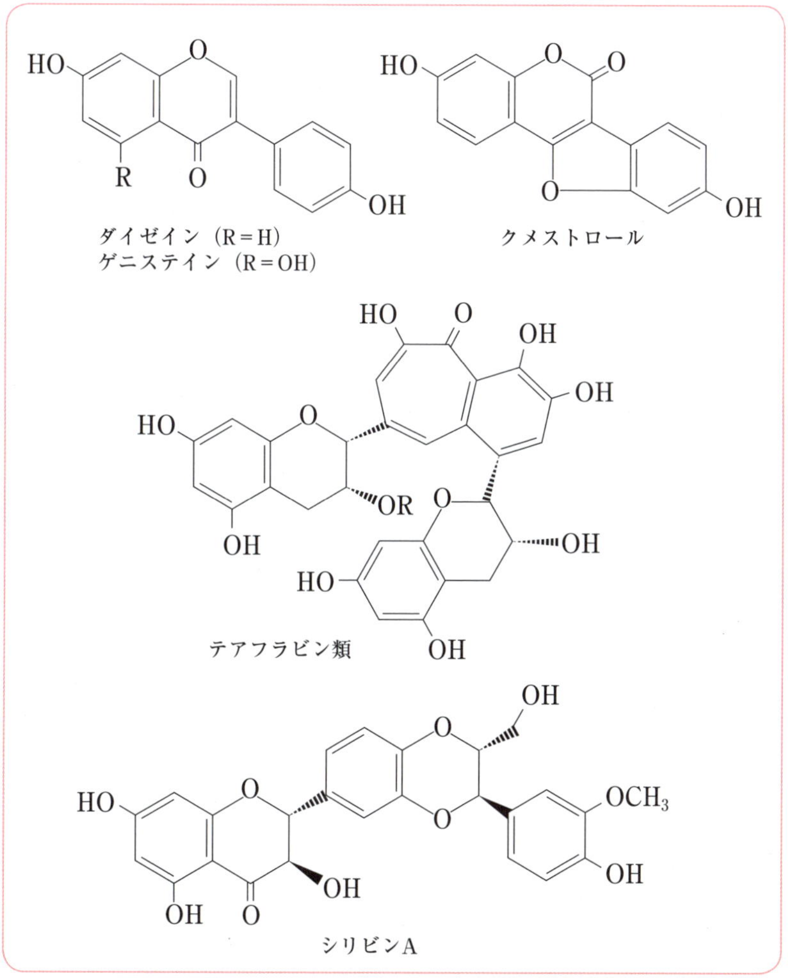

ダイゼイン（R＝H）
ゲニステイン（R＝OH）

クメストロール

テアフラビン類

シリビンA

図6－15　その他のおもなフラボン関連化合物

第6章　天然物と生理活性物質

> **TOPIC**
>
> **フレンチ・パラドックスとレスベラトロール**
>
> 　**レスベラトロール**はブドウの皮などに含まれている化合物で，赤ワインにも含まれることが知られている。フランス人はワインを愛飲し，さらには脂肪分の多い肉類などの消費量も多いという高カロリーな食生活を過ごしているにもかかわらず，ほかの欧米諸国に比べ 60％も心臓病による死亡率が低い。このフレンチ・パラドックスは，赤ワインに多く含まれ抗酸化活性を示す，レスベラトロールによるものであろうと考えられている。さらに，最近の研究では，高カロリー食を与えたマウスによる動物実験で，肥満状態のマウスにおいてもレスベラトロール投与により肝機能や糖代謝が正常に保たれたという結果が報告されている。また，レスベラトロールは酵母での分裂寿命を延ばすことから，寿命制御因子としても注目されている Sir2 タンパク質を活性化するということも報告されている。このレスベラトロールは，化学的にはフラボノイドと同じ生合成前駆体をもとに生合成される，比較的単純な構造をもったスチルベンというグループの化合物であり，食品成分としてのさまざまな生体調節機能の解明が行われている。 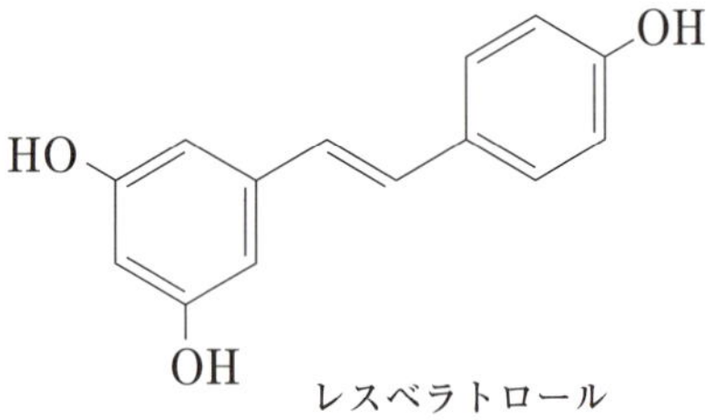
>
> レスベラトロール

4．抗生物質

　抗生物質の歴史は 1929 年，フレミングがアオカビの産生するペニシリンを発見したことで幕をあけ，1941 年のフローリーらによる化学療法の確立以後，現在に至るまで，細菌感染症に苦しむ多くの人びとの命を救うことにより多大な功績をあげてきた。それ以外にも，抗マイコプラズマ，抗寄生虫，抗真菌，抗ウィルス，さらにはヒトの抗がんを目的とした抗腫瘍抗生物質の開発研究も精力的に行われている。近年，微生物の産生する生理活性物質は狭義の抗生物質にとどまらず，免疫領域や生活習慣病治療薬として臨床治療で用いられているものも多い。

4－1　抗菌抗生物質

　1942年にワックスマンにより，抗生物質とは「微生物によって産生され，微生物の発育を阻止する物質」であると定義された。ここでは，この本来の意味（狭義）の抗生物質として代表的なものを取り上げる（図6－16）。

（1）β－ラクタム系抗生物質

　ペニシリンやセファロスポリンに代表される，β－ラクタム系抗生物質は細菌のトランスペプチダーゼと結合し，細胞壁ペプチドグリカン合成を阻害することにより殺菌力を示す。一方で，β－ラクタマーゼを産生しペニシリン耐性をもつブドウ球菌が年々増加してきたことから，これに対抗するため，半合成のメチシリンなどがつくられ効果を上げてきた。しかし，近年，さらにメチシリン耐性黄色ブドウ球菌（MRSA）が世界的に出現し，院内感染など大きな社会問題となっている。

（2）アミノグリコシド系抗生物質

　ストレプトマイシンなどのアミノグリコシド系抗生物質は，水溶性で細菌において細胞膜やタンパク質合成系の阻害のほか，DNA複製の阻害などが知られている。

（3）マクロライド系抗生物質

　マクロライド系抗生物質は放線菌が産生し，12，14または16員環のラクトンをもつアグリコン部分にアミノ糖や中性糖が結合した構造をもつ。代表的な化合物にエリスロマイシンがある。タンパク質合成阻害により抗菌活性を示す。

（4）テトラサイクリン系抗生物質

　テトラサイクリンを代表とするテトラサイクリン系抗生物質は，ペプチド鎖延長過程に作用しタンパク質合成の阻害を示す。

（5）ポリエーテル系抗生物質

　モネンシンなどのポリエーテル系抗生物質は，金属イオン輸送体としてのイオノフォアーとしての性質をもつ。ニワトリに対し抗コクシジウム症薬として用いられるものもある。

（6）ポリエン系抗生物質

　ポリエン系抗生物質は，4個から7個の共役二重結合を含む多員環ラクトンをアグリコンにもつ化合物で，共役二重結合の個数により特徴的な紫外線吸収スペ

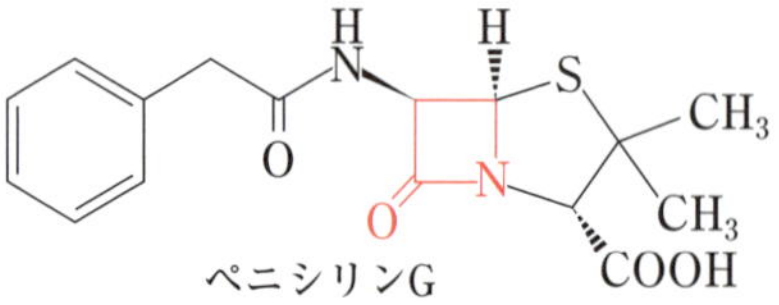

ペニシリンG
【β-ラクタム系】

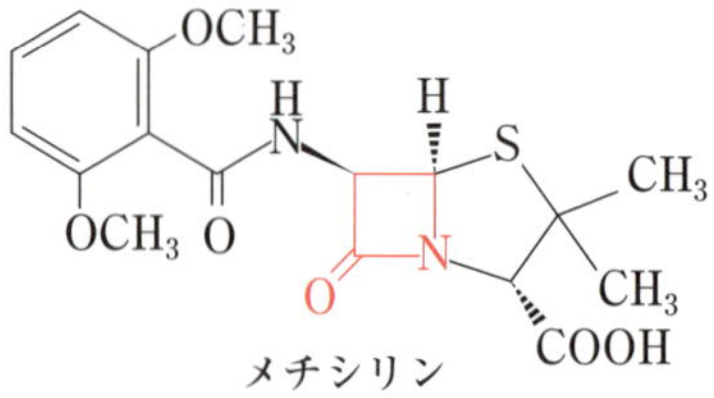

メチシリン
【β-ラクタム系】

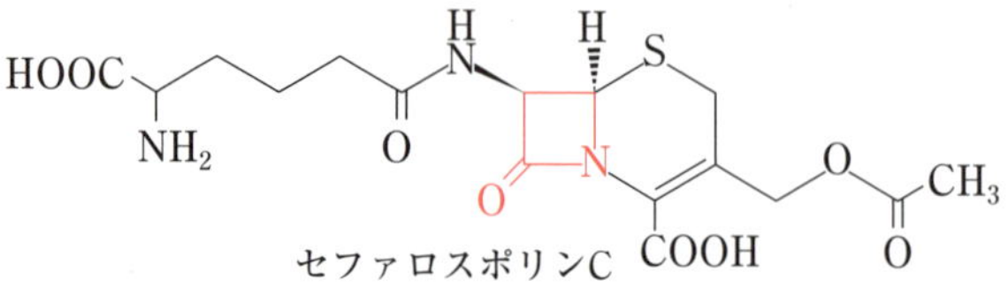

セファロスポリンC
【β-ラクタム系】

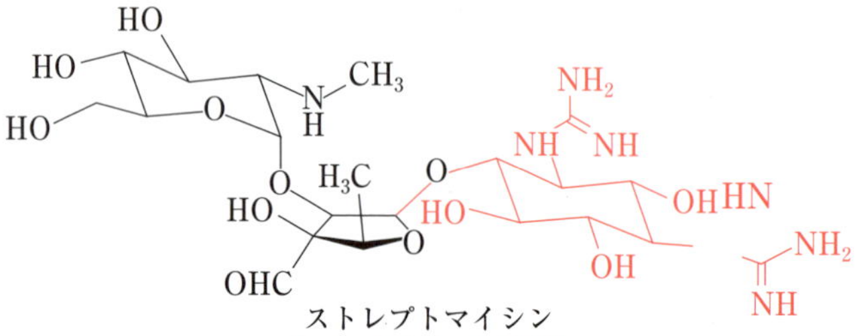

ストレプトマイシン
【アミノグリコシド系】

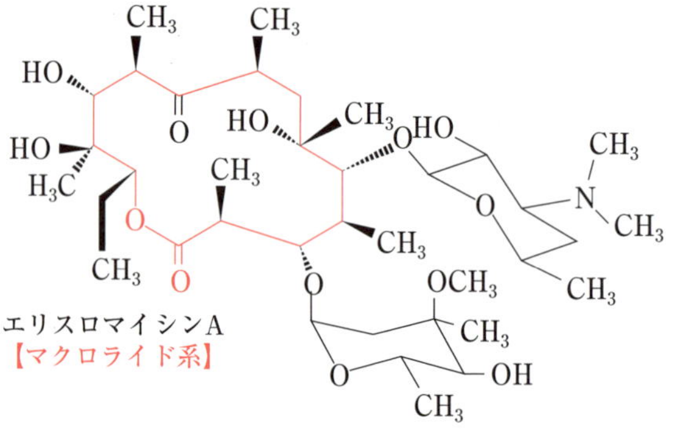

エリスロマイシンA
【マクロライド系】

テトラサイクリン
【テトラサイクリン系】

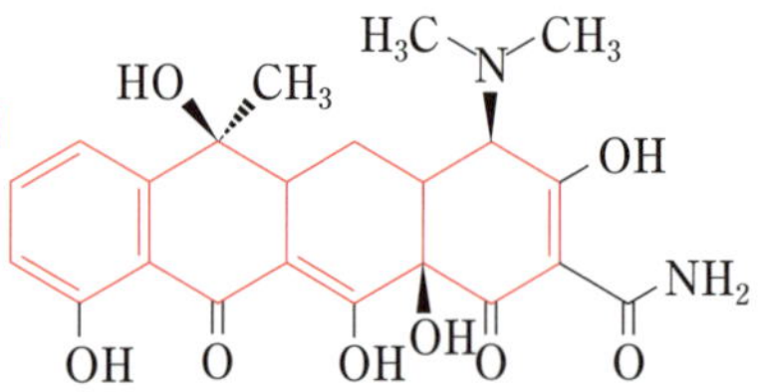

図6-16（1） おもな抗菌抗生物質の構造

4．抗生物質

クトルを示す。アンフォテリシン B などは真菌の生育阻害活性を有することから，抗カビ剤として使用される。

（7）グリコペプチド系抗生物質

グリコペプチド系抗生物質の中でも代表的な化合物であるバンコマイシンは，細胞壁ペプチドグリカンの合成阻害を主要な作用機序とし，MRSA の治療に有

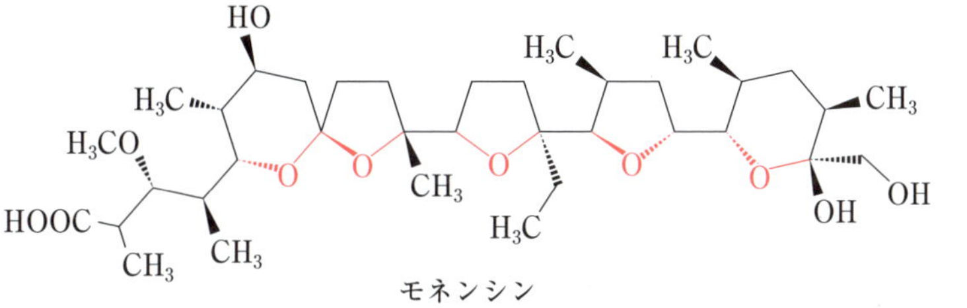

モネンシン
【ポリエーテル系】

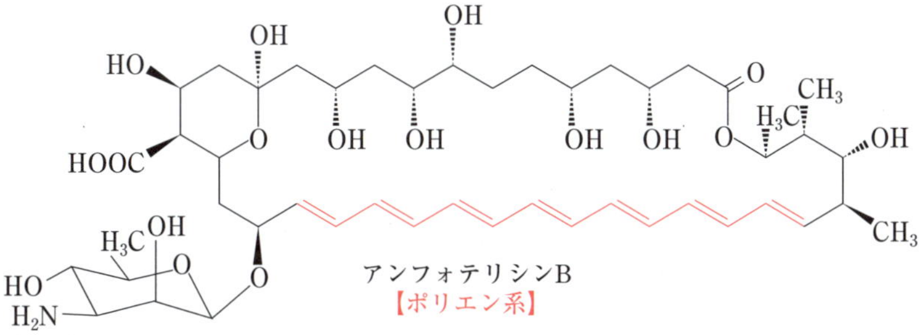

アンフォテリシンB
【ポリエン系】

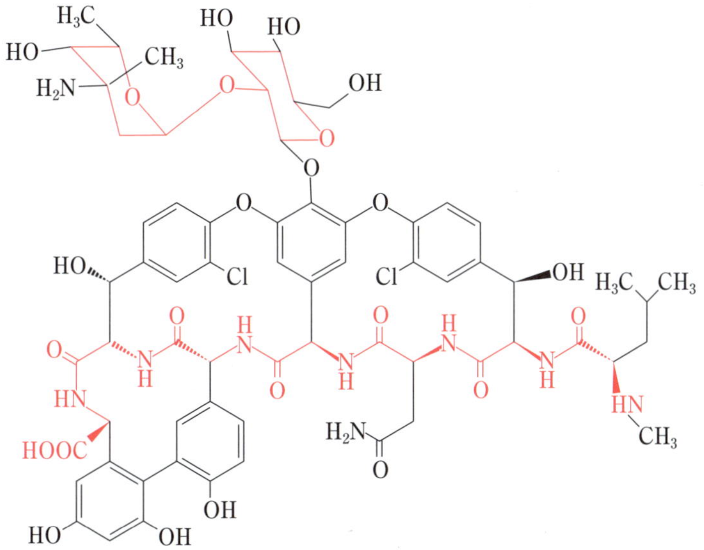

バンコマイシン
【グリコペプチド系】

図6−16（2） おもな抗菌抗生物質の構造

第6章 天然物と生理活性物質

効とされてきた。しかし，バンコマイシンの大量投与やニワトリの成長促進剤として構造類似のアポパルシンの多用により，近年，バンコマイシン耐性腸球菌（VRE）やバンコマイシン耐性黄色ブドウ球菌（VRSA）の発見が相継いで報告されたことから深刻な問題となっている。

4−2 抗腫瘍抗生物質

抗生物質の中には強い抗腫瘍活性を有しているものが見つかっており，ヒトのがん治療に有効な化学療法剤として用いられているものも多い（図6−17）。

（1）アントラサイクリン系抗生物質
7,8,9,10-テトラヒドロ-5,12-ナフタセンキノンのグリコシドであるアントラサ

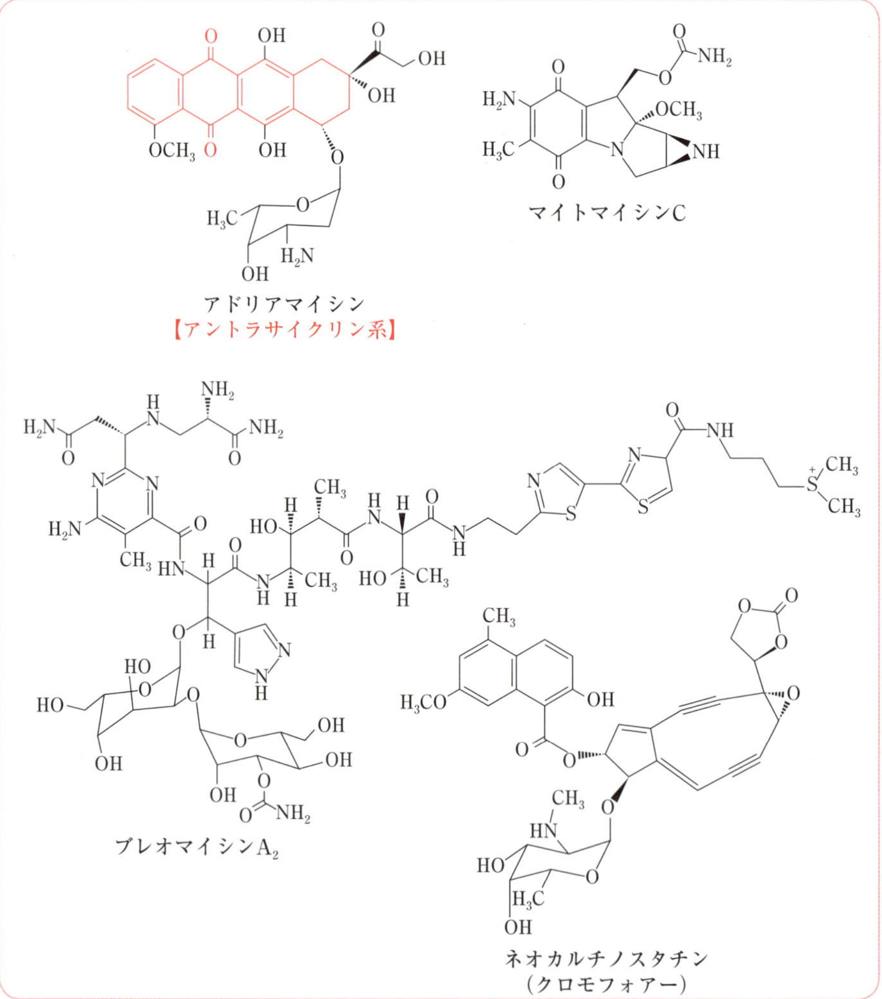

図6−17 おもな抗腫瘍抗生物質の構造

イクリン系抗生物質は，二本鎖 DNA の間に入りこんで（インターカレーション）DNA を鋳型とする DNA および RNA ポリメラーゼ反応阻害活性を示す。さらに，キノン部分にフリーラジカルを生じ，一本鎖 DNA 鎖の切断をも誘導する。代表的なものとして臨床で使用されているアドリアマイシンなどがある。

（2）マイトマイシン C

マイトマイシン C は，DNA 二本鎖間に対し共有結合による架橋を形成しアルキル化作用をもつ。マイトマイシン C もキノン部分にフリーラジカルを生じ，一本鎖 DNA の切断を生じる。

（3）ブレオマイシン

ブレオマイシンは，グリコペプチド抗生物質に属する。末端アミン部分でインターカレーションにより DNA に結合し，一本鎖 DNA の切断を生じる。

（4）ネオカルチノスタチン

ネオカルチノスタチンは，活性中心である発色団（クロモフォアー）をタンパク質が取り囲む構造をして存在しているクロモプロテイン高分子抗腫瘍抗生物質である。作用メカニズムはクロモフォアー部分が DNA に結合し，ラジカルを生成して DNA 鎖を切断するとされている。

4-3 微生物の産生するその他のおもな生理活性物質

抗菌活性以外の生物活性をもつ，いわゆる"広義の抗生物質"に対する研究も精力的に進められており，ここでは抗脂質異常症薬や臓器移植時の免疫抑制剤として医薬品として臨床で使用されている化合物を中心に示す（図6-18）。

（1）スタチン系化合物

スタチン系化合物の代表的化合物であるロバスタチンは，ある種の紅コウジカビ（*Monascus*）やコウジカビ（*Aspergillus*）から単離された化合物で，コレステロール生合成の鍵化合物であるメバロン酸（図6-2参照）の生合成に重要な HMG-CoA 還元酵素を強力に阻害する。ロバスタチンは顕著に血中コレステロールや LDL 濃度を低下させることから，抗脂質異常症薬として使用されている。

（2）タクロリムス

タクロリムスは FK-506 ともよばれ，放線菌の一種が生産する 23 員環ラクトンである。この化合物は，臓器移植における拒絶反応を抑えることを目的とした

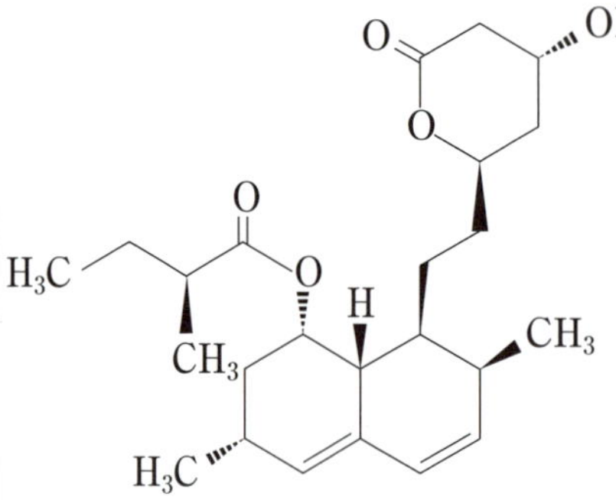

第6章　天然物と生理活性物質

ロバスタチン 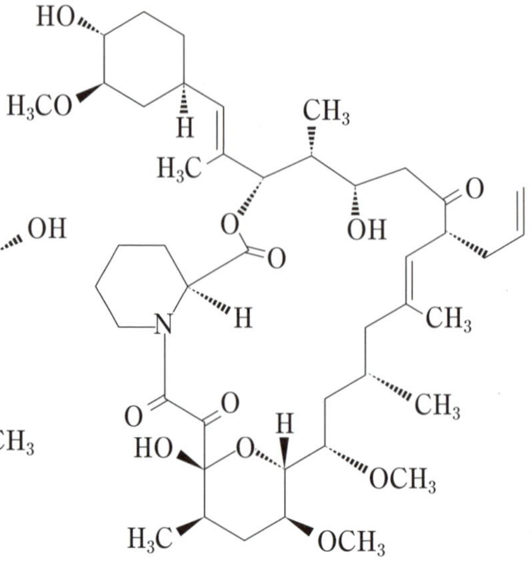　　　　タクロリムス

図6－18　微生物の生産するその他の主な生理活性物質の構造

スクリーニングにより発見された。タクロリムスは，拒絶反応を誘導するインターロイキン2（IL2）のヘルパーT細胞による生産を抑制する。タクロリムスは免疫抑制剤としてのほか，アトピー性皮膚炎，関節リウマチの治療にも用いられている。

TOPIC

残された化学構造とにおいの関係

　五感といわれているヒトの感覚の中で，化学物質が直接刺激を与える感覚には聴覚以外の感覚，すなわち色彩としての視覚，味わいとしての味覚，痛みなどとしての触覚，そしてにおいとしての嗅覚がある。ところで，食の機能には一次機能としての栄養特性と二次機能としての嗜好特性，そして三次機能としての生体調節機能特性があり，特に嗜好特性には味を感じる味覚，彩りを感じる視覚，そしてにおいを感じる嗅覚が大きくかかわっている。物質のレベルで食の嗜好特性を科学していくと，味覚に関しては基本味の甘味，酸味，塩味，苦味，うま味に関して舌の受容体との関係の研究が進んでいる。また，視覚に影響を与える色彩は化学合成的手法を用いて，目的の色を有する天然物などを合成することが可能になり，生体における感受性も神経信号などの解析により可能になってきた。さて，残った嗅覚についてはどうであろうか。最も敏感な感覚であるが故にあまりにも低濃度の化学物質に受容体が反応することなどから，その研究はなかなか進んでいない。においの受容体は1,000種類ほどがあるといわれていますが，それによりヒトはおおよそ40,000種類ものにおいを嗅ぎ分けることができるといわれている。有機化学では，においを発する揮発性物質の立体構造を含め三次元構造を明らかにしていくことは困難な作業であるが，モノテルペンなどでは立体化学を含めた化学構造が明らかになっているものも数多くある。本書でも示した（＋）-カルボンと（－）-カルボンの立体化学がにおいの違いに影響していることが知られており，有機化合物の立体化学と感覚としてのにおい受容体の相互解析が，嗅覚の謎を解くことを期待している。

〈参考文献〉
- Dewick, P. M.（著），海老塚豊（監訳）：医薬品天然物化学（原書第2版），南江堂，(2004)
- Dewick, P. M. : Medicinal Natural Products (Third Edition), Wiley, (2009)
- 長野哲雄（監訳）：マクマリー生化学反応機構，東京化学同人，(2007)
- 瀬戸治男：天然物化学，コロナ社，(2006)
- 林七雄，内尾康人，岡野正義ほか：天然物化学への招待，三共出版，(1998)
- 田中信男，中村昭四郎：抗生物質大要（第4版），東京大学出版会，(1992)
- 長野哲雄，長田裕之，菊地和也ほか：ケミカルバイオロジー（PMN増刊 Vol.52 No.13），共立出版，(2007)
- 中原保裕，中原さとみ：リベンジ　薬理学，秀和システム，(2007)
- 日本比較内分泌学会：生命をあやつるホルモン，講談社，(2003)
- 外崎肇一：「におい」と「香り」の正体，青春出版社，(2004)

第6章 天然物と生理活性物質

練習問題

1. クソニンジン（*Altemisia annua*）に含まれるアルテミシニンは，抗マラリア薬として用いられる。また，アベルメクチン類は放線菌の産生する抗寄生虫作用などを示すマクロライドである。アルテミシニンおよびアベルメクチン類アグリコンにおける不斉炭素原子を示せ。

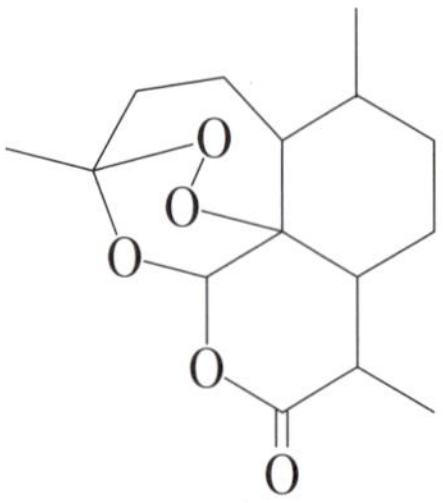

アルテミシニン

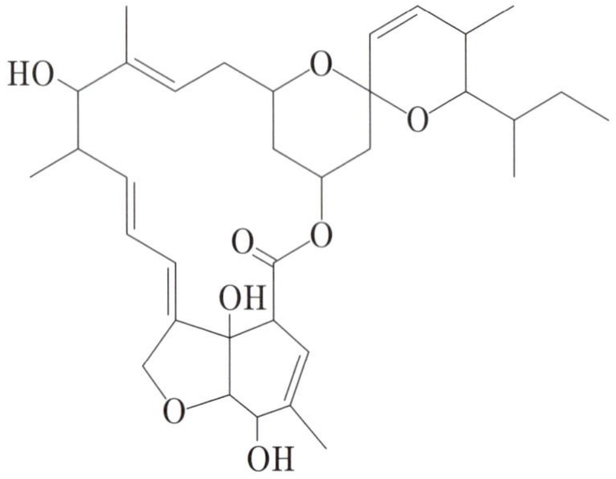

アベルメクチン類アグリコン

2. 次の化合物の不斉炭素原子を＊印で示し，それぞれの立体配置（コンフィギュレーション：*R*, *S*）を示せ。

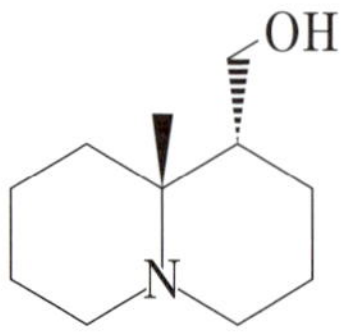

(−)−ルピニン

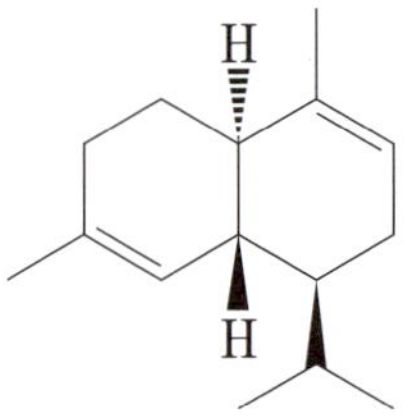

α−カディネン

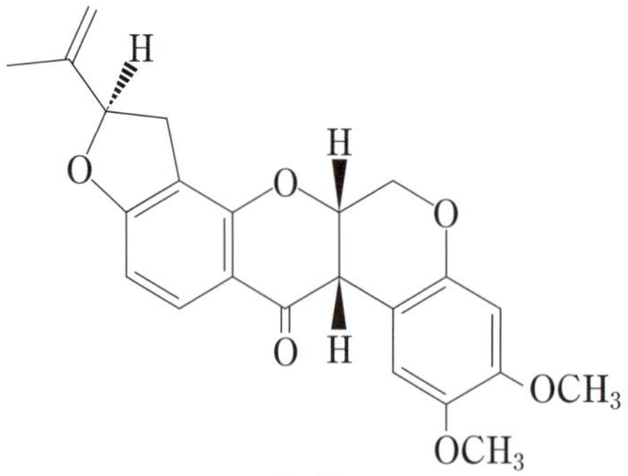

ロテノン

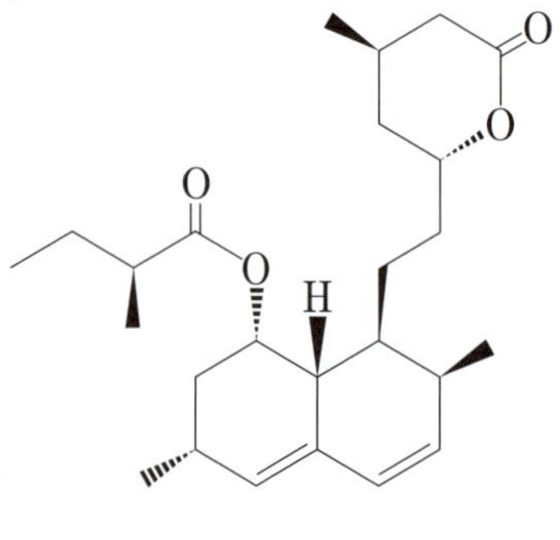

ロバスタチン

3. スクアレンからラノステロールへの生合成経路を，電子の流れを示す矢印を書き加え完成させよ。

スクアレン　O_2, NADPH

ヒドリドシフトとワグナー・メアワイン転移反応の協奏反応

4. ケルセチンやエピカテキンの構造中にみられるカテコール (1,2-ジヒドロフェニル) 構造は，フリーラジカルを消去して安定なオルトジケトン構造へと変化する。その反応機構を1電子ごとの移動を示す片矢印を用いて示せ。

カテコール　オルトジケトン

5. 原生動物より得られたテトラヒマノールは，すべて六員環よりなる五環性トリテルペンであり，すべての環がいす形の立体配座 (コンフォメーション) をとる。テトラヒマノールの構造を三次元立体配座で記せ。

テトラヒマノール

第7章 天然有機化合物の単離

　自然界に存在する天然物には，第5章，第6章で述べたように，タンパク質，炭水化物，核酸などの高分子化合物から，ビタミン類，テルペン，フラボノイドなどの比較的低分子化合物まで，さまざまな有機化合物が含まれている。なかには薬理活性を示す物質や有毒物質も存在する。有機化学を基盤として，これらの有機化合物を抽出，精製・単離，構造決定し，その全合成や生合成経路の解明を行い，さらには生物活性の測定や作用機序の解明，構造活性相関を明らかにするなどの天然物化学研究は，病気の予防や治療に必要な医薬品の開発に大きな役割を果たしてきた。

　近年，食品の機能性に注目した研究が盛んに行われており，食品に含まれる種々の機能性成分の特定およびその化学特性や機能性発現機構の解明に際して，天然物化学の知識や研究手法は重要な役割を担っている。

　本章では，天然物化学研究の基礎である化合物の抽出（extraction），分画（fractionation），精製（purification），単離（isolation）について概説する。

1. 含有成分の抽出

1-1　生物素材の取扱い

　研究対象である生物素材は，その生物種が同定され，学名が明確であることが重要である。また，同じ生物種であっても成長過程や生育環境によって含有成分の種類や量に変動があるので，生物素材がいつ，どこで採集されたものかを明記しておく。さらに部位によっても成分組成が異なるので，使用した部位も明らかにしておく必要がある。採集したものは必ず一部を保管しておく。また，生物種の原形をとどめていない粉砕物などを抽出対象とする場合は，目的の生物素材のみでほかの素材が混ざっていないかどうかを確認する必要がある。

　抽出する際には，乾燥試料を用いる場合と生鮮試料を用いる場合の両方がある。また，あらかじめ試料を乾燥する方法として熱風乾燥，凍結乾燥などがあるが，いずれの場合においても乾燥の過程で含有成分に変化をともなうことがある。

1-2　粉　　砕

　固体試料から含有成分を効率よく抽出するために，ブレンダーやミルなどを用

いて試料を粉砕して表面積を大きくする。粉砕操作で生じた摩擦熱で含有成分が変化することや，空気中の酸素と反応して酸化する場合があるので注意する。また生鮮試料の場合は，酵素作用による変質にも十分に注意をはらい，目的に応じて対処する。

1－3 抽　　出

1）抽出溶媒

　一般に試料から含有成分を抽出するには，溶媒を用いる。化学構造の類似したもの同士はよく溶け合う。すなわち低極性成分は低極性溶媒に，高極性成分は高極性溶媒によく溶けるので，抽出する目的成分の極性を考慮して溶媒を選択する。たとえば，糖，アミノ酸，有機酸およびその塩類などは水に溶けやすく，エーテルなどの有機溶媒には溶けにくい。一方，油脂やテルペンなどは有機溶媒によく溶けるが，水には溶けにくい。

　抽出方法には，低温抽出，熱抽出，ソックスレー抽出器による連続抽出がある。抽出液と不溶物をろ別後，抽出溶媒を減圧留去して粗抽出物を得る。

　抽出に用いる溶媒は，減圧留去しやすい比較的低沸点のものが扱いやすい。また，目的とする抽出成分の化学構造がわかっている場合は，目的成分と化学反応を起さない溶媒を選択する。溶媒の毒性も考慮する必要がある。図7－1に実験で抽出溶媒としてよく利用される溶媒を極性の順に示した。メタノール，エタノールは低極性成分，高極性成分の両方を溶かすことができる溶解性の高い溶媒である。

2）多数の生物素材の生物活性を評価する場合の抽出法

　ある生物活性を指標に強い活性をもつ天然物あるいは活性化合物を見い出そうとする場合，一般的に第一段階として，多数の生物素材の抽出エキスを調製して生物活性を調べ，活性の強い試料を選抜する手法がとられる。この場合，1つの生物素材から広範囲の極性の化合物を網羅して抽出するために，メタノール，エタノール，またはこれらのアルコールに一定の割合で水を加えた含水アルコール，

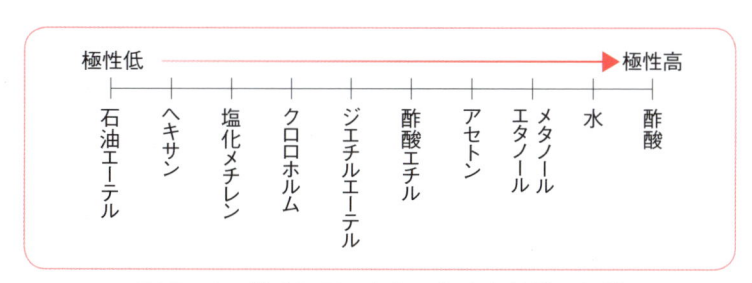

極性低　→　極性高

石油エーテル｜ヘキサン｜塩化メチレン｜クロロホルム｜ジエチルエーテル｜酢酸エチル｜アセトン｜メタノール エタノール｜水｜酢酸

図7－1　抽出に用いられるおもな溶媒の極性

第7章 天然有機化合物の単離

あるいは含水アセトンがよく使用される。

3) 溶媒の極性を利用した抽出法

抽出段階で，ある生物素材の含有成分を極性の近い化合物群に分画することが可能である。乾燥試料をまず低極性の溶媒で抽出し，順次溶媒の極性を上げながら数種の溶媒で抽出すると，それぞれ極性の異なる成分を含んだ抽出画分が得られる。図7-2に一例を示した。同じ溶媒を使用しても生物素材によってそれぞれ抽出効率が異なるので，まず少量の試料を用いて予備的に一連の抽出操作を行い，用いた溶媒の抽出効率が良好であるかどうかを確かめ，各抽出画分に極性の異なる成分が選択的に抽出されているかを，後述の薄層クロマトグラフィー等で調べて使用する溶媒の種類や組み合わせを決めた上で，大量抽出を行うとよい。

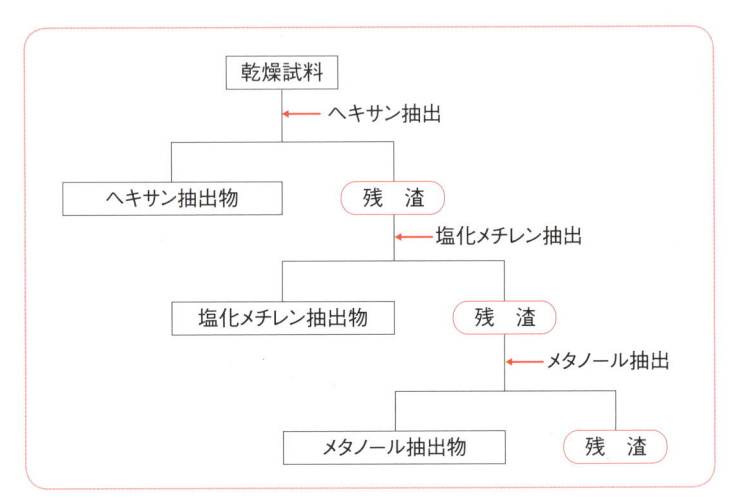

図7-2 溶媒の極性を利用した抽出法の例

TOPIC

食品からの香気成分の抽出

揮発性成分のみを選択的に抽出する場合に，従来用いられてきた方法として水蒸気蒸留法がある。試料に水蒸気を通し，水蒸気とともに揮発性物質を蒸留し，冷却して得られた水と揮発性物質の混合物をヘキサンやエーテルなどの有機溶媒で抽出し，低温で有機溶媒を留去して揮発性成分を取り出す。この方法ではおおよそ100℃の加熱をともなうので，熱変性する成分や低沸点の香気成分の損失を免れない。現在は，私たちが直接鼻で嗅いだときに感じる香りに近くなるように，低沸点の香気成分を効率よく抽出するためのさまざまな方法が考案されている。その一例として，果実を圧搾して得た果汁を高真空下で瞬時に蒸留するという方法がある。

TOPIC

超臨界流体抽出

　物質は固有の温度（臨界温度）と圧力（臨界圧力）以下では，温度や圧力を変化させると固体，液体，気体のいずれか，あるいは共存した状態で存在している。しかし，臨界温度，臨界圧力を超えた領域では，温度，圧力を変化させても液体,気体にならずに単一の相（超臨界流体）として存在する。超臨界流体は液体と同程度の高密度をもっているので物質を溶かす溶解力がある。また，液体と比べて数百倍の拡散係数を示し，物質移動が速い。したがって，超臨界流体は液体と同じような溶解力を示し，かつ短時間で抽出が可能である。温度や圧力を変化させることにより超臨界流体の溶解力を変えることができる。たとえば，一定の圧力下で温度を上昇させると密度が低くなるので溶解力が低下する。

　食品成分の抽出には超臨界流体二酸化炭素が用いられている。二酸化炭素を用いる利点として，
　①大気圧，室温で気体であり，抽出後に溶媒除去操作の必要がない。
　②無臭，無害である。
　③臨界温度が31.1℃と常温に近く比較的低温で操作できるので，熱に不安定なものも抽出できる。
　④無酸素状態で抽出できるので，酸化しやすい物質の抽出に有効である。
　⑤安価である。
などが挙げられる。

　利用例としては，ホップエキスの抽出，香料原料の抽出，魚油からの高度不飽和脂肪酸の抽出などが挙げられる。また，コーヒー豆からのカフェイン除去，卵黄中のコレステロールの除去，酒米からの脂質の除去など特定の物質を食品から取り除く場合にも利用されている。

2．分　　画

　粗抽出物には多種類の化合物が含まれているので，抽出の次の段階では同じ特性をもつ化合物群に分画する必要がある。

2−1　溶媒の極性を利用した分画

　本章1−3の3）で紹介した溶媒の極性を利用した抽出法は，抽出操作と分画

第7章 天然有機化合物の単離

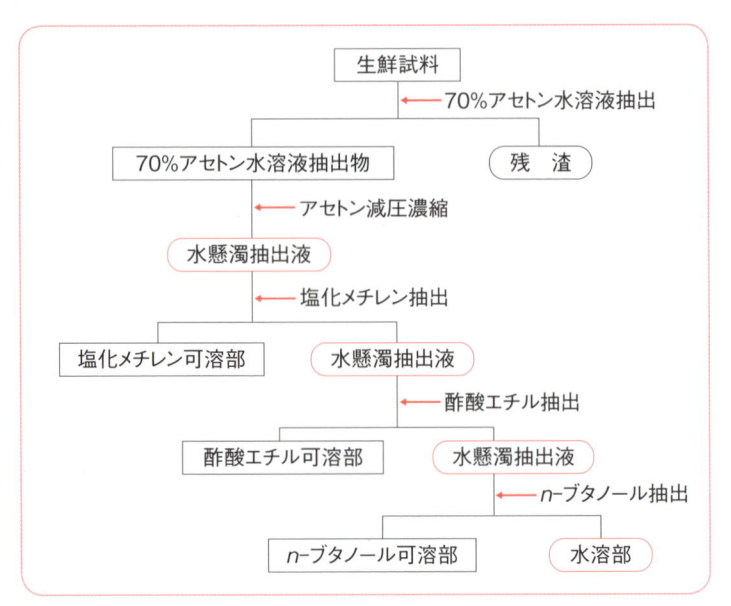

```
                    生鮮試料
                      │←70%アセトン水溶液抽出
         ┌────────────┴────────────┐
   70%アセトン水溶液抽出物            残　渣
         │←アセトン減圧濃縮
      水懸濁抽出液
         │←塩化メチレン抽出
    ┌────┴────┐
 塩化メチレン可溶部   水懸濁抽出液
                    │←酢酸エチル抽出
               ┌────┴────┐
           酢酸エチル可溶部   水懸濁抽出液
                          │←n-ブタノール抽出
                     ┌────┴────┐
                n-ブタノール可溶部   水溶部
```

図7-3　溶媒の極性を利用した分画法の例

操作を一体化した乾燥試料の場合によく用いられる方法である。試料が生鮮素材である場合や，乾燥素材であっても細胞壁が強固で低極性溶媒では浸透性が低く抽出効率が低い場合には，抽出溶媒としてメタノール，エタノール，含水アルコール，含水アセトンなどの高極性の溶媒を用いる。抽出液を減圧濃縮して水にも有機溶媒にも可溶であるアルコールやアセトンを除去後，残った水懸濁液に水と分配可能な有機溶媒で極性の低い方から順次分配を行い，極性の近い化合物群に分画する（図7-3）。

2-2　pHによる分画

酸性（カルボキシ基，フェノール性ヒドロキシ基など）または塩基性（アミノ基など）を示す置換基を有する化合物は，pHによって解離型あるいは非解離型になり，溶媒に対する分配係数が変化する。たとえば，非解離状態で非水溶性のアミノ基を有する塩基性物質は，酸性条件では解離してアンモニウムイオンとなって水溶性となる。この性質を利用して，非水溶性の抽出物を塩基性化合物群，酸性化合物群，中性化合物群に分画することが可能である（図7-4）。

分配操作後の有機層には水分子も溶け込んでいるため，乾燥剤を用いて脱水乾燥を行う必要があるが，分画された化合物と化学反応しない乾燥剤を選ぶ。一般的には，無水硫酸ナトリウム，無水硫酸マグネシウムを使用し，溶媒が塩素系の場合は，無水塩化カルシウムを利用する。

なお，試料によっては塩基性化合物群，酸性化合物群，中性化合物群にきれいに分画されない場合がある。また，pHを変化させることにより，含有成分が化

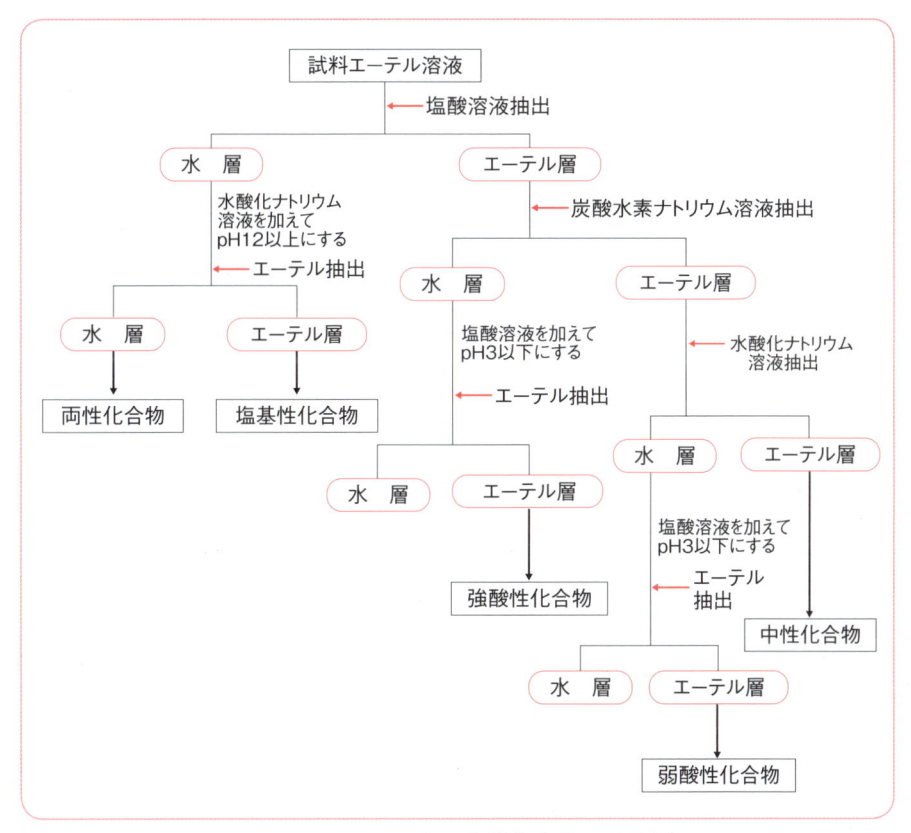

図7-4 pHによる有機化合物の分画例

学変化を起こす場合もある。したがって，少量の抽出物を用いて一連の分画操作を行い，各画分の収率や薄層クロマトグラフィー等で成分が選択的に分画されているかどうかなどを調べ，pHによる分画の有効性を確認した上で，大量の抽出物の分画を行うかどうかを決めるとよい。

3. 精製・単離

抽出，分画後，さらに含有成分を分離精製するために，各種クロマトグラフィー（chromatography）が利用される。

3-1 クロマトグラフィーの原理

固定された物質（固定相）と固定相と互いに混じり合わず固定相の間を移動する物質（移動相）との間に置かれた試料成分の物理的あるいは化学的挙動の差異を利用して試料成分の分離を行う方法をクロマトグラフィーという。移動相が気体の場合をガスクロマトグラフィー，液体の場合を液体クロマトグラフィーとい

第 7 章　天然有機化合物の単離

う。液体クロマトグラフィーは分離機構の違いにより，吸着クロマトグラフィー，分配クロマトグラフィー，ゲルクロマトグラフィー，イオン交換クロマトグラフィーに分類できる。

1) 吸着クロマトグラフィー

固定相にシリカゲル，アルミナ，活性炭などの吸着剤を用い，試料成分の固定相への吸着力の違いと移動相に対する溶解性の差を利用して分離する方法である。

吸着剤として一般的によく用いられているのはシリカゲルである。シリカゲルに対する吸着力の強さは試料成分の極性に依存している。官能基別のシリカゲルに対する吸着力の強さは，$-Cl<-H<-OCH_3<-COOCH_3<>C=O<-NH_2<-OH<-CONH_2<-COOH$ である。一方移動相に用いる溶媒の溶出力の強さも溶媒の極性に依存しており，ヘキサン＜ベンゼン＜塩化メチレン＜クロロホルム＜エチルエーテル＜酢酸エチル＜アセトン＜エタノール＜メタノール＜水＜酢酸の順に強くなる。通常，分離に最適な溶出力をもつ溶媒を作成するために，お互いに溶けあう極性の異なる溶媒を組み合わせた混合溶媒系を用いる。固定相が高極性のシリカゲルであるため，試料成分の溶出には最初極性の低い溶媒を用い，順次極性を上げながら最終的に高極性の溶媒で溶出する。このように固定相の極性が移動相の極性より高い分離系を，順相クロマトグラフィーとよんでいる。

2) 分配クロマトグラフィー

固定相に液体を使用するクロマトグラフィーで，試料成分は一定の分配比（分配係数）で固定相と移動相に分配される。分配係数の違いによって試料成分が固定相中を移動する速度に差が生じ，試料成分が分離できる。

固定相としては固体表面を液膜で覆ったものが利用されている。シリカゲル表面に炭素18個の直鎖炭化水素を化学修飾したオクタデシルシリル化シリカゲル（ODS）は分配クロマトグラフィーに汎用されている固定相である。この場合，ほぼ無極性の固定相に対しメタノール / 水や，アセトニトリル / 水などの固定相よりも極性の高い移動相を用いるため，逆相クロマトグラフィーともよばれる。

3) ゲルクロマトグラフィー

固定相に多孔性のゲルを用いて，その細孔への試料成分の浸透性の差を利用して分離する方法である。細孔の大きさより大きい成分は固定相を素通りし，細孔内部へ浸透できる小さい成分は細孔内部へ取り込まれるため，溶出速度に差が生じる。

ゲルクロマトグラフィーは，分子量の異なる混合成分を分離する時に有効である。タンパク質や多糖などの高分子化合物を分離できるものから，ポリフェノールなどの低分子化合物を分離できるものなどさまざまなゲルがあるので，分離対象の成分の分子の大きさに見合ったゲルを選択する必要がある。

4）イオン交換クロマトグラフィー

固定相にイオン交換体を用い，イオンに電離する物質のイオン交換体に対する静電気的な吸着力の差を利用して分離する方法である。たとえば，マイナスに荷電した交換体（陽イオン交換体という）に，プラスの荷電基をもつ試料成分を静電気的に結合させて吸着させた後，陽イオン交換体に静電結合し得る陽イオンを含む移動相を流すと，イオン交換体との電気的吸着力の弱い試料成分から順に溶出する。タンパク質，ペプチド，核酸など電荷をもつ成分の分離に有用である。

いずれのクロマトグラフィーに用いられる固定相でも，実際は1つ以上の分離機構がはたらいていると考えられる。

3-2 精製の手順

粗抽出物あるいは分画物をクロマトグラフィーで精製する場合，まず，どのような固定相と移動相を使用すると分離が良好であるかを，簡便な薄層クロマトグラフィー（Thin-Layer Chromatography：TLC）を用いて検討する。精製に用いる固定相と移動相が決定できたら，大量の試料を精製することができるカラムクロマトグラフィーを行う。天然物の抽出・分画物は多数の化合物の混合物であるため，含有量の高い主要化合物や結晶性のよい化合物でない限り，一度のカラムクロマトグラフィーで単離するのは一般的に難しい。通常，移動相の種類や分離機構の異なるカラムクロマトグラフィーを組み合わせながら，繰り返しカラムクロマトグラフィーを行って精製する。

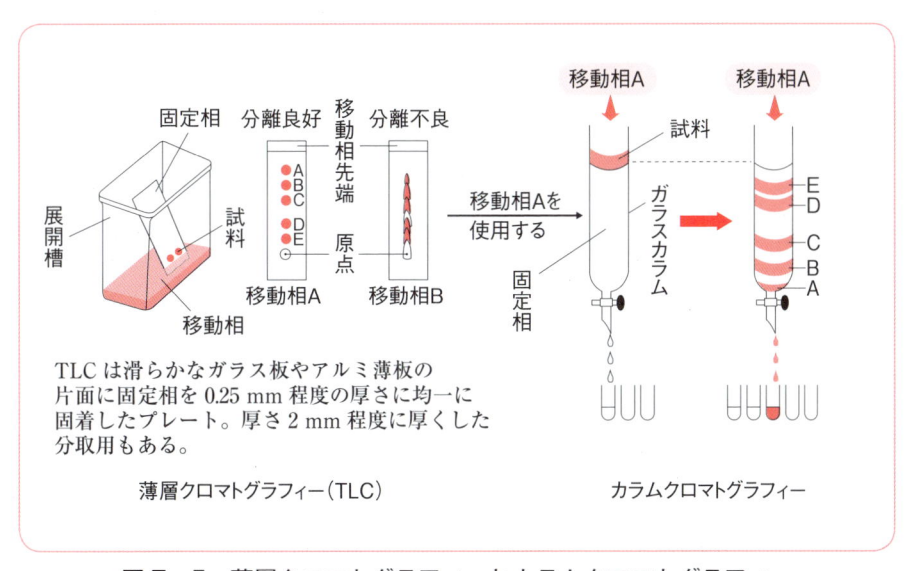

図7-5 薄層クロマトグラフィーとカラムクロマトグラフィー

3－3　ガスクロマトグラフィー（Gas-Chromatography：GC）

　ガスクロマトグラフという専用の分析装置をもちいて行う。ガスクロマトグラフは基本的に試料注入口，カラム（固定相），検出器，記録計で構成されている。移動相（キャリアーガス）として不活性な窒素やヘリウムが用いられる。固定相には，一般的に内径 0.1〜0.5 mm で長さが数十メートルもある細長いキャピラリーカラムが利用される。カラムの構造にはいくつかのタイプがあるが，中空構造をもち，カラム内壁に 0.25 μm 程度の液相が塗布されているものがよく用いられる。移動相の種類が試料成分の分離に対して影響を与えることはほとんどない。分離度は固定相液相に対する分配係数に依存しているので，固定相の種類によって分離が大きく左右される。通常分析目的成分に化学的性質の近い固定相液相をもつカラムを選択すると良好な分離が得られる。また，成分の移動速度はカラムの温度にも大きく左右されるので，低温から開始して徐々にカラム温度を上昇させることにより，成分の移動速度をコントロールして分離度をよくすることができる。成分の検出には水素炎イオン検出器や熱伝導度検出器などが用いられる。また，質量分析計（第 8 章参照）と直列に連結した，成分の検出と分子量情報を同時に得られるガスクロマトグラフ質量分析計も汎用されている。移動相が気体であるので，揮発性をもつ物質が分析対象となる。食品では香気成分や脂肪酸組成の分析によく用いられる。最近は，検出器の直前に分岐管を設け，一方を検出器に，他方をスニッフィング装置というカラムで分離された成分を人間の鼻で分析する装置に接続して，成分の検出と同時に分離された個々の香り成分のにおいの質と強さを調べることができるガスクロマトグラフもある。

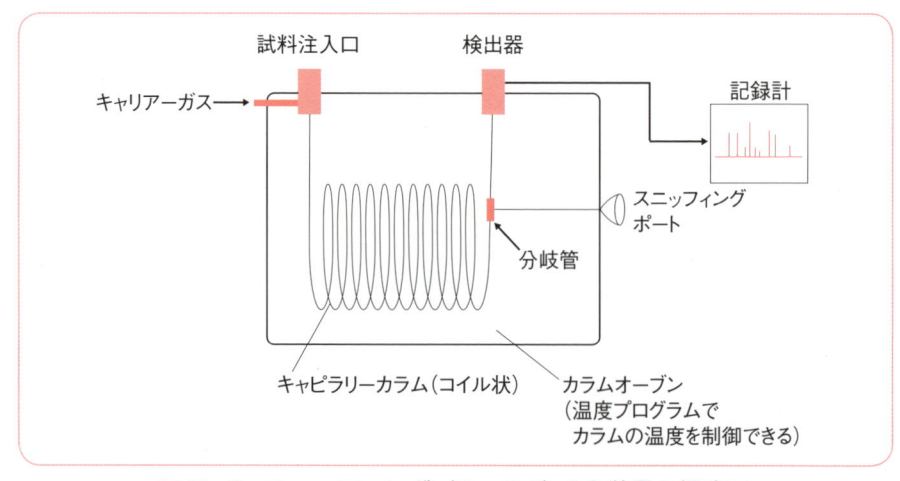

図 7－6　スニッフィング（臭い嗅ぎ）GC 装置の概略図

3. 精製・単離

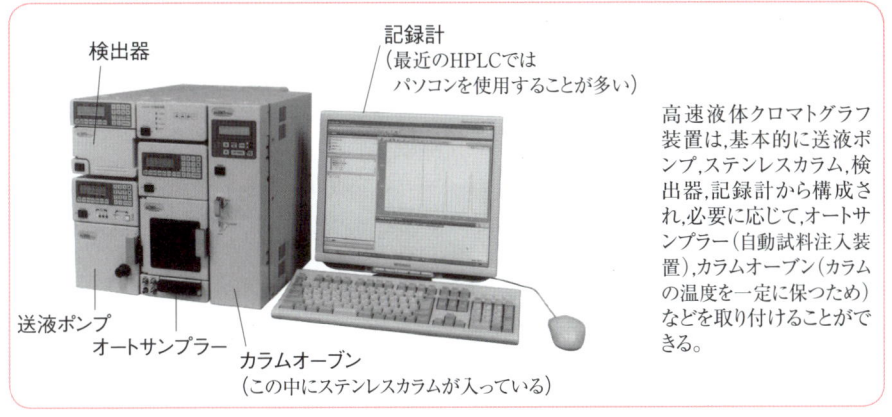

図7-7 高速液体クロマトグラフ装置
（写真提供：日本分光株式会社）

高速液体クロマトグラフ装置は，基本的に送液ポンプ，ステンレスカラム，検出器，記録計から構成され，必要に応じて，オートサンプラー（自動試料注入装置），カラムオーブン（カラムの温度を一定に保つため）などを取り付けることができる。

3-4　高速液体クロマトグラフィー
　　　　（High Performance Liquid Chromatography：HPLC）

　ステンレスなどの金属カラムに固定相担体を充填し，移動相である溶媒を加圧ポンプで強制的にカラムに流して成分の分離を行う。分離された成分の検出には紫外・可視吸収検出器が汎用されているが，紫外・可視吸収のない物質の検出には示差屈折計が用いられる。その他，検出目的成分の性質に応じて，蛍光検出器，電気伝導度検出器などがある（図7-7）。高速液体クロマトグラフィーに用いられる固定相は微細で粒子形が均一な高性能の担体で高密度に充填されており，高圧をかけて送液するので，短時間で高い分離が得られる。また，固定相担体は分配，吸着，イオン交換など多種類が市販されている。食品では，揮発性成分以外はほぼHPLCで分離分析することができる。大型のカラムや高流量のポンプを装備した分離精製用の分取高速液体クロマトグラフ装置も普及してきた。

3-5　単　　離

　各種クロマトグラフィーを組み合わせて精製を行うことにより，最終的に単一化合物に分離することを単離という。結晶性化合物の場合は再結晶を繰り返し行うことによって純度を上げることができる。単離された化合物は再度，薄層クロマトグラフィー，ガスクロマトグラフィー，高速液体クロマトグラフィーなどで単一性を確認する。

第7章 天然有機化合物の単離

> **TOPIC**
>
> ### ゴボウの葉に含まれるポリフェノールのHPLCによる分析
> ### ～食品成分のHPLCによる分析例～
>
> ゴボウは通常根の部分を食するが，大阪には茎や葉も食することのできる品種がある。ゴボウの葉に含まれるポリフェノールをHPLCによって分析した。
>
> ゴボウの葉を70％アセトン水溶液で抽出し，塩化メチレン可溶部，酢酸エチル可溶部，水溶部に分画した(図7-3参照)。酢酸エチル可溶部をメタノールに溶解させ，以下の条件でHPLCによる定性分析を行った。リテンションタイム（試料のカラムへの注入時から溶出（検出）までに要した時間）を比較して成分の同定を行った。標準物質があれば定量分析を行うこともできる。
>
> HPLC条件
> カラム：ODSカラム（直径4.6 mm，長さ250 mm）
> 移動相：0.1％酢酸水溶液：アセトニトリル＝8：2
> 流　速：1.0 mL/min
> 検出器：紫外・可視吸収検出器（327 nm）
>
> 1：クロロゲン酸，2：コーヒー酸，3：ルチン，4：ケルセチン3-グルコシド，
> 5：ケンフェロール3-ルチノシド，6：3,5-ジカフェオイルキナ酸，
> 7：3,5-ジカフェオイルキナ酸メチルエステル
>
> **ゴボウ葉の酢酸エチル可溶部のHPLCクロマトグラム**

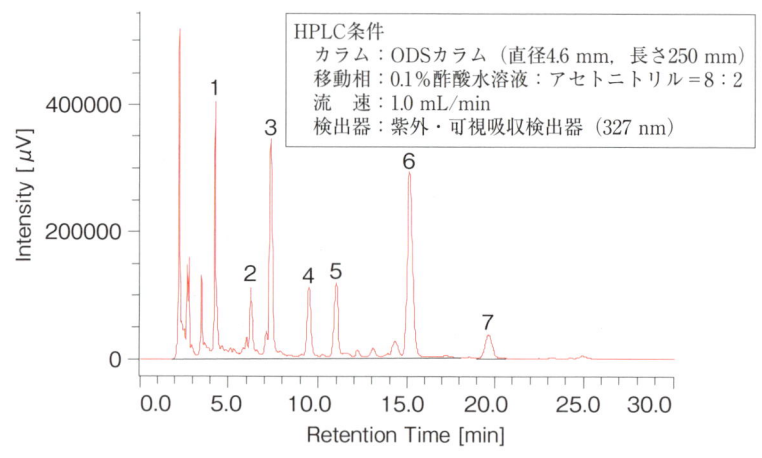

〈参考文献〉
・後藤俊夫，芝　哲夫，松浦輝男（監）：有機化学実験のてびき1，化学同人，(1988)
・松本　清（編）：食品分析学－機器分析から応用まで－，培風館，(2006)

練習問題

1. 次の食品からそれぞれ目的成分を取り出したい。試料の調製から抽出までの手順を考えよ。

食品	目的成分
① トマト →	カロテノイド
② 大豆 →	中性脂肪
③ ミント →	メントール
④ 焼きのり →	ビタミン B_2
⑤ 米 →	デンプン

2. 次に示すような4種類の化合物の混合物がある。それぞれを分離する方法を考えよ。

   ①ケイヒ酸　　②ケイヒアルコール　　③バニリン　　④スクロース

3. デンプンにα-アミラーゼを作用させたところ、分子量の異なるデキストリンやオリゴ糖の混合物を得た。これらを分離する有効な方法を考えよ。

4. コショウには主要辛味成分のピペリン以外にフェルペリンという物質が含まれている。コショウからこの2種類の化合物を単離するためにどのような抽出、分画、精製をすればよいか考えよ。なお、この2種類の化合物は結晶性化合物である。

   ピペリンの構造式　　　　　　　　　フェルペリンの構造式

5. モモに含まれる香気成分およびポリフェノール成分の分析を行いたい。抽出、分画、分析法を考えよ。

第8章 スペクトル分析による有機化合物の構造決定

　天然物化学では，含有成分を精製，単離した次の段階として，単離化合物がどのような化学構造をもっているかを明らかにする構造解明研究を行う。ここでは有機化合物を構造決定する主な手法であるスペクトル分析を中心に概説する。

1．有機化合物の構造決定法

1－1　標準物質がある場合

　構造を明らかにしたい化合物の構造があらかじめ予想でき，かつ標準物質がある場合は，第7章で述べた，TLC，GC，HPLCなどで化合物の同定をすることができる。ただし，クロマトグラフィーのみで化合物の同定を行う場合は，1つの条件のみの検討では不十分である。たとえばある条件でHPLC分析した場合異なる物質でもたまたまリテンションタイムが一致することがあるので，移動相の条件を変えるなど少なくとも2つ以上の条件で分析したほうがよい。また，標準物質と融点，沸点，比重，旋光度など物質固有の物理定数を比較することによって化合物の同定が可能である。これらの方法も，対象化合物の構造がほとんど予想できる場合を除いて，2つ以上の方法を組み合わせて行わないと化合物の同定に誤りが生じるので注意を要する。

> **TOPIC**
>
> **融点測定による化合物の同定**
> 　構造決定したい化合物Aの融点が，標準物質Bと同じ値を示した。はたしてAはBと同じ物質なのだろうか？　これを確かめるために，A，Bの混合物を調製し融点の測定を行う。もし，混合物がBと同じ融点を示せば，AはBと同一物質であることがわかる。融点が下がった場合は，その物質が何であるかはわからないが，少なくともBではないことがわかる。異物質の混合物の融点降下（凝固点降下）という性質を利用したこの試験を混融試験という。

1-2 標準物質がない場合

　構造決定を行いたい物質に関する構造情報がない場合は，化学的あるいは物理的手段で構造情報を得なくてはならない。現在は後述のスペクトル分析による構造決定法が主流であるが，スペクトル分析に用いる機器がまだ普及していなかった20世紀の前半までは，有機化学の知識を駆使して構造決定が行われていた。元素分析を行うことにより，構成元素の種類および組成式を知ることができる。また，第2章，第3章で学んだ有機化学の反応を利用して，化合物がどのような官能基を有しているかを知ることができる。化合物の分子量がわかっていれば，定量的に分析することも可能である。たとえば，ある化合物に同モルの臭素分子が付加したとしたら，もとの化合物に二重結合が1つ存在していたことがわかる。さらに化合物のオゾン酸化分解を行い，生じたアルデヒドやケトンの構造がわかれば，二重結合の位置を特定することができる。しかし，これらの反応をひとつひとつ行い構造決定するためには，グラム単位の多量の試料と多大な時間が必要であった。したがって，当時構造決定することができた天然化合物は含有量の多い主要成分が中心であった。

　20世紀後半から構造決定に利用される各種機器が普及し始め，現在では構造決定といえば機器分析によるものが主流である。機器分析では分析に必要な試料量が微量であり，また非破壊的で測定後回収可能であることから，少量の物質でも構造決定が可能となった。クロマトグラフィーの技術の向上とあいまって，今では天然物に含まれる微量（mg単位，場合によってはμg単位でも可能）の成分も単離し構造決定をすることができる時代となった。

　現在，構造決定におもに用いられている分析法として，紫外・可視吸収スペクトル法，赤外吸収スペクトル法，核磁気共鳴スペクトル法などの分光学的手法と質量分析法がある。このほか，立体化学情報が得られる円二色分光法，結晶構造がわかるX線回折などもある。

2. 構造解析に用いられるおもな吸収分光法

2-1 電磁波スペクトル

　有機分子に電磁波を照射すると，電磁波エネルギーを分子が吸収して，安定な基底状態から高エネルギー状態である励起状態に遷移する。電磁波のもつエネルギーは振動数に比例するので，振動数が大きいほど，言い換えれば波長が短いほど大きくなる。したがって，照射する電磁波の波長によって分子に及ぼす効果が異なる。図8-1に電磁波の波長とその照射が分子に及ぼす作用をまとめた。

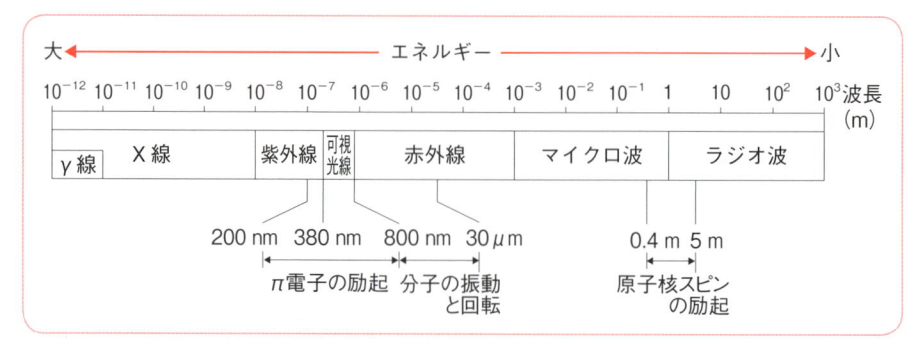

第8章　スペクトル分析による有機化合物の構造決定

図8−1　電磁波の波長と分子に及ぼす作用

2−2　紫外・可視吸収分光法（UltraViolet－visible spectroscopy：UV−vis）

　分子に200 nmから800 nmの紫外線および可視光線を照射すると，共役二重結合のπ電子が励起される。共役系が長くなればなるほどπ電子の励起に必要なエネルギーが小さくなるので，より長波長側の電磁波を吸収するようになる。非共有電子対をもつ酸素，窒素を含むOR基，NR_2基，NO_2基，COOR基などが二重結合に共役すると共役系を延長する効果がある。共役ジエン，$α, β$−不飽和カルボニル，ベンゾイル基を有する化合物では，これらの部分構造に結合する置換基の種類から計算により吸収値を予測することができる規則がある。吸収値は測定溶媒の種類に影響を受けるので，測定値を標準物質や文献値と比較する場合は必ず同じ溶媒で測定する必要がある。

　可視領域の光を吸収する物質は私たちの目には色として認識される。表8−1に可視光線の色とその可視光線の吸収時に吸収されず透過した光の色（補色），すなわち目に感じられる色の関係を示した。

　紫外線，可視光線を照射することによって得られるスペクトルを紫外・可視吸収スペクトルという。野菜や果実類に含まれる$β$−カロテンのUV-visスペクトルを図8−2に示した。$β$−カロテンは450〜500 nm付近に大きな吸収をもっており，その溶液は私たちの目に橙色に見える。

$β$−カロテンの構造式

2. 構造解析に用いられるおもな吸収分光法

表8-1 可視光線の波長と色

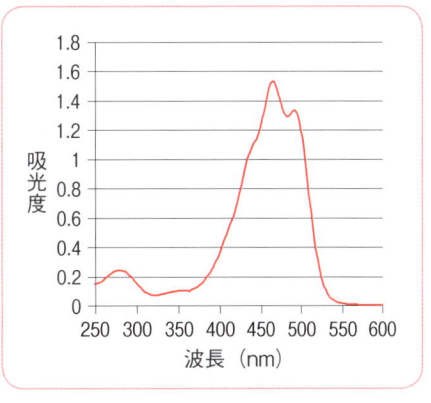

波長(nm)	色	補色
380～435	紫	黄緑
435～480	青	黄
480～490	緑青	橙
490～500	青緑	赤
500～560	緑	赤紫
560～580	黄緑	紫
580～595	黄	青
595～650	橙	緑青
650～780	赤	青緑

図8-2 β-カロテンの UV-vis スペクトル

2-3 赤外吸収分光法 (infrared spectroscopy：IR)

　赤外線領域のなかで波長 2.5～15 μm（振動数 4000～400 cm^{-1} [*1]）の電磁波の照射は，原子間結合の振動と回転状態に影響を及ぼす。結合の振動には**伸縮振動**と**変角振動**があるが，構造解析に用いられるのは主に伸縮振動による吸収振動数である。

　結合の振動に必要なエネルギーは単結合，二重結合，三重結合の順に大きくなるため，C-C よりも C=C，C=C よりも C≡C の吸収が高振動数領域に現れる。また，結合している2つの原子の**換算質量**[*2] が小さいほど振動励起に大きなエネルギーが必要となり，より高振動数の電磁波を吸収する。たとえば，O-H や C-H の伸縮振動の吸収は C-O，C-C よりも高振動数側に現れることになる。これらの性質を利用すると主として伸縮振動の吸収振動数から官能基を同定することができる。表8-2におもな官能基の吸収振動数を示した。

　図8-3は，ショウガの辛味成分の1つとして知られている [6]-ショウガオールのIRスペクトルである。特徴的な吸収振動数を読み取ってみよう。

　3,600～3,200 cm^{-1} の幅広い吸収は，ヒドロキシ基の存在を表している。1,670 cm^{-1} のカルボニル基の吸収[*3]，1,625 cm^{-1} のアルケンの吸収から α, β-不飽和カルボニルの存在が考えられる。1,600 cm^{-1} および 1,515 cm^{-1} にはベンゼン環の吸収が認められた。1,500 cm^{-1} より低振動数領域は複雑な吸収スペクトルを示しており，**指紋領域**と呼ばれている。指紋領域の吸収パターンは，一般的に既知物質の吸収パターンとの比較による化合物の同定に利用されている。

第8章　スペクトル分析による有機化合物の構造決定

表8-2　おもな官能基の伸縮振動の吸収振動数

官能基	吸収振動数 (cm^{-1})	官能基	吸収振動数 (cm^{-1})
O-H（アルコール・フェノール）	3,600～3,200	C=O（酸無水物）	1,850～1,740
O-H（カルボン酸）	3,300～2,500	C=O（ラクトン）	1,830～1,710
N-H（アミン・アミド）	3,500～3,300	C=O（エステル）	1,750～1,715
≡C-H（アルキン）	3,300	C=O（カルボン酸）	1,720～1,680
Ar-H（芳香環）	3,100～3,000	C=O（アルデヒド・ケトン）	1,725～1,675
=C-H（アルケン）	3,085～3,020	C=C（アルケン）	1,680～1,580
-C-H（アルカン）	2,960～2,870	C≡C（芳香環）	1,600, 1,500

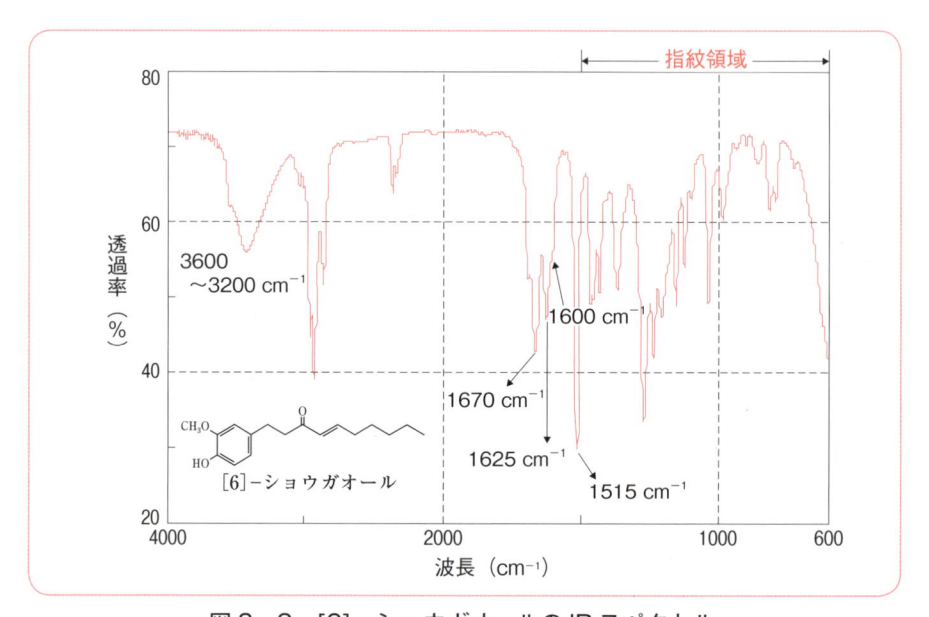

図8-3　[6]-ショウガオールのIRスペクトル

* 1) IRスペクトルは通常振動数で表示される。cm^{-1} = {1／波長(μm)} × 10^4
* 2) 結合している2つの原子の質量を m_1, m_2 とした時，換算質量は，[$m_1 \times m_2 /(m_1+m_2)$] で表される。
* 3) 飽和ケトンは 1,725～1,705 cm^{-1} に吸収を示すが，α,β-不飽和ケトンの吸収はそれより約 40～45 cm^{-1} 低振動数側にシフトすることが知られている。二重結合と共役すると共鳴効果により C=O の二重結合性が弱められ，伸縮振動に必要なエネルギーが飽和 C=O に比べて低下するためである。

2－4 核磁気共鳴スペクトル
（Nuclear Magnetic Resonance spectroscopy：NMR）

核スピン量子数が 1/2 である ^{1}H 核に外部から強い磁場をかけると，核スピンは外部磁場に平行方向と逆平行方向の 2 種の配向をとる。両者にはわずかにエネルギー差があり，この状態でエネルギー差に相当するエネルギーをもつ電磁波を照射すると，エネルギー準位の低い核スピンが高い方に遷移する。この現象を**核磁気共鳴**という[*1]。^{1}H 核のエネルギー準位は分子中の水素原子の置かれている環境によってそれぞれ異なる[*2]ため，吸収する電磁波の周波数（共鳴周波数）も異なる。したがって，分子中のすべての ^{1}H 核の共鳴周波数を測定することにより，分子の水素原子に関する構造情報を得ることができる。**^{1}H–NMR スペクトル**では，基準化合物の ^{1}H 核の共鳴周波数と測定化合物中の各 ^{1}H 核の共鳴周波数との差を相対的に表した**化学シフト（ケミカルシフト）**[*3]をスケールとして用いる。通常，基準化合物としてテトラメチルシラン [TMS, $(CH_3)_4Si$] を用い，メチル基の水素原子の化学シフトをゼロとして表示する。おもな水素の化学シフトを図 8－4 に示した。

^{1}H–NMR スペクトルでは，化学シフト情報のほかに，シグナルの積分比から分子中に存在する水素の個数に関する情報が得られる。また，^{1}H 核は結合に関与する電子スピンをとおして近傍の ^{1}H 核と相互に影響し合い（**スピン–スピン結合**），互いのシグナルの分裂を引き起こす。互いにスピン–スピン結合している ^{1}H 核同士のシグナルの分裂線の周波数の差（**結合定数, coupling constant**）は等しく，結合定数の値から結合形態を読み取ることができる（表 8－3）。

水素原子のみならず炭素原子の NMR 情報は，有機化合物の構造決定をするために大変有用である。天然に存在する炭素原子の大部分を占める ^{12}C は，核スピン量子数がゼロであり核磁気共鳴が起こらないが，わずか 1.1％ほど存在する同位体の ^{13}C は核スピン量子数が 1/2 であり，^{1}H と同様に核磁気共鳴現象が観測できる。**^{13}C–NMR スペクトル**からは，炭素の種類と数を知ることができる。図 8－5 に典型的な炭素（^{13}C）の化学シフトを示した。

[*1] 外部磁場が大きい NMR ほど性能がよい。磁場の大きさと ^{1}H 核が共鳴する電磁波の周波数が比例するので，NMR 装置の性能を通常 ^{1}H 核の共鳴周波数で表す。300～500 MHz の NMR 装置が汎用されている。

[*2] 原子核の周囲に存在する電子の密度や電子が発生する誘起磁力線の影響を強く受ける。

[*3] 化学シフト（δ）は，$\delta = [(\nu - \nu_{ref})/$外部磁場周波数 (MHz)$] \times 10^6$ で表される[ν：観測 ^{1}H 核の共鳴周波数 (Hz)，ν_{ref}：基準化合物 ^{1}H 核の共鳴周波数 (Hz)]。化学シフトは無単位の数であるが，$(\nu - \nu_{ref})$ Hz／外部磁場周波数 (MHz) が 10^{-6} オーダーの値であるため，ppm という表示もされる。たとえば化学シフトが 6.00 の場合，δ 6.00 もしくは 6.00 ppm のいずれかで表す。

第8章　スペクトル分析による有機化合物の構造決定

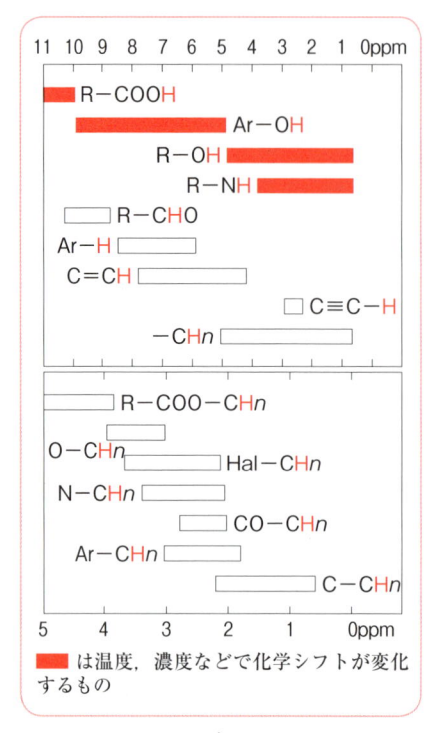

図8－4　水素（^{1}H）の化学シフト

■は温度，濃度などで化学シフトが変化するもの

表8－3　おもな水素核間の結合定数

	結合定数（Hz）
CH－CH	4.2 ～ 7.8
CH＝CH	（トランス）14.5 ～ 16.5
	（シス）　　9.1 ～ 12.2
C＝CH－CH＝C	10.4 ～ 12.5
CH＝C－CH*	0 ～ －2.5
CH－C＝C－CH*	0.8 ～ 1.6
(オルト H－H)	6.6 ～ 9.6
(メタ H－H)	0 ～ 3.5
(パラ H－H)	0 ～ 1.5
(1,2－Hax－Hax)	7.1 ～ 14.1
(1,2－Hax－Heq)	1.2 ～ 6.7
(1,2－Heq－Heq)	2.0 ～ 3.0
(1,3－Heq－Heq)*	1.0 ～ 2.0

＊遠距離スピン結合（結合を4つ以上隔てた場合でもスピン結合することがある）

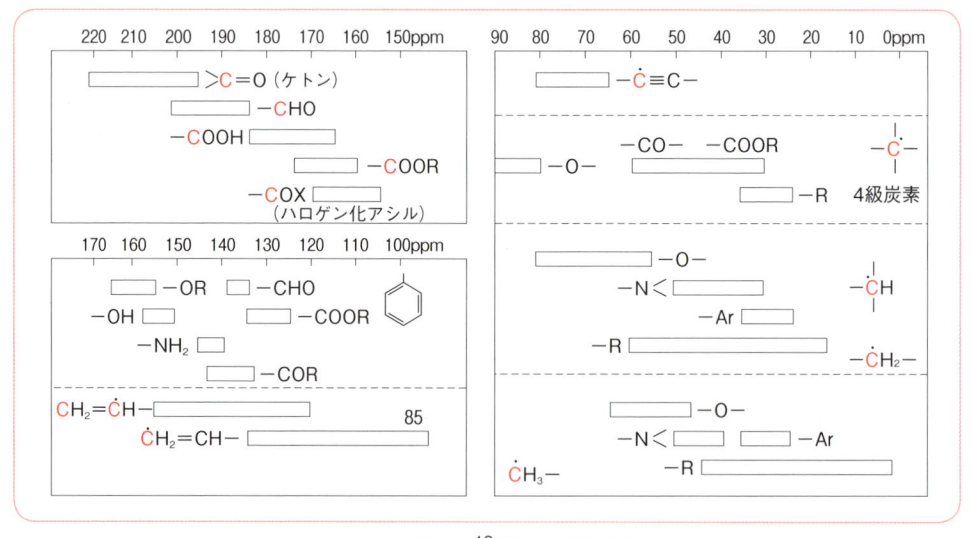

図8－5　炭素（^{13}C）の化学シフト

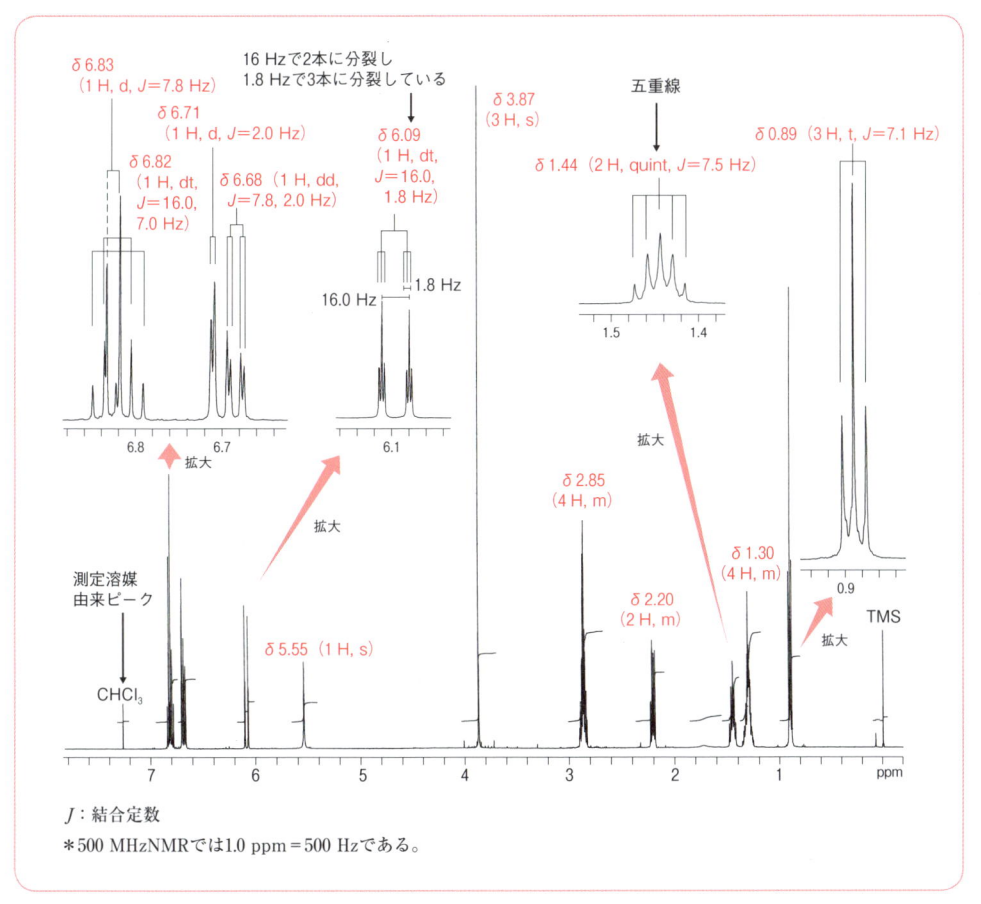

2. 構造解析に用いられるおもな吸収分光法

図8-6 [6]-ショウガオールの ^{1}H-NMRスペクトル（500 MHz，測定溶媒 CDCl$_3$）

[6]-ショウガオールのNMRスペクトルを解析してみよう。図8-6は ^{1}H-NMRスペクトル，表8-4は ^{13}C-NMRデータである。^{13}C-NMRスペクトルで観測された17個の炭素のうち，δ13.9からδ42.0の7本のシグナルから7個のアルキル炭素が存在することがわかる。また，δ111.1からδ147.9にアルケンまたは芳香族炭素由来のシグナルが8本観測された。さらにδ199.8にケトンの炭素，δ55.8に酸素と結合していると考えられる炭素シグナルが観測された。一方，^{1}H-NMRスペクトルでは，δ6.83の1H分のシグナルが二重線（doublet：d）で観測され，7.8 Hzの結合定数をもっていることから，オルトカップリングしたベンゼン環上の水素であることがわかる。また，δ6.71の1H分のシグナルは2.0 Hzの結合定数をもつメタカップリングしたベンゼン環上の水素である。δ6.68の1H分のシグナルは7.8 Hzと2.0 Hzの2つの結合定数をもつシグナル（dd［ダブルダブレットという］）で，δ6.83とδ6.71の両方の水素とスピン結合している。すなわち，本化合物は1,2,4-3置換ベンゼン構造を有していることがわかる（図8-7）。

第8章　スペクトル分析による有機化合物の構造決定

表8-4　[6]-ショウガオールの ^{13}C-NMR データ（$CDCl_3$）

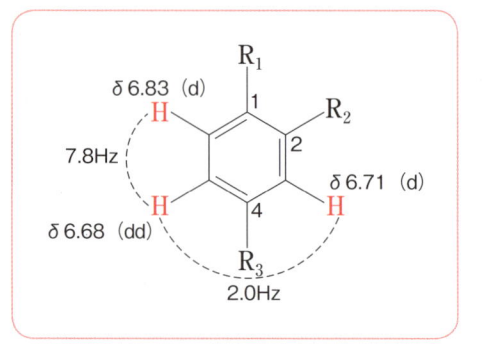

δ 199.8	120.8	31.3
147.9	114.3	29.8
146.3	111.1	27.7
143.8	55.8	22.4
133.2	42.0	13.9
130.3	32.4	

図8-7　[6]-ショウガオールの
　　　　ベンゼン環の構造

　[6]-ショウガオールがベンゼン環をもつことから，8個のsp^2炭素のうち，6個はベンゼン環炭素で残りの2個がオレフィン炭素と考えられる。^1H-NMRでδ 6.09とδ 6.82に互いに16.0 Hzの結合定数をもつシグナルが観測されたことから，これらがトランス配置の二重結合上の水素であることがわかった。δ 3.87には3H分の一重線（singlet：s）が観測されたことと，δ 55.8の炭素のシグナルを考え合わせるとメトキシ基が1個存在することがわかった。δ 0.89の3H分の三重線（triplet：t）は7.1 Hzの結合定数をもっている。鎖状アルカンは結合が自由回転でき，隣接する炭素上の水素と約7 Hzの結合定数をもつことが知られている。この場合，隣接炭素にn個の水素原子が存在すると（$n+1$）本の分裂したシグナルとして現れる。したがって，δ 0.89のシグナルからメチル基の隣にはメチレン基が存在することがわかる。7個のアルキル炭素のうち1個がメチル炭素と考えれば6個のアルキル炭素が残る。一方，δ 1.30に4H分，δ 1.44に2H分，δ 2.20に2H分，δ 2.85に4H分の合計12H分のシグナルが観測されているので，6個のアルキル炭素はすべてメチレン基と考えられた。

　^1Hおよび^{13}C-NMRデータから以上の情報を読み取ることができたが，存在が明らかとなった各官能基がどのように結合しているかは依然不明である。これを明らかにするために二次元NMRを測定した。^1H-^1H化学シフト相関分光法（^1H-^1H COSY：correlation spectroscopy）では，互いにスピン-スピン結合している^1H核間にクロスピークが観測されるのですべての水素のつながりがわかる。図8-8の相関をたどると，δ 0.89（3 H）-1.30（4 H）-1.44（2 H）-2.20（2 H）のつながりを読み取ることができ，CH_3-CH_2-CH_2-CH_2-CH_2-の部分構造の存在が予想できる。δ 2.20（2 H）のメチレン水素はδ 6.82のオレフィン水素ともクロスピークがあることから，このメチレンにトランス二重結合が隣接していることがわかった。もう1個のオレフィン水素（δ 6.09）がカップリングしている相手がδ 6.82とδ 2.20のメチレン（1.8 Hzで遠隔カップリングしている）のみであることから，二重結合の隣には水素をもたない炭素が存在するものと考えられ

2. 構造解析に用いられるおもな吸収分光法

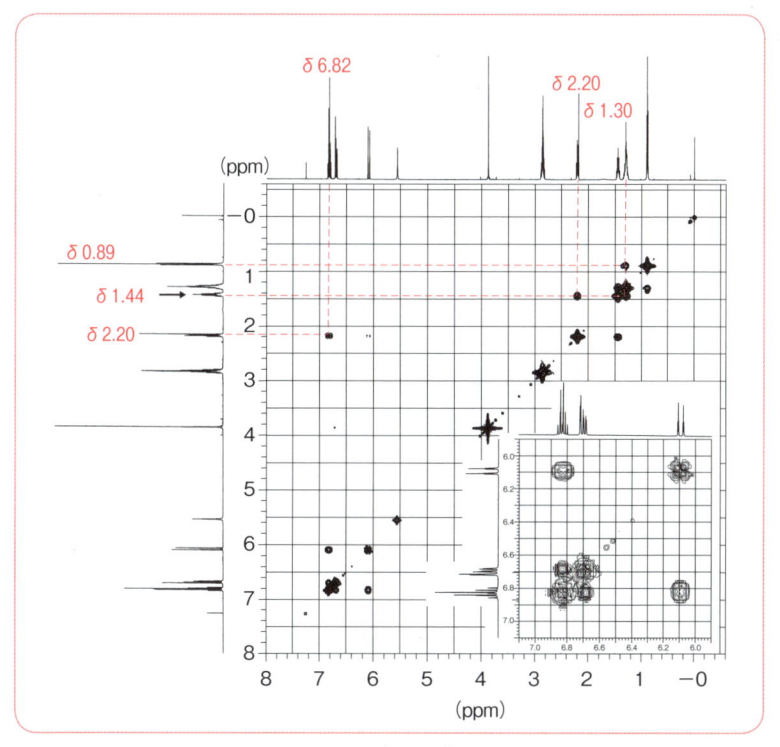

図8-8　[6]-ショウガオールの ¹H－¹H 化学シフト相関スペクトル

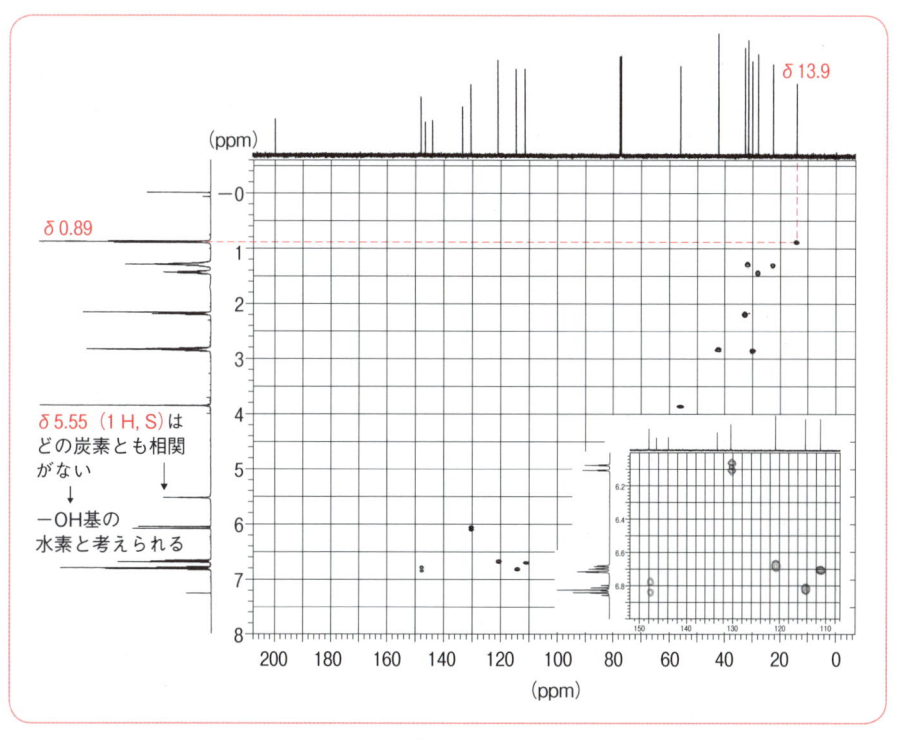

δ5.55（1H, S）はどの炭素とも相関がない
↓
－OH基の水素と考えられる

図8-9　[6]-ショウガオールの HMQC スペクトル

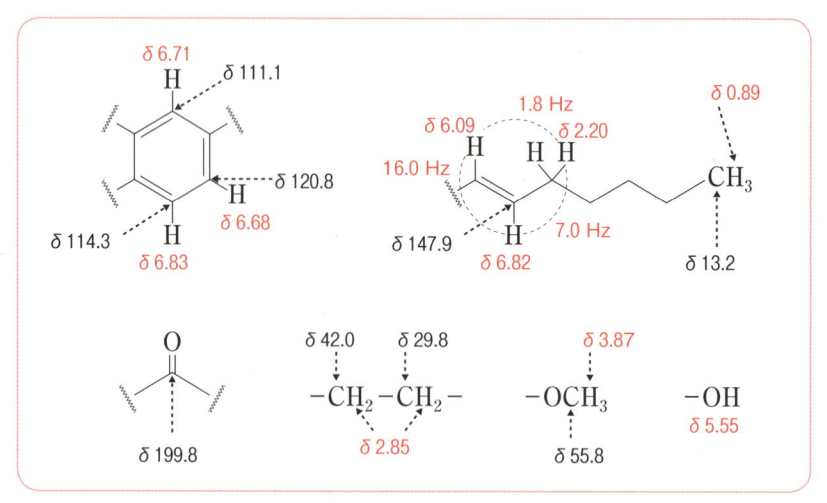

図 8-10　[6]-ショウガオールの部分構造

　る。

　図 8-9 は ^{1}H と ^{13}C の相関を観測した異核化学シフト相関スペクトル (Heteronuclear Multiple Quantum Coherence：HMQC) で，炭素とその炭素に直接結合している水素との間にクロスピークが観測される。たとえば，δ 0.89 と δ 13.9 にクロスピークが認められたので，δ 13.9 は末端メチル基の炭素のシグナルであることがわかる。

　^{1}H–^{1}H 化学シフト相関および HMQC スペクトルから読み取った情報から図 8-10 に示す部分構造をもつことがわかった。

　図 8-11 は HMBC (Heteronuclear Multiple Bond Correlation) スペクトルで，2 ないし 3 結合離れた炭素と水素の相関を観測することができる。水素をもつ炭素のつながりは ^{1}H–^{1}H 化学シフト相関スペクトルから情報が得られるが，4 級炭素やカルボニル基，酸素などが結合すると，その先のつながりがわからない。そこで HMBC 相関が威力を発揮する。たとえば，δ 6.09 のオレフィン水素と δ 199.8 のカルボニル炭素に相関がみられるので，トランス二重結合の隣がカルボニル基であることがわかる。δ 199.8 はさらに δ 2.85（4 H）ともクロスピークが観測されたので，カルボニル基と –CH$_2$CH$_2$– が隣接していることがわかる。このように，HMBC 相関を読み取ってすべての部分構造をつなぐことができれば，全体の構造が浮かび上がってくる。

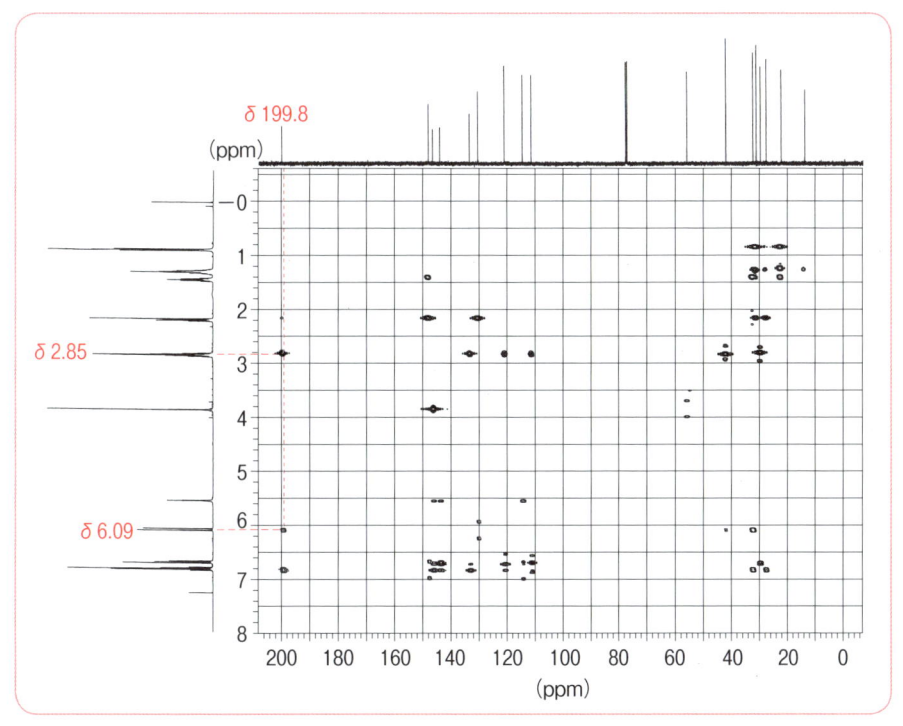

図8-11 [6]-ショウガオールのHMBCスペクトル

3. 質量分析法（Mass Spectrometry：MS）

　有機化合物をイオン化後，電気的に加速化させて高真空の分析管に導入し，質量や電荷が異なるイオンが磁場や電場のなかで異なる挙動を示す性質を利用して質量別に分離，検出することにより質量分析を行う方法である。きわめて微量（μg単位〜ng単位）の試料で分析ができ，また小数点4桁まで質量を測定できる高分解能質量分析装置を用いると，分子量のみならず分子式も決定することができる。

3-1　イオン化法

　有機化合物のイオン化法には，電子（衝撃）イオン化法（Electron (impact) Ionization：EI）をはじめ，表8-5に示すようなイオン化法がある。化合物の分子量や極性などに応じてイオン化法を選択することが重要である。ここではEI法について概説する。

　高真空（$10^{-6} \sim 10^{-8}$ Torr），高温（160〜350℃）状態のイオン源に試料を導入して気化させ，電子ビーム（15〜70ev）を当てると試料から1電子が脱離し，ラジカルカチオンとなる。したがって，EI法はこの条件で気化が可能な，通常分子量が1,000以下の比較的低極性成分に適用される。

表8−5 おもなイオン化法（電子イオン化法以外）

イオン化法	特　徴	測定対象物質
化学イオン化法 (Chemical Ionization：CI)	イオン化したイソブタンやアンモニアと試料分子との間でイオン化反応を起こさせ，安定な分子量関連イオンを生成させる	分子イオンが不安定で，EI法では分子イオンピークが得られない場合に適用
高速原子衝撃法 (Fast Atom Bombardment：FAB)	キセノンなどを高速原子化し，グリセリンなどの低揮発性有機溶剤と混合した試料に当て，試料分子の気化とイオン化を同時に起こさせる。イオン化時に加熱の必要がない	分子量3,000付近までのEI法では測定できない高極性物質（配糖体，糖，ペプチドなど）
エレクトロスプレーイオン化法 (Electro Spray Ionization：ESI)	大気圧下で溶液試料に高電圧をかけ，(試料+溶媒)イオンを形成させた後，溶媒を蒸発させて，試料分子の多価イオンを生成させる	分子量10万程度以下の難揮発性物質（タンパク質，高分子複合糖質など）
マトリックス支援レーザー脱離イオン化法 (Matrix−Assisted Laser Desorption Ionization：MALDI)	試料とシナピン酸の混合物に337 nmの紫外線レーザーを当て，シナピン酸を励起させ，生成した熱エネルギーを利用して試料の気化とイオン化を瞬時に起こさせる	分子量数百程度の低分子から分子量100万程度の高分子まで測定可能

3−2　フラグメンテーション

　EI法では，気化した分子に当てた電子ビームのエネルギーの一部がラジカルカチオンの分子振動を励起し，分子内の結合開裂に使われる。開裂で生じたフラグメントのなかには，さらに続けて開裂を起こすものもある。フラグメントのなかで正電荷をもつもののみが検出される。開裂は，分子イオンのヘテロ原子上の非共有電子対や二重結合のπ電子が引き金となって起こりやすいので，検出されたフラグメントイオンピークから逆に構造情報を得ることができる。

　[6]−ショウガオールのマススペクトル（EI法）を例に考えてみよう（図8−12）。横軸はイオンの質量電荷比 m/z^* を，縦軸はイオン量を表している。もっともイオン量の大きいピークをベースピークといい，ベースピークの高さを100％として他のイオンピークを相対表示する。m/z 276 に分子イオンのピークが現れている。m/z 277 の小さなピークは炭素同位体（^{13}C）由来のピークである。[6]−ショウガオールでは m/z 205，151，137 に特徴的なフラグメントピークが観測された。

　二重結合に隣接する5位と6位の間で開裂が起こり，m/z 205 のイオンピークが生じる。また，カルボニル基とα-炭素結合の開裂も起こりやすく，m/z 151 のイオンピークも生じる。ベンゼン環上のπ電子が不対電子となると，ベンジル位で結合が切断され安定な m/z 137 のピークが得られる。これは，アルキル置

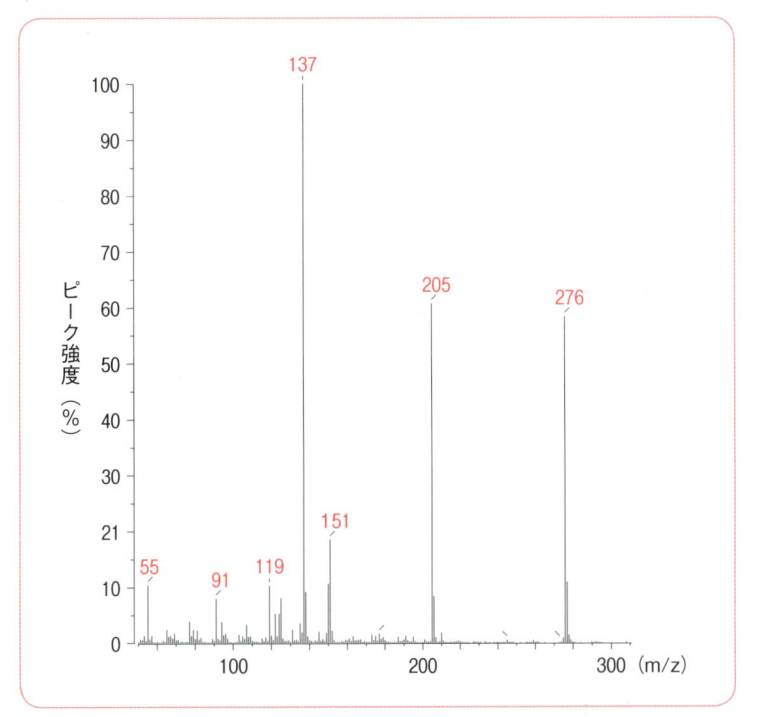

図8-12 [6]-ショウガオールのEI-MSスペクトル

図8-13 [6]-ショウガオールのフラグメンテーション

換芳香族化合物からのトロピリウムイオン生成の典型的な開裂パターンである。m/z 137 は m/z 205, 151 を経て生じる可能性もある。これらのフラグメントイオンの存在が [6]-ショウガオールの構造を支持している（図8-13）。

*） m/z の m は質量，z はイオンの電荷数を表す。EI法では1価のイオンが生じるので m/z 値は質量と同値である。多価イオンの場合は，質量は m/z に価数を乗じた値になる。

4. クロマトグラフィーとスペクトル分析の併用

　現在は，各種スペクトル分析法と HPLC や GC を組み合わせた各種機器が発達している。たとえば，GC と質量分析を組み合わせた GC-MS では，食品の香気成分を抽出したのち，精製，単離操作をしなくても GC-MS 分析により，各成分の分離とマススペクトル情報の取得が同時に達成され，多成分試料のまま含有されている化合物の同定ができる。GC のリテンションタイムだけでは不確実であった成分の同定が MS 情報を追加することにより確実性が高くなった。また，含有成分の定量分析も可能である。HPLC とスペクトル法の組み合わせでは，MS, NMR, IR と連結した機器が開発されており，微量で多種類の成分を含む生体試料や代謝産物の同定などに威力を発揮している。

〈参考文献〉
- L.M. ハーウッド，T.D.W. クラリッジ（著），岡田恵次，小嵜正敏（訳）：有機化合物のスペクトル解析入門，化学同人，(1999)
- R.M. シルバースタイン，F.X. ウェブスター（著），荒木俊ほか（訳）：有機化合物のスペクトルによる同定法［第7版］，東京化学同人，(2006)
- 安藤喬志，宗宮 創：これならわかる NMR，化学同人，(1997)
- 志田保夫，笠間健嗣，黒野 定ほか：これならわかるマススペクトロメトリー，化学同人，(2001)
- 福士江里，宗宮 創：これならわかる二次元 NMR，化学同人，(2007)
- ラーマン（著），通 元夫，廣田洋（訳）：最新 NMR－基礎理論から2次元 NMR まで，シュプリンガー・フェアラーク東京，(1988)
- 中西香爾：赤外線吸収スペクトル－定性編－，南江堂，(1978)

練習問題

1. 本文中の [6]-ショウガオールの NMR スペクトルデータをもとに，[6]-ショウガオールの炭素と水素のシグナルをすべて帰属せよ。

2. 次の組み合わせによる化合物の，各種スペクトルの相違点を予想せよ。
   ① チモールと（−)-メントール
   ② 安息香酸と安息香酸メチル
   ③ アセトフェノンと安息香酸メチル
   ④ ケイ皮アルデヒドとケイ皮アルコール
   ⑤ β-カロテンとレチノール

第9章 物質の成り立ちと物理化学的性質

有機化合物も含めて物質とはどのようなものか，基本的な構成と性質の面から考えてみよう。

1. 元素と化合物

第1章で述べたように，どのような物質も原子からできており，同じ原子番号の原子でも中性子の数が異なるものを同位体という。同位体は質量が異なるが化学的な性質はほぼ同じなので，これらをまとめて元素とよんでいる。元素には物質の成分になっているものが90種類と，人工的に作り出したものが20種類ある。物質の種類はさまざまで極めて多いが，それらはすべて，元素の組み合わせでできている。元素をアルファベットで表した元素記号を世界で共通に使用している。これらの元素をある規則に従って並べて表にしたものを元素の周期表という（表紙裏 元素の周期表参照）。

物質を元素記号で表したものを化学式という。1種類の元素からできている物質を単体という。気体の水素 H_2，窒素 N_2，酸素 O_2，ヘリウム He や液体の水銀 Hg，固体のダイアモンド C，鉄 Fe などの金属は単体である。2種類以上の元素でできている物質を化合物という。メタン CH_4，二酸化炭素 CO_2，エタノール C_2H_5OH，砂糖 $C_{12}H_{22}O_{11}$，塩化ナトリウム NaCl は化合物である。

1-1 周期律

原子の化学的性質は主として核外電子の電子配置による。原子核を包むように電子が飛び回っており，電子の存在しうる空間（電子雲）は電子殻ともよばれている。第1章で述べた1s軌道の2個の電子はK殻に，2s，2p軌道の8個の電子はL殻に，3s，3p，3d軌道の18個の電子はM殻に，4s，4p，4d，4f軌道の32個の電子はN殻に存在しうる。核外電子が増えるにしたがって，電子はエネルギーの低い軌道から埋めていくが，この場合，似たような電子配置が周期的に現れる（付録⑧原子の電子配置参照）。このことは，似た化学的性質が周期的に現れることに対応する。

1－2　周期表と電子配置

　原子を原子番号の順に，そして縦の列に同じような化学的性質をもつ原子がくるように並べたものが周期表である。

　周期表で同じ縦の列に並ぶものが同族元素である。18族（He, Ne, Ar, Kr, Xe, Rn）は希ガスとよばれ，Heを除いてすべて最外殻のp軌道が充たされている。1族（Li, Na, K, Rb, Cs, Fr）はアルカリ金属であるが，最外殻の電子配置はs軌道に1電子となっており，17族（F, Cl, Br, I, At）はハロゲンとよばれ，最外殻の電子配置がs軌道に2電子とp軌道に5電子を合わせて7電子となっている。原子の化学的性質の多くは，最外殻の電子によって決まるので，それらの電子は価電子とよばれる。なお，希ガスのように最外殻電子が8個のときは化学的に安定で反応しにくく，この状態の価電子数を0とする。

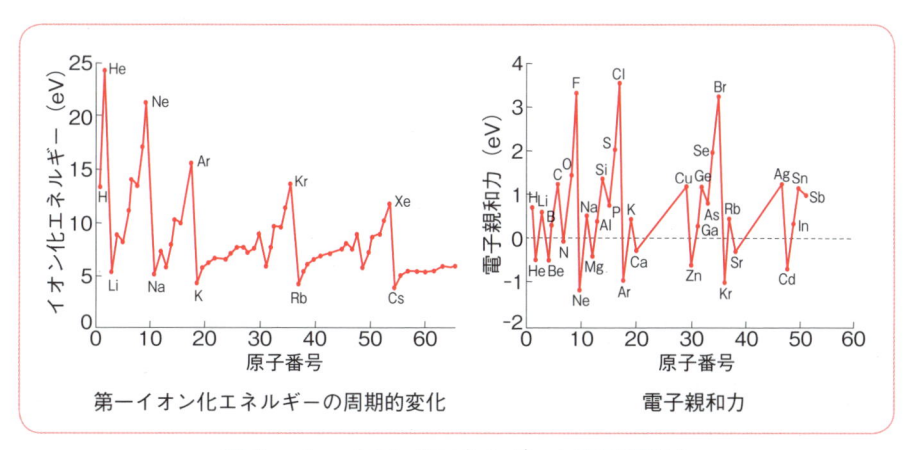

1－3　イオン化エネルギーと電子親和力

　原子から電子1個を引き離すのに要するエネルギーを第1イオン化エネルギーという。電子は原子から離れて陽イオンを生じる。

$$A \rightarrow A^+ + e^-$$

2番目の電子を離すのに要するエネルギーを第2イオン化エネルギーという。図9－1には，イオン化エネルギーが低い原子ほどイオン化しやすく，Li, Na, Kは陽イオンになりやすいこと，水素もH^+になることが示されている。

　一方，遊離の原子が電子を受け取って気体陰イオンとなることがある。このとき放出するエネルギーを電子親和力という。最も大きな値が塩素原子でみられる。

$$Cl\text{（気体）} + e^- \rightarrow Cl^-\text{（気体）} \quad \Delta H = -386 \text{ kJ} \cdot \text{mol}^{-1}$$

図9－1　イオン化エネルギーと電子親和力

1−4 典型元素と遷移元素

最外殻に入る電子の数と軌道の種類により元素の性質が異なり，典型元素と遷移元素に大別できる。

1族と2族および12族から18族の9つの族に属する47元素を典型元素といい，最外殻の電子がs軌道とp軌道に順序よく配置されている。同族の元素は価電子が等しいので，互いに化学的性質が似ている。1族，2族は陽イオンになりやすく，16族，17族は陰イオンになりやすい。

上述以外の3族から11族までが遷移元素である。電子配置はd軌道，f軌道が用いられ，化学的な性質に周期性がみられず，むしろ隣り合う元素同士（たとえばFe，Co，Niなど）の間で似ている。Sc以外の大部分の元素の単体は密度が大きく，融点の高い重金属である。遷移元素の陽イオンは，水に溶けると水分子を配位して呈色するものが多い（$[Co(H_2O)_6]^{2+}$; 桃色，$[Ni(H_2O)_6]^{2+}$; 緑色，$[Fe(H_2O)_6]^{3+}$; 褐色　など）。

1−5 金属元素，非金属元素，半導体

電子陰性度が小さく陽イオンになりやすい元素は金属元素，逆に電気陰性度が大きく陰イオンになる傾向の強い元素は非金属元素に分類される。その境目に位置するホウ素B，ケイ素Si，ゲルマニウムGe，ヒ素As，アンチモンSb，セレンSe，テルルTeなどの単体は半金属といわれ，両方の性質を示す。特にSi，Ge，AsやSbなどは金属中の電子が動きにくく，半導体として用いられる。

金属元素には遷移元素のほか，典型元素のうち1族，2族が含まれる。金属光沢（金は黄色，銅は赤色，その他は銀白色）を有し，熱や電気の伝導性（Ag＞Cu＞Au＞Al＞…）および比重（Osは22.6，Irは22.4）が大きい。さらに融点が高く（Wは3,400℃，Osは3,045℃，Ptは1,770℃），展性および延性に富む。

非金属元素にはH，He，C，N，O，P，Sのほか，ハロゲン元素と希ガスが含まれる。金属元素と反対に導電性に乏しく，一般には絶縁体として用いられる。固体でも展性・延性に乏しい。SやPはS_8，P_4のような多原子分子として自然界に存在している。また，Cの単体である黒鉛はその構造的特性のため導電性がある，などの例外がある。

2. 化学結合

化学結合は，イオン結合，共有結合，配位結合，金属結合，水素結合に大別できる。イオン結合，共有結合，水素結合については第1章で述べた。ここでは配位結合と金属結合について簡単に述べる。

2－1　配位結合

　原子間あるいはイオン間で電子対をつくって結合する時，電子を双方から供給するとは限らない。たとえば，窒素原子や酸素原子を含んでいる分子あるいはイオンにおいて，一対の電子が結合に関係しないで残っている。この電子の対を**孤立電子対**あるいは**非共有電子対**という。この孤立電子対がほかの原子やイオンの空いている軌道に入り，共有されて生じる結合が**配位結合**である。

　アンモニア NH_3 は孤立電子対をもっている。それが水素イオン H^+ の空いた軌道（1s）に入り，窒素原子と水素原子の両方によって共有されることによって NH_4^+ が形成される。この結合が配位結合である。配位結合は本質的に共有結合であり，ほかの共有結合と区別できない。配位結合を示すときは，価標の替わりに矢印で示すこともある。

$$H:\overset{..}{N}:H + H^+ \longrightarrow H:\overset{..}{N}:H \quad\quad H-\overset{\overset{H^+}{\uparrow}}{\underset{H}{N}}-H$$

　配位結合は**金属錯体**などの配位化合物に見られる結合である。これは中心金属原子に1個またはそれ以上の配位子が結合している。配位子としてはたらく代表的な分子，イオンに NH_3, CO, Cl^- がある。これらの配位子は孤立電子対をもっており，金属原子の空いた軌道に入ることによって配位結合をつくる。たとえば，テトラアンミン銅（Ⅱ）イオン $[Cu(NH_3)_4]^{2+}$ は，NH_3 の孤立電子対が Cu^{2+} の dsp^2 混成軌道に入って形成されたものである。

2－2　金属結合

　金属原子はイオン化エネルギーが低く，陽イオンになりやすい。そのため，金属を構成する価電子は互いに金属原子間を自由に動きまわり，非局在化する。このように，自由に動きまわっている電子を**自由電子**という。金属原子間の結合は，自由電子が陽イオンの間に介在して静電気的な引力を生じることによる。このような金属原子間の結合を**金属結合**という。

　金属の電気伝導性が良いことや，美しい光沢があってよく光を反射したり，不透明で光を吸収することはこの自由電子のはたらきである。また，金属が展性や延性に富み可塑性が高いのは，金属結合に方向性がないためである。

3. 化学反応とエネルギー

　すべての物質は，その種類や量や状態に応じたエネルギーをもっている。そし

て化学変化に伴ってエネルギーの変化が起こる。物質はその内部に，力学的エネルギー（位置エネルギー，運動エネルギー）のほかにもエネルギーをもっており，それを内部エネルギーという。内部エネルギーは U で表す。内部エネルギーは原子や分子がもっているエネルギーで，温度や圧力の変化などの状態によって決まる量である。体積変化がなければ，化学反応では反応物と生成物のそれぞれの内部エネルギーの差 ΔU，すなわち反応熱だけを考えればよい。エネルギー保存の法則（熱力学第一法則）に従えば，反応熱の大きさは反応前の物質（反応物）と反応後の物質（生成物）のエネルギー差に等しい。

3-1　エンタルピー

ほとんどの反応は開いた容器中，すなわち一定圧の大気中で行われるので，反応の過程で体積は膨張または収縮し，その結果，反応系は外部に仕事をした（または仕事をされた）ことになる。そのため，反応で発生（または吸収）した熱量と外部に対する仕事を合わせたエネルギーであるエンタルピー（H）を定義する。

$$H = U + PV$$

定圧下において発生・吸収した熱量は，H の差 ΔH に等しいといえる。

$$\Delta H = \Delta U + P\Delta V$$

吸熱反応では＋を付け，発熱反応では－の符号を付ける。

化学反応式を次のように書くと，メタン 1 mol と酸素 2 mol が反応して二酸化炭素 1 mol と水 2 mol を生じ，エンタルピー変化 ΔH は負の値であるから発熱反応であり，示された値 802 kJ/mol の熱量を生じたことを示している。

$$CH_4 + 2 O_2 \longrightarrow CO_2 + 2 H_2O \qquad \Delta H = -802 \text{ kJ/mol}$$

物質の内部エネルギーはその物質をつくる結合エネルギーで決まる。したがって，分子のエネルギーはその分子を構成している原子間の結合エネルギーの和から求められる。上の式の左辺は4本のC－H結合（－411 kJ×4）と2本のO＝O結合（－494 kJ×2）があるので合計－2,632 kJ である。また，右辺は2本のC＝O結合（－799 kJ×2）と2本のO－H結合（－459 kJ×4）をもつので合計－3,434 kJ のエネルギーを含むことになる。右辺から左辺のエネルギーを引くと，－3,434 kJ －（－2632 kJ）＝－802 kJ となり，上の式の値と一致する。このことから，ΔH は生成物の結合エネルギーの和と，反応物の結合エネルギーの和の間の差であることが分かる。

ある反応が段階的に起こる時，その反応に対する ΔH は個々の段階に対するエンタルピー変化の和に等しくなる。これを Hess の法則という。炭素 C が燃焼して一酸化炭素 CO になる時に放出される熱を正確に測定することは難しいが，次のようにして，正確に測定されている反応を用いて求められる。

表9–1 結合エネルギー

結 合	結合エネルギー kJ mol^{-1}	結 合	結合エネルギー kJ mol^{-1}	結 合	結合エネルギー kJ mol^{-1}
H–C	415	H–Br	366	C=N	619
H–O	463	H–I	299	C≡N	879
H–N	391	C–O	356	C–C	348
H–F	563	C=O	724	C=C	607
H–Cl	432	C–N	292	C≡C	833

$2C + 2O_2 \longrightarrow 2CO_2 \quad \Delta H° = (2\,mol)(-395.5\,kJ/mol) = -787.0\,kJ/mol$

$2CO + O_2 \longrightarrow 2CO_2 \quad \Delta H° = (2\,mol)(-283.0\,kJ/mol) = -566.0\,kJ/mol$

上の式から下の式を引き，$-2CO$ を右辺に移行すれば，

$\quad 2C + O_2 \longrightarrow 2CO \quad \Delta H° = -221.0\,kJ/mol$

と求められ，CO の**標準生成エンタルピー**$\Delta H°$ は $-110.5\,kJ/mol$ となる。

反応熱は化学反応の種類によって，呼ばれる名称がいくつかある。

　生成熱：1 mol の化合物がその成分元素から生成する反応。
　溶解熱：1 mol の物質が溶媒中に溶ける時に発生する反応。
　中和熱：酸と塩基の中和反応で 1 mol の水を生成する時，56.5 kJ の発熱。
　燃焼熱：1 mol の物質が完全燃焼する時。
　蒸発熱：1 mol の物質が液体から気体に蒸発する（吸熱反応）。
　融解熱：1 mol の物質が固体から液体に融解する（吸熱反応）。

3–2 エントロピー

2種類の液体や気体を一緒にすると，やがて混ざり合って均一になる。このように自然は均一になる方向に進む傾向がある。言い換えれば，自然は乱雑さが増大する方向に進む，といえる（**熱力学第二法則**）。

乱雑さ（無秩序）の程度を表す量を**エントロピー** S という。熱 Q が出入りする可逆的過程で，エントロピーの変化 ΔS は熱量を絶対温度で割ったものになる。

$\quad \Delta S = Q/T \quad Q = T\Delta S$

化学反応における熱量の変化 ΔH との関係は次のようになる。

$\quad \Delta S = \Delta H/T$

エントロピーに関して次のことが知られている。

　①エントロピーの大きさは，気体＞液体＞固体の順である。
　②低圧気体は高圧気体よりもエントロピーが大きい。
　③物質のエントロピーは温度とともに増大する。
　④気体分子数の変化が起こる場合，分子数の増加する方向で ΔS は正となる。
　⑤ある物質が他の物質に溶ける時，ΔS は正となる。

3−3 Gibbsの自由エネルギー

反応系において，$\Delta S > Q/T$ なら反応は自発的に起こり，$\Delta S < Q/T$ なら反応の進行に外部からのエネルギーを必要とする。これを区別する方法として Gibbsの自由エネルギー G を用いる。G は次のように定義される。

$$G = H - TS$$

自由エネルギー変化 ΔG は次のようになる。

$$\Delta G = \Delta H - T\Delta S$$

標準状態（1 atm, 1 mol/kg, 25℃）における自由エネルギー変化を 標準自由エネルギー変化 $\Delta G°$ という。

反応 $A+B \rightleftarrows C+D$ に対する ΔG を次の式で表すことができる。

$$\Delta G = \Delta G° + RT\ln\frac{[C][D]}{[A][B]} \quad (R は気体定数，8.315 \text{ J/mol K})$$

化学反応は C + D を生じる正方向だけでなく反対方向にも進む。ΔG が負で，その値が大きい時反応は正方向に進み完了する。しかし ΔG の絶対値が小さい場合，$\Delta G = 0$ になったところで見かけ上，止まる。このような反応系では，成分のどれかを加えることによって反応を逆行させることができる。反応が可逆的状態にある時，その系は 平衡状態 にあるという。平衡状態にある時の反応物と生成物の比を平衡定数といい，K で表す。平衡状態では自由エネルギー変化 $\Delta G = 0$ であるから，次のようになる。

$$0 = \Delta G° + RT\ln K$$
$$\Delta G° = -RT\ln K$$

生物の細胞の中で起こっている反応は可逆的反応が多く，摂食，飢餓などの生理条件によって反応の方向が変わる。これは反応物と生成物の濃度変化によるとみることができる。

3−4 反応速度

反応物または生成物の時間当たりの変化を 反応速度 という。反応 $A+B \rightleftarrows C+D$ の反応速度は次のように表される。

$$v = -\frac{d[A]}{dt} = -\frac{d[B]}{dt} = \frac{d[C]}{dt} = \frac{d[D]}{dt}$$

反応物の濃度は時間の経過とともに減少するので符号は負，生成物は逆に増加するので符号は正とする。反応速度は一般に濃度の n 乗に比例するので

$$v = -\frac{d[A]}{dt} = k[A]^n$$

n は 1, 2 のように整数とは限らず, 実験で求めなければならない。

反応速度が 1 つの反応物の濃度に比例する場合を一次反応という。初濃度を a mol dm^{-3}, 時間 t の時の反応量を x mol dm^{-3} とすると,

$$v = -\frac{d[A]}{dt} = -\frac{d(a-x)}{dt} = k(a-x)$$

これより, $\frac{dx}{dt} = k(a-x)$ となるから, $\frac{dx}{(a-x)} = kdt$ に改変して両辺を積分すると, $\ln(a-x) = -kt + \ln a$

となり, $\ln(a-x)$ と t との一次関数で示される。一次反応の速度定数 k は, 半減期(濃度または量が半分に減少する時間, τ)で示される。

$$\tau = \ln 2/k = 0.693/k$$

このように, 一次反応の特徴として半減期は初濃度に依存しないことがいえる。反応が反応物 A 同士の衝突によって起こる場合などでは反応次数は二次になる。

3-5 活性化エネルギー

化学反応の速度は, 温度が 10℃ 上がると 2〜3 倍上昇する。このように反応速度は温度の影響を受ける。Arrhenius は, 温度と速度定数の間に次の関係を見い出した。

$$\frac{d\ln k}{dT} = \frac{E_a}{RT^2} \quad (E_a \text{ は活性化エネルギー}, R \text{ は気体定数で } 8.31 \text{ J/mol K})$$

これを積分すると,

$$\ln k = -\frac{E_a}{RT} + c \quad (c \text{ は積分定数})$$

$\ln k$ と $1/T$ との間の一次関数であり, その傾きから活性化エネルギー E_a が求められる(図 9-2)。多くの場合, 120〜210 kJ/mol 程度である。

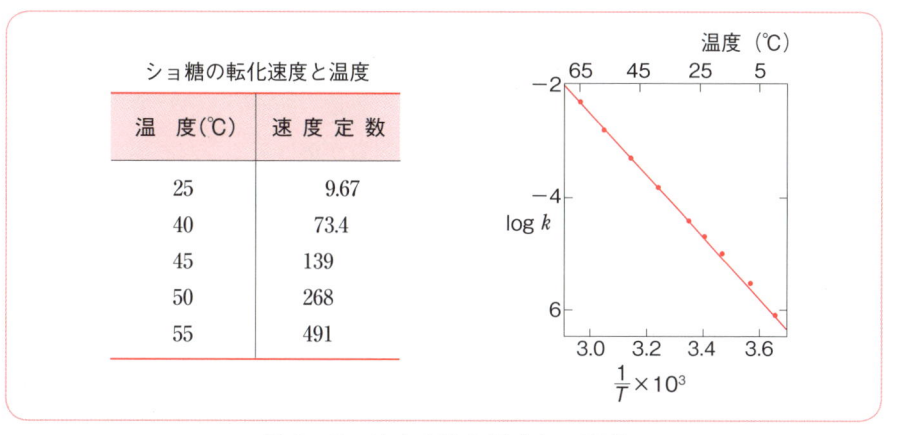

ショ糖の転化速度と温度	
温度(℃)	速度定数
25	9.67
40	73.4
45	139
50	268
55	491

図 9-2 速度定数と温度との関係

活性化エネルギーとは反応を起こすのに必要な最低限のエネルギーである。A + B ⟶ C の反応が進む時, A と B の内部エネルギーの和よりも高いエネルギー

状態にある活性複合体が形成され，この活性複合体の分解によって内部エネルギーの低い C を生ずると考え，反応速度が説明されている．図 9-3 に示されるように，活性複合体と A + B の内部エネルギーの差が正反応の活性化エネルギー E_a（正反応）であり，活性複合体と生成物 C の内部エネルギーの差が逆反応の活性化エネルギー E_a（逆反応）である．両者の差が反応熱 ΔH となる．

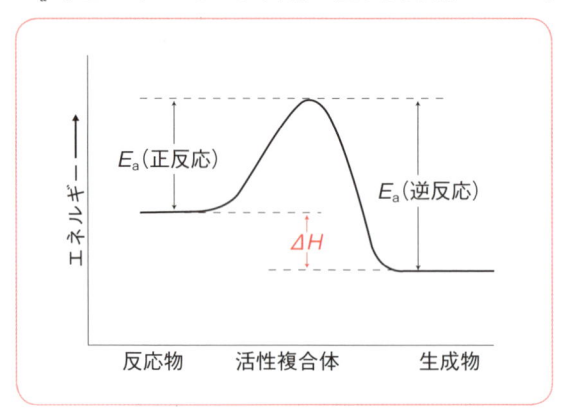

図 9-3 反応に見られるエネルギーの関係

3-6 触　媒

触媒は，それ自身が変化することなく化学反応の速度を変える物質である．反応物があっても反応が進まないのは，活性化エネルギーが高いからであるが，触媒は反応物と結合することによって活性化エネルギーを低下し，生成物が触媒から遊離すると，触媒は再び反応物と結合して反応を促進する．このように触媒は少量で効果を発揮する．触媒は反応速度を変えるが，反応の平衡には影響しない．

4. 溶　液

水のようにものを溶かす液体を溶媒，食塩や砂糖のように溶媒に溶ける物質を溶質といい，食塩水や砂糖水のように溶質が溶けてできた液体を溶液という．溶質が溶媒に溶けるためには，溶質分子（あるいはイオン）と溶媒分子（あるいはイオン）との間で相互作用が起こらなければならない．溶液中では溶質が溶媒を引き付けて取り囲まれており，これを溶媒和という．溶媒が水の時，水和とよぶ．

4-1 溶液の濃度

溶液の濃度は次のような単位で表される．
　　モ ル 濃 度：溶液 1 dm^3（1 リットル）中に溶けている溶質の物質量（モル数）を示す．$mol \cdot dm^{-3}$（または mol/L, 記号 M で表す）．

最も有用な濃度の単位である。

質量モル濃度：溶媒1 kgに溶けている溶質の量をモル数で表した濃度 $mol \cdot kg^{-1}$。

モ ル 分 率：溶液を構成する全物質に占める溶媒の物質量（モル数）または溶媒の物質量（モル数）の割合。

質量パーセント：溶液100 g中に溶けている溶質のグラム数で示す。

$$質量パーセント = \frac{溶質の質量}{溶液の質量（溶質の質量＋溶媒の質量）} \times 100 （\%）$$

体積パーセント：溶液 $1 \times 10^{-1} dm^3$（100 mL）中の溶質 $1 \times 10^{-3} dm^3$（mL）数でv/v％で表す。溶質をグラム数で示す時はw/v％で表す（v：volume, w：weight）。

溶液の濃度が非常に低い時に用いる単位として、次のような表示がある。

ppm（パート・パー・ミリオン，10^{-6}）：溶質1 mg／溶媒1 kg

ppb（パート・パー・ビリオン，10^{-9}）：溶質1 μg／溶媒1 kg

4-2　固体の溶解度

通常，溶媒100 gに飽和するまで溶ける溶質のグラム数で表される。溶解度は溶質によって異なり，一般に温度の上昇によって増加するが，水酸化カルシウム $Ca(OH)_2$ のように低下するものもある（表9-2）。

表9-2　固体の水に対する溶解度

固体 温度 （℃）	塩化アンモニウム NH_4Cl	塩化カリウム KCl	塩化ナトリウム $NaCl$	塩素酸カリウム $KClO_3$	ショ糖 $C_{12}H_{22}O_{11}$	硝酸カリウム KNO_3	水酸化カルシウム $Ca(OH)_2$	水酸化ナトリウム $NaOH$	ホウ酸 H_3BO_3
0	29.7	28.2	35.5	3.3	179	13.25	0.18	42.0	2.66
20	37.3	34.4	35.9	7.3	204	31.5	0.16	109	4.9
40	45.0	40.3	36.4	14.5	238	63.9	0.14	129	8.7
60	55.2	45.6	37.0	25.9	287	109.9	0.12	176	14.8
80	65.2	51.0	38.0	39.7	362	169.0	0.094	314	23.6
100	75.9	56.2	39.2	56.2	487	245.2	0.077	339	39.7

4-3　気体の溶解度

気体の溶解度は低いほど大きい。また，一定温度において，一定量の溶媒に溶けるある気体の質量はその気体の圧力に比例する。これをHenryの法則という。気体の溶解度は，1 atmにおいて，ある温度の溶媒 $1 cm^3$ に溶ける気体の体積（cm^3）を0℃における体積に換算したものである。

表9-3 気体の水に対する溶解度

温度(℃)	アンモニア	塩化水素	二酸化炭素	水素	酸素	窒素
0	1176	507	1.71	0.022	0.049	0.024
20	702	442	0.88	0.018	0.031	0.015
40	—	386	0.53	0.016	0.023	0.012
60	—	339	0.36	0.016	0.019	0.010
80	—	—	—	0.016	0.018	0.0096
100	—	—	—	0.016	0.017	0.0095

4-4 沸点上昇，凝固点降下，浸透圧

溶液の沸点上昇，凝固点降下，浸透圧などは，溶質の種類によらず存在する粒子（分子やイオン）の数できまる。溶液の沸点は，溶質分子と溶媒分子の間の分子間力のために，溶媒の沸点よりも高い（沸点上昇）。逆に溶液の凝固点は溶媒の凝固点よりも低い（凝固点降下）。これらの変化量 ΔT は，希薄溶液では溶媒が同じであれば，溶質の種類にかかわらず，その質量モル濃度 m に比例する。

$$\Delta T = K \cdot m$$

ここで K は溶媒に固有の値であって，モル沸点上昇定数（K_b, molar boiling point elevation constant）あるいはモル凝固点降下定数（K_f, molar freezing point depression constant）といわれている（表9-5）。この関係を利用すると，沸点上昇あるいは凝固点降下の測定から溶質の分子量を求めることができる。

表9-4 モル沸点上昇とモル凝固点降下

溶媒	沸点(℃)	K_b(K・kg・mol^{-1})	凝固点(℃)	K_f(K・kg・mol^{-1})
水	100	0.52	0	1.86
酢酸	118.1	3.07	16.7	3.9
ベンゼン	80	2.57	5.4	5.0

浸透圧について考えてみよう。水などの分子量の小さい溶媒分子は通すが，分子量の大きい溶質分子は通さないような膜を半透膜とよび，細胞膜，ぼうこう膜，セロハンなどはこのような性質をもっている。半透膜を境にして溶液と純溶媒を一定温度で接触させておくと，純溶媒側から溶液側に溶媒分子は半透膜を通って移動する。この現象が浸透である。

図9-4に示すように，溶液側にある圧力 Π を加えることによって平衡状態に到達する（P_o は外圧）。この圧力 Π が浸透圧である。浸透圧 Π と溶液のモル濃度 C との間には，次の vant Hoff の法則が成り立つ。

$$\Pi = CRT$$

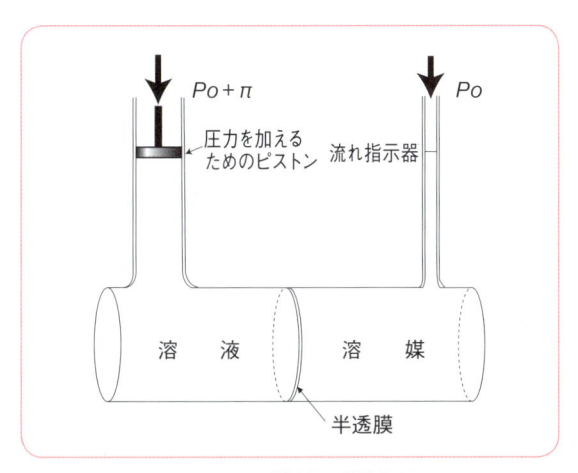

図9-4 溶液の浸透圧

ここで R は気体定数で，$R = 8.31$ J/K mol で示され，T は絶対温度である。浸透圧の測定から溶質の分子量が求められる。

5. 酸と塩基

5-1 電解質溶液

NaClのように水溶液中で Na^+ と Cl^- に電離するものを**電解質**，電離しない物質を**非電解質**という。水溶液中ではほぼ完全に電離する物質を**強電解質**といい，部分的にイオンに電離する物質を**弱電解質**という。ほとんどの強酸，強塩基は強電解質であり，弱酸，弱塩基は弱電解質である。

酢酸のような弱電解質溶液中では，電離していない電解質分子と電離してできたイオンとの間に平衡が成り立っている。この平衡を特に電離平衡という。

$$CH_3COOH \rightleftarrows CH_3COO^- + H^+$$

$$K_a = \frac{[CH_3COO^-][H^+]}{[CH_3COOH]}$$

この場合の平衡定数 K_a が**電離定数**（または**解離定数**）である。

表9-5 電離定数（25℃）

電解質		K_{a1}	K_{a2}	K_{a3}
酢酸	CH_3COOH	1.74×10^{-5}		
シュウ酸	$(COOH)_2$	5.37×10^{-2}	5.37×10^{-5}	
リン酸	H_3PO_4	7.52×10^{-3}	6.23×10^{-8}	4.80×10^{-13}
クエン酸	$C_3H_5O(COOH)_3$	7.41×10^{-4}	1.74×10^{-5}	3.98×10^{-6}
アンモニア	NH_4^+	5.62×10^{-10}		

5−2 酸と塩基

電気陰性度と極性に関連して酸性および塩基性の性質が有機化合物の物理化学的性質や反応性を考えるために重要である。まず，Broensted-Lowry の定義からみてみよう。

Broensted-Lowry の酸は陽子 H^+（プロトン）を放出しうる物質（プロトン供与体）であり，Broensted-Lowry の塩基は陽子を受け取る物質（プロトン受容体）である。この定義によれば，酸と塩基は一対として考えることができ，酸と塩基は互いに共役であるという。たとえば，酢酸はわずかに解離してプロトンを放出して酢酸イオンになるが，水中では H_2O がプロトンを受け取り，オキソニウムイオン H_3O^+ になる。この時，H_2O は塩基としてはたらき，H_3O^+ はその共役酸として作用する。酢酸と酢酸イオンは共役な酸と塩基であり，H_3O^+ と H_2O も互いに共役な酸と塩基である。

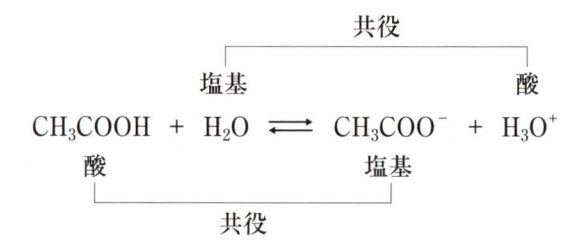

$$CH_3COOH + H_2O \rightleftarrows CH_3COO^- + H_3O^+$$

（上段：塩基―酸，共役／下段：酸―塩基，共役）

一方，アンモニアは次のように解離している。

$$NH_3 + H_2O \rightleftarrows NH_4^+ + OH^-$$

ここで，H_2O はプロトン供与体，すなわち酸としてはたらいており，OH^- はその共役塩基である。NH_3 はプロトン受容体，すなわち塩基としてはたらいており，NH_4^+ は NH_3 の共役酸である。

G. N. ルイスはさらに一般化し，電子の授受の性質で酸・塩基を定義した。すなわち，「酸は電子対を受け取る構造をもった物質であり，塩基は非共有電子対をもつ物質である」。この考えによれば，H_2O, OH^-, NH_3, CH_3COO^-，ハロゲンイオンはいずれも非共有電子対をもち，塩基である。これらと反応するプロトンだけが酸ではなく，配位子（塩基）と錯体をつくる遷移金属イオンも酸である。

ルイスの定義によれば，下の例に示すように，広い範囲の化学反応を，酸・塩基の反応として取り扱うことができる。

ルイス酸		ルイス塩基		
Ag^+	+	Cl^-	$\longrightarrow$	$AgCl$
Ag^+	+	$2\,NH_3$	$\longrightarrow$	$[Ag(NH_3)_2]^+$
Cu^{2+}	+	$4\,NH_3$	$\longrightarrow$	$[Cu(NH_3)_4]^{2+}$
BF_3	+	$(CH_3)_3N$	$\longrightarrow$	$(CH_3)_3NBF_3$

5－3　水の解離とpH

水はごく僅かに次のように解離する。

$$H_2O \rightleftharpoons H^+ + OH^-$$

その平衡定数 K は次のように示される。

$$K = \frac{[H^+][OH^-]}{[H_2O]}$$

解離によって減少する水の量は無視できるほどなので $[H_2O]$ は一定と考えることができるから，

$$K_w = [H^+][OH^-]$$

となる。これを水のイオン積という。25℃では $K_w = 1.0 \times 10^{-14}$ (mol dm^{-3}) であり，

$$[H^+] = [OH^-] = 1.0 \times 10^{-7} \text{ mol dm}^{-3}$$

となる。水素イオン濃度を水素イオン指数としてpHで表す。pHは水素イオン濃度の逆数を対数で示したものである。

$$pH = \log \frac{1}{[H^+]} = -\log [H^+]$$

25℃の時，水中の水素イオン濃度は $[H^+] = 10^{-7}$ mol dm^{-3} であるから，pH = $-\log 10^{-7} = 7$ である。

5－4　弱酸・弱塩基の解離

ある酸Aを水に溶かすと塩基Bが生成するなら，水溶液中には次の式のような酸・塩基反応平衡が生じなければならない。

$$A + H_2O \rightleftharpoons H_3O^+ + B$$

この系の平衡定数KはAおよび H_3O^+ がプロトンを放出する傾向の相対比を与える。

$$K = \frac{[H_3O^+][B]}{[A][H_2O]}$$

ここで，溶液が希薄であれば $[H_2O]$ はほぼ一定であるから，次のような定数 K_a を定義することができる。K_a はAの解離定数であり，Aがプロトンを放出する強さ，すなわち，酸Aの酸性度を表す。

$$K_a = K[H_2O] = \frac{[H_3O^+][B]}{[A]}$$

水溶液中では水の解離平衡 $H_2O + H_2O \rightleftharpoons H_3O^+ + OH^-$ が成り立っており，その解離定数は $K = [H_3O^+][OH^-]/[H_2O]^2$ であり，これを変形すれば水のイオン積 K_w になる。

$$K_w = K[H_2O]^2 = [H_3O^+][OH^-]$$

ここでK_w/K_aはAの共役塩基であるBの水溶液中での塩基としての強さを表すことができる。すなわち,

$$\frac{K_w}{K_a} = K_b = [H_3O^+][OH^-]\frac{[A]}{[H_3O^+][B]} = \frac{[OH^-][A]}{[B]}$$

となり,$H_2O + B \rightleftarrows A + OH^-$ で表される酸・塩基反応の平衡定数である。また,K_bは塩基Bの解離定数である。$K_a \cdot K_b = K_w$ であるから,酸Aが強い酸であればその共役塩基Bの塩基性は弱く,逆に酸Aが弱酸であればBは強い塩基性であることがわかる。

5-5 酸・塩基の反応

酸と塩基が反応して塩と水を生成する反応を中和といい,濃度の知られた酸または塩基の標準溶液を滴下して,塩基または酸と反応させる。この操作を滴定といい,等しい量で反応が終了した点を当量点という。滴定量と溶液の特性との関係を表したものが滴定曲線である(図9-5)。滴定量から塩基または酸の濃度を知る方法が中和滴定である。0.1 M CH_3COOH 100 mL を 0.1 M NaOH で中和する時の滴定曲線を考えてみよう。まず,CH_3COOHの解離定数K_aは1.8×10^{-5}として滴定前のCH_3COOHのpHを求める。

$$K_a = 1.8 \times 10^{-5} = \frac{[H^+][CH_3COO^-]}{[CH_3COOH]}$$

$[H^+] = [CH_3COO^-]$ であるから
$$[H^+]^2 = K_a[CH_3COOH]$$
$$pH = \frac{1}{2}pK_a - \frac{1}{2}\log[CH_3COOH]$$
$$= 2.37 + 0.5 = 2.87 \text{（}[CH_3COOH]\text{の濃度を0.1 Mと考えてよい）}$$

中和反応は $CH_3COOH + NaOH = CH_3COONa + H_2O$ で進む。したがって,CH_3COOHを90%中和した時点では,CH_3COOHの濃度が0.01に対してCH_3COONaは0.09であるから,

$$pH = pK_a + \log[塩基] - \log[酸] \text{ の式から}$$
$$pH = 4.74 + \log\frac{0.09}{0.01} = 4.74 + 0.95 = 5.69$$

である。曲線の立ち上がり部分(pH飛躍)の中間点が当量点で,この飛躍が大きいほど当量点が確認しやすい。当量点ではCH_3COONaの溶液ができており,液量が2倍になっているので,濃度は0.05 Mである。水溶液中の塩のpHは

$$pH = \frac{1}{2}pK_w + \frac{1}{2}pK_a + \frac{1}{2}\log[塩]$$

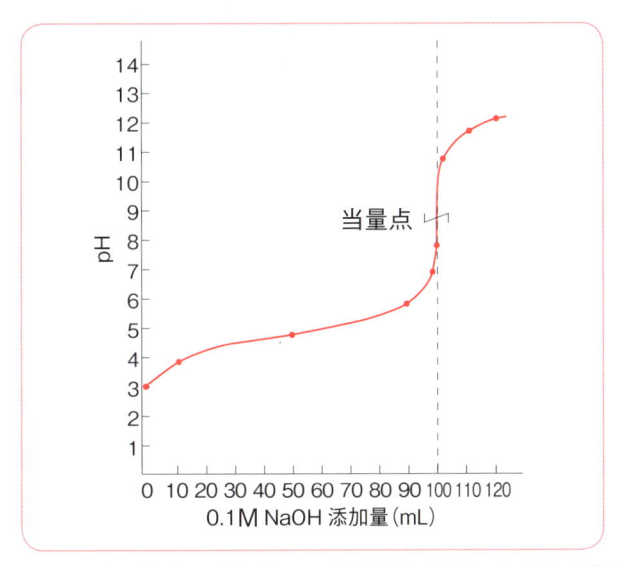

図9−5　0.1M CH$_3$COOH の 0.1M NaOH による滴定曲線

で与えられるので，

$$\text{pH} = 7 + 2.37 - 0.65 = 8.72$$

中和点を超えると［OH$^-$］が過剰になり pH が上昇していく。

5−6　緩　衝　液

　溶液に少量の酸または塩基を加えてもその pH 変化が小さい時，この溶液は**緩衝作用**をもつという。また，このような溶液のことを**緩衝液**という。弱酸と弱塩基の両方を比較的高い濃度で含む溶液が緩衝作用をもつ。緩衝液に少量の強酸を加えた時，H$^+$ はその当量の弱塩基と結合してその塩基の共役酸を生成する。あるいは，少量の強塩基を加えた時，その OH$^-$ は当量の弱酸と反応してその酸の共役塩基を生じる。このようにして溶液中の［H$^+$］は一定に保たれるため，緩衝液の pH は少量の酸や塩基を加えても大きな影響を受けないのである。

　酢酸−酢酸塩からなる緩衝役について考えてみよう。この緩衝液の［H$^+$］は次のように表される。

$$K_a = \frac{[\text{H}^+][\text{CH}_3\text{COO}^-]}{[\text{CH}_3\text{COOH}]}$$

より，改変して一般式で表すと，

$$[\text{H}^+] = K_a \frac{[酸]}{[塩基]}$$

両辺の対数をとれば，

$$\text{pH} = \text{p}K_a + \log \frac{[塩基]}{[酸]}$$

このように，酸と塩基がモル比で与えられると緩衝液のpHが求められる。

5-7 溶解度積

難溶性塩の飽和溶液に溶けている陽イオンと陰イオン濃度の積を溶解度積という。塩化銀AgClの場合，次のような平衡が成り立つ。

$$AgCl（沈澱） \rightleftharpoons Ag^+ + Cl^-$$

平衡定数$K = [Ag^+][Cl^-]/[AgCl（沈澱）]$であるから，溶解度積$K_{sp}$とすると，

$$K_{sp} = [Ag^+][Cl^-] = K[AgCl（沈澱）]$$

は一定になる。ここで，Ag^+とCl^-がすべてイオンとして存在する時，$[Ag^+][Cl^-] > K_{sp}$ならば沈澱が生じ，$[Ag^+][Cl^-] = K_{sp}$ならば飽和溶液となり，$[Ag^+][Cl^-] < K_{sp}$ならば完全に溶解することになる。

表9-6　難溶塩の溶解度積（25℃）

化合物	溶解度積	化合物	溶解度積	化合物	溶解度積
AgCl	1.72×10^{-10}	CuS	4×10^{-38}	MnS	6×10^{-16}
AgBr	5.20×10^{-13}	Ag_2S	7×10^{-50}	$ZnS(\beta)$	1.1×10^{-24}
AgI	8.24×10^{-17}	CdS	7×10^{-27}	$Al(OH)_3$	4.8×10^{-31} (22°)
Hg_2Cl_2	2×10^{-18}	Hg_2S	5×10^{-45}	$Mn(OH)_2$	4×10^{-14} (18°)
Hg_2Br_2	1.3×10^{-21}	HgS	3×10^{-52}	$Cr(OH)_3$	2.0×10^{-20} (18°)
Hg_2I_2	1.2×10^{-28}	SnS	8×10^{-29}	$Fe(OH)_3$	4×10^{-38}
$PbCl_2$	2.12×10^{-5}	PbS	8×10^{-28}	$CaCO_3$	8.7×10^{-9}
PbI_2	1.39×10^{-8}	Bi_2S_3	1.6×10^{-72}	$SrCO_3$	1.6×10^{-9}
$PbSO_4$	1.58×10^{-8}	FeS	1×10^{-19}	$BaCO_3$	8.1×10^{-9}
$BaSO_4$	1.08×10^{-10}	CoS	8×10^{-23}	Ag_3PO_4	1.3×10^{-20}
Cu_2S	2.5×10^{-50}	NiS	2×10^{-21}	$FePO_4$	1.3×10^{-22} (22°)

6. 酸化・還元

6-1 酸化数と酸化還元反応

物質が電子を失う化学反応を酸化（oxidation），電子を受け取る化学反応を還元（reduction）と定義している。酸化還元反応を考える時，次のように決められる酸化数を用いると便利である。

(1) 単体の原子の酸化数は0である。

6. 酸化・還元

(2) 化合物中の H は + 1 である（例外：NaH, LiH などの金属水素化物では−1）。
(3) 酸素は−2 である（例外：過酸化物では−1 とし，フッ素と酸素の化合物では酸素の酸化数は＋になる）。
(4) 化合物については各原子の酸化数の総和は 0 である。
(5) イオンの場合，すべての原子の酸化数総和はそのイオンの電荷に等しい。

NH_3(H：+1, N：−3), H_2S(H：+1, S：−2), NaCl(Na：+1, Cl：−1), CaF_2(Ca：+2, F：−1), NH_4^+(H：+1, N：−3), NO_3^-(N：+5, O：−2), SO_4^{2-}(S：+6, O：−2)

C, N, P, S および Cl は 3 種以上の酸化数をもつ。例として，Cl_2, HCl, NaClO, $KClO_3$, ClO_4^- の酸化数はそれぞれ，0, −1, +1, +5, +7 である。

以上のような酸化数の変化が化学反応でどのように起こっているか考えよう。

$$2\,KMnO_4 + 8\,H_2SO_4 + 10\,FeSO_4 \longrightarrow K_2SO_4 + 2\,MnSO_4 + 5\,Fe_2(SO_4)_3 + 8\,H_2O$$
　（Mn：+7）　　　　　（Fe：+2）　　　　　　　　（Mn：+2）　（Fe：+3）

マンガン Mn は還元されて，酸化数は +7 から +2 に減少しており，鉄 Fe は酸化されて，酸化数は +2 から +3 に増加している。このように酸化と還元は同時に進行するので，一般にこのような反応を酸化還元反応という。この例の反応からもわかるように，「酸化とは酸化数が増加し，還元とは，酸化数が減少する」ということになる。

例に挙げた反応で，過マンガン酸イオン MnO_4^- のようにほかの物質を酸化することのできる物質を酸化剤といい，二価鉄イオン Fe^{2+} のように還元することのできる物質を還元剤という。酸化剤自身は還元されるので，還元されやすいものほど酸化力が強く，また酸化されやすいものほど還元力の強い物質といえる。

〈参考文献〉
・John McMurry（著）・児玉三明ほか（訳）：マクマリー有機化学概説（第 5 版），東京化学同人，（2004）
・礒直道・奥谷忠雄・滝沢靖臣：物質とは何か――化学の基礎，東京教学社，（1991）
・J. E. Brady ほか（著）・若山信行ほか（訳）：ブラディ 一般化学（上），東京化学同人，（1991）
・J. L. Rosenberg ほか（著）・一國雅巳（訳）：マグロウヒル大学演習 一般化学，オーム社，（1995）
・渡辺啓：現代化学の基礎――物質科学へのアプローチ，サイエンス社，（1995）
・左巻健男（編著）：基礎化学 12 講，化学同人，（2008）
・青島均・右田たい子：ライフサイエンス基礎化学，化学同人，（2000）

資料編

①ギリシア文字とそれに対応するアルファベット

大文字	小文字	名称	アルファベット	大文字	小文字	名称	アルファベット
A	α	アルファ（alpha）	a	N	ν	ニュー（nu）	n
B	β	ベータ（beta）	b	Ξ	ζ	クシー，クサイ（xi）	x
Γ	γ	ガンマ（gamma）	g	O	o	オミクロン（omicron）	o
Δ	δ	デルタ（delta）	d	Π	π	パイ（pi）	p
E	ε	イプシロン（epsilon）	e	P	ρ	ロー（rho）	r または rh
Z	ζ	ゼータ（zeta）	z	Σ	σ	シグマ（sigma）	s
H	η	イータ（eta）	ē	T	τ	タウ（tau）	t
Θ	θ	シータ（theta）	th または t	Y	υ	ウプシロン（upsilon）	y または u
I	ι	イオタ（iota）	i	Φ	ϕ	ファイ（phi）	ph または f
K	κ	カッパ（kappa）	c または k	X	χ	カイ（chi）	ch
Λ	λ	ラムダ（lambda）	l	Ψ	ψ	プサイ（psi）	ps
M	μ	ミュー（mu）	m	Ω	ω	オメガ（omega）	ō

② SI 基本単位と物理量

物理量	量の記号	SI 単位の名称		SI 単位の記号
長さ	l	メートル	metre	m
質量	m	キログラム	kilogram	kg
時間	t	秒	second	s
電流	I	アンペア	ampere	A
熱力学温度	T	ケルビン	kelvin	K
物質量	n	モル	mole	mol
光度	I_v	カンデラ	candela	cd

③ SI 接頭語

倍数	接頭語	記号	倍数	接頭語	記号
10	デカ（deca）	da	10^{-1}	デシ（deci）	d
10^2	ヘクト（hecto）	h	10^{-2}	センチ（centi）	c
10^3	キロ（kilo）	k	10^{-3}	ミリ（milli）	m
10^6	メガ（mega）	M	10^{-6}	マイクロ（micro）	μ
10^9	ギガ（giga）	G	10^{-9}	ナノ（nano）	n
10^{12}	テラ（tera）	T	10^{-12}	ピコ（pico）	p
10^{15}	ペタ（peta）	P	10^{-15}	フェムト（femto）	f
10^{18}	エクサ（exa）	E	10^{-18}	アト（atto）	a
10^{21}	ゼタ（zetta）	Z	10^{-21}	ゼプト（zepto）	z
10^{24}	ヨタ（yotta）	Y	10^{-24}	ヨクト（yocto）	y

④固有の名称と記号をもつ SI 単位

物理量	SI単位の名称	記号	単位
周波数	frequency	ヘルツ (hertz)	Hz	s^{-1}
力	force	ニュートン (newton)	N	$m\,kg\,s^{-2}$
圧力, 応力	pressure, stress	パスカル (pascal)	Pa	$m^{-1}\,kg\,s^{-2}\,(=N\,m^{-2})$
エネルギー, 仕事, 熱量	energy, work, heat	ジュール (joule)	J	$m^2\,kg\,s^{-2}\,(=N\,m=Pa\,m^3)$
工率, 仕事率	power	ワット (watt)	W	$m^2\,kg\,s^{-3}\,(=J\,s^{-1})$
電荷	electric charge	クーロン (coulomb)	C	$s\,A$
電位	electric potential	ボルト (volt)	V	$m^2\,kg\,s^{-3}\,A^{-1}\,(=J\,C^{-1})$
静電容量	electric capacitance	ファラド (farad)	F	$m^{-2}\,kg^{-1}\,s^4\,A^2\,(=C\,V^{-1})$
電気抵抗	electric resistance	オーム (ohm)	Ω	$m^2\,kg\,s^{-3}\,A^{-2}\,(=V\,A^{-1})$
コンダクタンス	electric conductance	ジーメンス (siemens)	S	$m^{-2}\,kg^{-1}\,s^3\,A^2\,(=\Omega^{-1})$
磁束	magnetic flux	ウェーバ (weber)	Wb	$m^2\,kg\,s^{-2}\,A^{-1}\,(=V\,s)$
磁束密度	magnetic flux density	テスラ (tesla)	T	$kg\,s^{-2}\,A^{-1}\,(=V\,s\,m^{-2})$
インダクタンス	inductance	ヘンリー (henry)	H	$m^2\,kg\,s^{-2}\,A^{-2}\,(=V\,A^{-1}s)$
セルシウス温度[1]	Celsius temperature	セルシウス度 (degree Celsius)	℃	K
平面角[2]	plane angle	ラジアン (radian)	rad	1
立体角[2]	solid angle	ステラジアン (steradian)	sr	1

[1] セルシウス温度は $\theta/℃ = T/K - 273.15$ と定義される。
[2] rad と sr は組立単位の表に含めることもあり, 含めないこともある。いずれも無次元の量である。

⑤基礎物理定数の値

物理量	記号	数値	単位
真空の透磁率*	μ_0	$4\pi \times 10^{-7}$	$N\,A^{-2}$
真空中の光速度*	c_0	299 792 458	$m\,s^{-1}$
真空の誘電率*	ε_0	$8.854\,187\,816 \times 10^{-12}$	$F\,m^{-1}$
電気素量	e	$1.602\,177\,33\,(49) \times 10^{-19}$	C
プランク定数	h	$6.626\,0755\,(40) \times 10^{-34}$	J s
アボガドロ定数	L, N_A	$6.022\,1367\,(36) \times 10^{23}$	mol^{-1}
電子の静止質量	m_e	$9.109\,3897\,(54) \times 10^{-31}$	kg
陽子の静止質量	m_p	$1.672\,6231\,(10) \times 10^{-27}$	kg
ファラデー定数	F	$9.648\,5309\,(29) \times 10^4$	$C\,mol^{-1}$
ハートリーエネルギー	E_h	$4.359\,7482\,(26) \times 10^{-18}$	J
ボーア半径	a_0	$5.291\,772\,49\,(24) \times 10^{-11}$	m
ボーア磁子	μ_B	$9.274\,0154\,(31) \times 10^{-24}$	$J\,T^{-1}$
核磁子	μ_N	$5.050\,7866\,(17) \times 10^{-27}$	$J\,T^{-1}$
リュードベリ定数	R_∞	$10\,973\,731.534\,(13)$	m^{-1}
気体定数	R	$8.314\,510\,(70)$	$J\,K^{-1}\,mol^{-1}$
ボルツマン定数	k, k_B	$1.380\,658\,(12) \times 10^{-23}$	$J\,K^{-1}$
重力定数	G	$6.672\,59\,(85) \times 10^{-11}$	$m^3\,kg^{-1}\,s^{-2}$
自由落下の標準加速度*	g_h	9.806 65	$m\,s^{-2}$
水の三重点*	$T_{tp}(H_2O)$	273.16	K
セルシウス温度目盛のゼロ点*	$T(0℃)$	273.15	K
理想気体のモル体積 (1 bar, 273.15 K)	V_0	$22.711\,08\,(19)$	$L\,mol^{-1}$

*定義された正確な値である。

⑥圧力単位換算表

	Pa	kPa	bar	atm	psi	Torr
1 Pa	1	10^{-3}	10^{-5}	$9.869\,23 \times 10^{-6}$	$1.450\,38 \times 10^{-4}$	$7.500\,62 \times 10^{-3}$
1 kPa	10^{3}	1	10^{-2}	$9.869\,23 \times 10^{-3}$	0.145 038	7.500 62
1 bar	10^{5}	10^{2}	1	0.986 923	14.5038	750.062
1 atm	101 325	101.325	1.013 25	1	14.6959	760
1 psi	6894.76	6.894 76	$6.894\,76 \times 10^{-2}$	$6.804\,60 \times 10^{-2}$	1	51.714 94
1 Torr	133.322	0.133 322	$1.333\,22 \times 10^{-3}$	$1.315\,79 \times 10^{-3}$	$1.933\,68 \times 10^{-2}$	1

1 bar = 0.986 923 atm, 1 Torr = 133.322 Pa, 1 mmHg = 1 Torr (2×10^{-7} Torr 以内の差で成立する) とした。

⑦エネルギー単位の換算表

		波数 $\tilde{\nu}$	振動数 ν	エネルギー E			モルエネルギー E_m		温度 T
		cm^{-1}	MHz	aJ	eV	E_h	kJ/mol	kcal/mol	K
$\tilde{\nu}$:	1 cm^{-1}	1	$2.997\,925 \times 10^{4}$	$1.986\,447 \times 10^{-5}$	$1.239\,842 \times 10^{-4}$	$4.556\,335 \times 10^{-6}$	$11.962\,66 \times 10^{-3}$	$2.859\,14 \times 10^{-3}$	1.438 769
ν :	1 MHz	$3.335\,64 \times 10^{-5}$	1	$6.626\,076 \times 10^{-10}$	$4.135\,669 \times 10^{-9}$	$1.519\,830 \times 10^{-10}$	$3.990\,313 \times 10^{-7}$	$9.537\,08 \times 10^{-8}$	$4.799\,22 \times 10^{-5}$
E :	1 aJ	50 341.1	$1.509\,189 \times 10^{9}$	1	6.241 506	0.229 371 0	602.213 7	143.932 5	$7.242\,92 \times 10^{4}$
	1 eV	8065.54	$2.417\,988 \times 10^{8}$	0.160 217 7	1	$3.674\,931 \times 10^{-2}$	96.485 3	23.060 5	$1.160\,45 \times 10^{4}$
	1 E_h	219 474.63	$6.579\,684 \times 10^{9}$	4.359 748	27.211 4	1	2625.500	627.510	$3.157\,73 \times 10^{5}$
E_m :	1 kJ/mol	83.593 5	$2.506\,069 \times 10^{6}$	$1.660\,540 \times 10^{-3}$	$1.036\,427 \times 10^{-2}$	$3.808\,798 \times 10^{-4}$	1	0.239 006	120.272
	1 kcal/mol	349.755	$1.048\,539 \times 10^{7}$	$6.947\,700 \times 10^{-3}$	$4.336\,411 \times 10^{-2}$	$1.593\,601 \times 10^{-3}$	4.184	1	503.217
T :	1 K	0.695 039	$2.083\,67 \times 10^{4}$	$1.380\,658 \times 10^{-5}$	$8.617\,38 \times 10^{-5}$	$3.166\,83 \times 10^{-6}$	$8.314\,51 \times 10^{-3}$	$1.987\,22 \times 10^{-3}$	1

$E = h\nu = hc\tilde{\nu} = kT$; $E_m = LE$ (L はアボガドロ定数)
1 aJ = 50341 cm^{-1}, 1 eV = 96.4853 kJ/mol とした。

⑧原子の電子配置

電子殻	K	L		M			N				O				P			Q
主量子数	1	2		3			4				5				6			7
方位量子数	0	0	1	0	1	2	0	1	2	3	0	1	2	3	0	1	2	0
電子軌道 →	1s	2s	2p	3s	3p	3d	4s	4p	4d	4f	5s	5p	5d	5f	6s	6p	6d	7s
1 H	1																	
2 He	2																	
3 Li	2	1																
4 Be	2	2																
5 B	2	2	1															
6 C	2	2	2															
7 N	2	2	3															
8 O	2	2	4															
9 F	2	2	5															
10 Ne	2	2	6															
11 Na	2	2	6	1														
12 Mg	2	2	6	2														
13 Al	2	2	6	2	1													
14 Si	2	2	6	2	2													
15 P	2	2	6	2	3													
16 S	2	2	6	2	4													
17 Cl	2	2	6	2	5													
18 Ar	2	2	6	2	6													
19 K	2	2	6	2	6		1											
20 Ca	2	2	6	2	6		2											
21 Sc	2	2	6	2	6	1	2											
22 Ti	2	2	6	2	6	2	2											
23 V	2	2	6	2	6	3	2											
24 Cr	2	2	6	2	6	5	1											
25 Mn	2	2	6	2	6	5	2											
26 Fe	2	2	6	2	6	6	2											
27 Co	2	2	6	2	6	7	2											
28 Ni	2	2	6	2	6	8	2											
29 Cu	2	2	6	2	6	10	1											
30 Zn	2	2	6	2	6	10	2											
31 Ga	2	2	6	2	6	10	2	1										
32 Ge	2	2	6	2	6	10	2	2										
33 As	2	2	6	2	6	10	2	3										
34 Se	2	2	6	2	6	10	2	4										
35 Br	2	2	6	2	6	10	2	5										
36 Kr	2	2	6	2	6	10	2	6										
37 Rb	2	2	6	2	6	10	2	6			1							
38 Sr	2	2	6	2	6	10	2	6			2							
39 Y	2	2	6	2	6	10	2	6	1		2							
40 Zr	2	2	6	2	6	10	2	6	2		2							
41 Nb	2	2	6	2	6	10	2	6	4		1							
42 Mo	2	2	6	2	6	10	2	6	5		1							
43 Tc	2	2	6	2	6	10	2	6	5		2							
44 Ru	2	2	6	2	6	10	2	6	7		1							
45 Rh	2	2	6	2	6	10	2	6	8		1							
46 Pd	2	2	6	2	6	10	2	6	10									
47 Ag	2	2	6	2	6	10	2	6	10		1							
48 Cd	2	2	6	2	6	10	2	6	10		2							
49 In	2	2	6	2	6	10	2	6	10		2	1						
50 Sn	2	2	6	2	6	10	2	6	10		2	2						
51 Sb	2	2	6	2	6	10	2	6	10		2	3						
52 Te	2	2	6	2	6	10	2	6	10		2	4						
53 I	2	2	6	2	6	10	2	6	10		2	5						
54 Xe	2	2	6	2	6	10	2	6	10		2	6						
55 Cs	2	2	6	2	6	10	2	6	10		2	6			1			
56 Ba	2	2	6	2	6	10	2	6	10		2	6			2			
57 La	2	2	6	2	6	10	2	6	10		2	6	1		2			
58 Ce	2	2	6	2	6	10	2	6	10	1	2	6	1		2			
59 Pr	2	2	6	2	6	10	2	6	10	3	2	6			2			
60 Nd	2	2	6	2	6	10	2	6	10	4	2	6			2			
61 Pm	2	2	6	2	6	10	2	6	10	5	2	6			2			
62 Sm	2	2	6	2	6	10	2	6	10	6	2	6			2			
63 Eu	2	2	6	2	6	10	2	6	10	7	2	6			2			
64 Gd	2	2	6	2	6	10	2	6	10	7	2	6	1		2			
65 Tb	2	2	6	2	6	10	2	6	10	9	2	6			2			
66 Dy	2	2	6	2	6	10	2	6	10	10	2	6			2			
67 Ho	2	2	6	2	6	10	2	6	10	11	2	6			2			
68 Er	2	2	6	2	6	10	2	6	10	12	2	6			2			
69 Tm	2	2	6	2	6	10	2	6	10	13	2	6			2			
70 Yb	2	2	6	2	6	10	2	6	10	14	2	6			2			
71 Lu	2	2	6	2	6	10	2	6	10	14	2	6	1		2			
72 Hf	2	2	6	2	6	10	2	6	10	14	2	6	2		2			
73 Ta	2	2	6	2	6	10	2	6	10	14	2	6	3		2			
74 W	2	2	6	2	6	10	2	6	10	14	2	6	4		2			
75 Re	2	2	6	2	6	10	2	6	10	14	2	6	5		2			
76 Os	2	2	6	2	6	10	2	6	10	14	2	6	6		2			
77 Ir	2	2	6	2	6	10	2	6	10	14	2	6	7		2			
78 Pt	2	2	6	2	6	10	2	6	10	14	2	6	9		1			
79 Au	2	2	6	2	6	10	2	6	10	14	2	6	10		1			
80 Hg	2	2	6	2	6	10	2	6	10	14	2	6	10		2			
81 Tl	2	2	6	2	6	10	2	6	10	14	2	6	10		2	1		
82 Pb	2	2	6	2	6	10	2	6	10	14	2	6	10		2	2		
83 Bi	2	2	6	2	6	10	2	6	10	14	2	6	10		2	3		
84 Po	2	2	6	2	6	10	2	6	10	14	2	6	10		2	4		
85 At	2	2	6	2	6	10	2	6	10	14	2	6	10		2	5		
86 Rn	2	2	6	2	6	10	2	6	10	14	2	6	10		2	6		
87 Fr	2	2	6	2	6	10	2	6	10	14	2	6	10		2	6		1
88 Ra	2	2	6	2	6	10	2	6	10	14	2	6	10		2	6		2
89 Ac	2	2	6	2	6	10	2	6	10	14	2	6	10		2	6	1	2
90 Th	2	2	6	2	6	10	2	6	10	14	2	6	10		2	6	2	2
91 Pa	2	2	6	2	6	10	2	6	10	14	2	6	10	2	2	6	1	2
92 U	2	2	6	2	6	10	2	6	10	14	2	6	10	3	2	6	1	2
93 Np	2	2	6	2	6	10	2	6	10	14	2	6	10	4	2	6	1	2
94 Pu	2	2	6	2	6	10	2	6	10	14	2	6	10	6	2	6	0	2
95 Am	2	2	6	2	6	10	2	6	10	14	2	6	10	7	2	6	0	2
96 Cm	2	2	6	2	6	10	2	6	10	14	2	6	10	7	2	6	1	2
97 Bk	2	2	6	2	6	10	2	6	10	14	2	6	10	9	2	6	0	2
98 Cf	2	2	6	2	6	10	2	6	10	14	2	6	10	10	2	6		2
99 Es	2	2	6	2	6	10	2	6	10	14	2	6	10	11	2	6		2
100 Fm	2	2	6	2	6	10	2	6	10	14	2	6	10	12	2	6		2
101 Md	2	2	6	2	6	10	2	6	10	14	2	6	10	13	2	6		2
102 No	2	2	6	2	6	10	2	6	10	14	2	6	10	14	2	6		2
103 Lr	2	2	6	2	6	10	2	6	10	14	2	6	10	14	2	6	1	2

⑨接頭語のみをもつおもな原子団

分類	原子団	接頭語
臭化物	$-Br$	Bromo
塩化物	$-Cl$	Chloro
フッ化物	$-F$	Fluoro
ヨウ化物	$-I$	Iodo
ジアゾ化合物	$=N_2$	Diazo

分類	原子団	接頭語
アジ化合物	$-N_3$	Azido
ニトロソ化合物	$-NO$	Nitroso
ニトロ化合物	$-NO_2$	Nitro
エーテル	$-OR$	R-oxy
チオエーテル	$-SR$	R-thio

⑩優先順位で並べたおもな主官能基となりうる原子団の接頭語と接尾語

分類	原子団	接頭語	接尾語
カチオン	R^+	R-onio R-onia	R-onium
カルボン酸	$-COOH$ $-(C)^*OOH$	Carboxy	-carboxylic acid -oic acid
スルホン酸	$-SO_3H$	Sulfo	-sulfonic acid
エステル	$-COOR$ $-(C)OOR$	R-oxycarbonyl	R-carboxylate R-oate
カルボン酸ハロゲン化物	$-COX$ $-(C)OX$	Haloformyl	-carbonyl halide -oyl halide
アミド	$-CO-NH_2$ $-(C)O-NH_2$	Carbamoyl	-carboxamide -amide
アミジン	$-C(=NH)-NH_2$ $-(C)(=NH)-NH_2$	Amidono	-carboxamidine -amidine
ニトリル	$-CN$ $-(C)N$	Cyano	-carbonitrile -nitrile
アルデヒド	$-CHO$ $-(C)HO$	Formyl Oxo	-carbaldehyde -al
ケトン	$(C)=O$	Oxo	-one
アルコール	$-OH$	Hydroxy	-ol
フェノール	$-OH$	Hydroxy	-ol
チオール	$-SH$	Mercap	-thiol
アミン	$-NH_2$	Amino	-amine
イミン	$=NH$	Imino	-imine

＊ (C) の炭素原子は接尾語・接頭語に含まれず，母体化合物に含める。

索　　引

●あ
IUPAC	15
アジド合成	73
アセタール	57
アセチルアセトン	54
アセチレン	25
アセトリシス	66
アセトン	54
アノマー性ヒドロキシ基	84
アノマー炭素原子	84
アボガドロ定数	2
アポ酵素	94
アミド	64
アミノ基	88
アミノグリコシド	129
アミノ酸	88, 89
アミノリシス	66
アミロペクチン	101
アミン	69
アリールアミン	73
R/S 表示法	82, 84
アルカロイド	109, 118
アルカン	14
アルキル基	17
アルキン	25
アルケン	21
アルコキシドイオン	36
アルコーリシス	66
アルコール	33
アルデヒド	52
アルドース	96
アルドール縮合	59
アルドール反応	59
α, β-不飽和ラクトン構造	111
α-ヘリックス	91
アントシアニジン類	124, 126
アントラサイクリン	132
アントロール	39
アンモニア	69
アンモノリシス	66

●い
イオン化エネルギー	167
イオン化法	161
イオン結合	4
イオン交換クロマトグラフィー	144
異核化学シフト相関スペクトル	160
いす形	20, 87
異性体	76
イソフラボノイド	126
位置異性体	76, 78
一分子求核置換反応	49
移動相	146
インターカレーション	133
インドールアルカロイド	118

●え
HMBC スペクトル	160
液体クロマトグラフィー	143
S-アデノシルメチオニン	39
エステル	64
エステル交換反応	66
エチレン	24
エチン	25
X線回折	151
エーテル	43
エテン	21
エトキシドイオン	40
エナンチオマー	81, 110
エネルギー準位	3
エネルギー保存の法則	170
エノラートイオン	38, 58
エポキシド	44
mRNA	107
LDL コレステロール	103
エレクトロスプレーイオン化法	162
塩化チオニル	50
塩基	35
塩基性アミノ酸	89
エンジオール	59
塩素	47
エンタルピー	170
エントロピー	171
円二色分光法	151

●お
3-オキソエステル	67
オキソラン	45
オクテット則	4
オリゴマー	93
オルト・パラ位	73
オルニチン	118

●か
解離	63
解離定数	177
化学イオン化法	162
化学結合	168
化学式	166
化学シフト	155
核酸	106
核磁気共鳴スペクトル	151, 155
化合物	166
ガスクロマトグラフィー	143, 146
活性化エネルギー	94, 173
活性中心	94
活性複合体	174
カテキン類	124, 126
価電子	5, 167
カフェイン	122
カプサイシン	122
ガブリエル合成	73
ガラクトース	98
カラムクロマトグラフィー	145
カルコン類	124
カルバクロール	39
カルボカチオン	49
カルボキシ基	61, 83, 88
カルボニル化合物	52
カルボン酸	61
カルボン酸誘導体	64
カロテノイド	114

索　引

還元 ─── 63, 182
換算質量 ─── 153
環状アミド ─── 65
環状アルカン ─── 20, 80
環状エーテル ─── 45
緩衝作用 ─── 181
官能基 ─── 32
官能基異性体 ─── 76, 79

●き
幾何異性体 ─── 21, 79
基官能命名法 ─── 34
機器分析 ─── 151
キシレン ─── 78
キノリンアルカロイド ─── 120
逆相クロマトグラフィー ─── 144
求核試薬 ─── 48
求核置換反応 ─── 45, 48, 66
求核的マイケル型付加反応 ─── 111
吸着クロマトグラフィー ─── 144
吸熱反応 ─── 170
凝固点降下 ─── 176
鏡像異性体 ─── 79, 81
鏡像体 ─── 110
共鳴 ─── 9
共鳴構造 ─── 27
共鳴周波数 ─── 155
共役 ─── 178
共役二重結合 ─── 27, 114, 152
共有結合 ─── 5, 133
極性共有結合 ─── 11
極性分子 ─── 11
キラル ─── 80, 88
金属結合 ─── 169
金属元素 ─── 168
金属錯体 ─── 169

●く
クライゼン縮合反応 ─── 67
クラウンエーテル ─── 46
グリコーゲン ─── 102
グリコペプチド ─── 131
グリセルアルデヒド ─── 82, 96
グルコース ─── 97
クレゾール ─── 39
クロマトグラフィー ─── 143

●け
結合エネルギー ─── 171
結合定数 ─── 155
ケト-エノール互変異性体 ─── 59
ケトース ─── 96
ケトン ─── 52
ケミカルシフト ─── 155
gem-ジオール ─── 55
ゲルクロマトグラフィー ─── 144
けん化 ─── 66, 105
原子核 ─── 1
原子価結合法 ─── 5
原子質量 ─── 2
原子質量単位 ─── 2
原子番号 ─── 1
原子量 ─── 1
元素 ─── 166
元素記号 ─── 166

●こ
光学異性体 ─── 79
光学活性 ─── 81
抗菌抗生物質 ─── 129
抗腫瘍抗生物質 ─── 132
構成原理 ─── 4
抗生物質 ─── 109, 128
酵素 ─── 94
構造異性体 ─── 76
構造決定法 ─── 150
高速液体クロマトグラフィー ─── 147
高速原子衝撃法 ─── 162
五炭糖 ─── 99
骨格異性体 ─── 76
固定相 ─── 146
互変異性体 ─── 58
孤立電子対 ─── 5, 169
コレステロール ─── 114
混成軌道 ─── 6

●さ
鎖式飽和炭化水素 ─── 15
サブユニット ─── 93
酸 ─── 35
酸塩化物 ─── 64
酸化 ─── 182
酸解離定数 ─── 89
酸化還元反応 ─── 183
三臭化リン ─── 50
酸性アミノ酸 ─── 89
三炭糖 ─── 96
酸無水物 ─── 64

●し
ジアステレオマー ─── 97
ジアゾニウム塩 ─── 41
シアノヒドリン ─── 55
ジイソプロピルエーテル ─── 45
ジエチルエーテル ─── 45
ジオール ─── 35
紫外・可視吸収スペクトル法 ─── 151
脂環式飽和炭化水素 ─── 20
σ結合 ─── 6
シクロアルカン ─── 20
シクロアルケン ─── 24
シクロヘキサン ─── 20
脂質 ─── 102
シス型 ─── 79
シス・トランス異性体 ─── 21, 79
質量数 ─── 1
質量パーセント ─── 175
質量分析法 ─── 151, 161
質量モル濃度 ─── 175
ジテルペン ─── 112, 113
自動酸化 ─── 105
脂肪酸 ─── 102, 103
脂肪族アミン ─── 69
指紋領域 ─── 153
自由エネルギー ─── 172
周期表 ─── 166
周期律 ─── 166
臭素 ─── 47
自由電子 ─── 169
順相クロマトグラフィー ─── 144
衝撃イオン化法 ─── 161
触媒 ─── 174
ショ糖 ─── 101
ジョーンズ試薬 ─── 37
伸縮振動 ─── 153
浸透 ─── 176

●す
水素イオン指数 ─── 95, 179
水素結合 ─── 12, 35
水和 ─── 174

スクアレン — 113	● ち	等電点 — 89
スクロース — 101	チオラートイオン — 38	当量点 — 180
スタチン — 133	チオール — 37, 111	トランス型 — 79
スチルベン — 124	置換反応 — 36	トリオース — 96
ステロイド — 114	置換命名法 — 34	トリオール — 35
スピン-スピン結合 — 155	チモール — 39	トリテルペン — 113, 115
スペクトル分析 — 150	抽出 — 138	トリプトファン — 118
スルフィド — 37	抽出溶媒 — 139	
スルホニウム塩 — 39	中性子 — 1	● な
スルホン化 — 30	中性脂質 — 102	内部エネルギー — 170
	中和 — 180	ナトリウムフェノキシド — 41
● せ	中和滴定 — 180	ナトリウムメトキシド — 41
精製 — 138, 145	超臨界流体抽出 — 141	ナフトール — 39
生物素材 — 138	チロシン — 121	
生理活性物質 — 109		● に・ぬ
赤外吸収スペクトル法 — 151	● て	二重結合 — 9
石油 — 19	テアフラビン類 — 126	二糖 — 99
セスキテルペン — 111, 112	D/L 表示法 — 82, 96	ニトリル — 64
セルロース — 102	低温抽出 — 139	ニトロ化 — 30
遷移元素 — 168	デオキシリボ核酸 — 106	二分子求核置換反応 — 48
線結合構造 — 5	デキストリン — 102	乳糖 — 100
旋光度 — 81, 84	滴定 — 180	ヌクレオチド — 106
	テトラサイクリン — 129	
● そ	テトラテルペン — 114, 116	● ね
双極子モーメント — 11	テトロース — 97	ネオカルチノスタチン — 133
疎水性アミノ酸 — 89	テルペン — 109	熱抽出 — 139
	電解質 — 177	熱力学第一法則 — 170
● た	電気陰性度 — 11	熱力学第二法則 — 171
大環状ポリエーテル — 46	典型元素 — 168	
体積パーセント — 175	電子 — 1	● は
タクロリムス — 133	電子イオン化法 — 161	配位結合 — 169
脱離基 — 48	電子雲 — 2, 166	π 結合 — 8
脱離反応 — 36	電子殻 — 3, 166	配座異性体 — 79, 86
多糖 — 101	電子軌道 — 2	ハイドロリシス — 66
多量体 — 93	電子親和力 — 167	Pauli の禁則 — 4
炭化水素 — 14	電子対 — 4	麦芽糖 — 99
単純脂質 — 102	電子配置 — 4	薄層クロマトグラフィー — 145
炭水化物 — 95	電磁波スペクトル — 151	発熱反応 — 170
炭素原子 — 88	点電子結合構造 — 5	波動方程式 — 2
炭素陽イオン — 49	天然物 — 109	パルテノリド — 111
単体 — 166	デンプン — 101	ハロゲン化 — 30
単糖 — 96	電離定数 — 177	ハロゲン化アルキル — 46
タンパク質 — 91	伝令 RNA — 107	半金属 — 168
タンパク質の分類 — 92		半減期 — 173
単離 — 138, 147	● と	半導体 — 168
単量体 — 93	同位体 — 1	半透膜 — 176
	投影構造式 — 82	反応速度 — 172

191

索　引

● ひ
反応熱	171
ビアセチル	54
pH	95, 179
非共有電子対	169
非極性アミノ酸	89
非金属元素	168
ピクリン酸	39
比旋光度	82
ビタミン	109
必須アミノ酸	89
非電解アミノ酸	89
非電解質	177
ヒドロキシ基	33, 82
ヒドロキシドイオン	36
ヒドロキノン	39
標準生成エンタルピー	171
ピロカテコール	39
ピロリジンアルカロイド	118
ピロロインドールアルカロイド	120

● ふ
vant Hoff の法則	176
フェナントロール	39
フェノキシドイオン	40
フェノール類	39
付加重合	23
付加反応	23
不斉炭素原子	80, 88
プソイドアルカロイド	118
フッ素	47
沸点上昇	176
舟形	20, 87
不飽和脂肪酸	103
フラグメンテーション	162
フラバノール類	124, 126
フラバノン類	124
フラバンジオール類	124, 126
フラボノイド	109, 124
フラボノリグナン類	127
フラボノール類	124, 126
フラボン類	124, 125
フルクトース	98

● へ
ブレオマイシン	133
分画	138, 141
分子軌道法	5
分子内エステル	64
Hund の法則	4
分配クロマトグラフィー	144
平衡状態	172
Hess の法則	170
β-ケトエステル	67
β-シート	93
β-ヒドロキシアルデヒド	59
β-ラクタム	129
ヘミアセタール	55
変角振動	153
ベンゼン	27
変旋光	84
ベンゼンジオール	78
ベンゼンスルホン酸ナトリウム	42
ペントース	99
Henry の法則	175

● ほ
芳香族	27
芳香族アミン	69, 73
芳香族化合物	27
飽和脂肪酸	103
補酵素	94
ホフマン離脱反応	72
ポリエーテル	129
ポリエン	129
ポリケタイド化合物	124
ホロ酵素	94

● ま
マイケル型求核反応	124
マクロライド	129
マトマイシン C	133
マトリックス支援レーザー脱離イオン化法	162
マルコウニコフ則	23
マルトース	99

● め・も
メバロン酸	133
モノカルボン酸	103
モノテルペン	110, 111
モル凝固点降下定数	176
モル濃度	174
モル沸点上昇定数	176
モル分率	175

● ゆ・よ
有機化合物	109
油脂	102
溶液	174
溶解度積	182
陽子	1
溶質	174
ヨウ素	47
ヨウ素化	105
溶媒	174
四炭糖	97

● ら
ラクタム	65
ラクトース	100
ラクトン	64
ラジカルカチオン	161
ラジカル反応	18
ラセミ体	49, 81
らせん構造	106

● り
リシン	121
立体異性体	76, 79
立体配座	86

● れ
レスベラトロール	128
レソルシノール	39
連鎖異性体	76
連続抽出	139

● ろ・わ
六員環構造	87
六炭糖	97
ワルデン反転	49

〔編著者〕　　　　　　　　　　　　　　　　　　　　　　（執筆分担）

山本　　勇　神戸女子大学 名誉教授　　　　　　　　第1章, 第9章

〔著　者〕（五十音順）

阿部　尚樹　東京農業大学応用生物科学部 教授　　　　第6章
菊﨑　泰枝　奈良女子大学生活環境学部 教授　　　　　第7章, 第8章
喜多　大三　摂南大学農学部 教授　　　　　　　　　　第5章
竹山恵美子　昭和女子大学食健康科学部 教授　　　　　第4章
福島　正子　昭和女子大学 名誉教授　　　　　　　　　第2章
吉岡　倭子　元宮城学院女子大学 名誉教授　　　　　　第3章

健康と栄養のための有機化学

2010年（平成22年）4月30日　初版発行
2023年（令和5年）2月10日　第10刷発行

編著者　山　本　　　勇

発行者　筑　紫　和　男

発行所　株式会社 建帛社
　　　　KENPAKUSHA

〒112-0011　東京都文京区千石4丁目2番15号
　　　　　　TEL　(03)3944-2611
　　　　　　FAX　(03)3946-4377
　　　　　　https://www.kenpakusha.co.jp/

ISBN978-4-7679-0390-3　C3043　　　　壮光舎印刷／ブロケード
©山本勇ほか，2010.
（定価はカバーに表示してあります）　　　　Printed in Japan

本書の複製権・翻訳権・上映権・公衆送信権等は株式会社建帛社が保有します。
JCOPY　〈出版者著作権管理機構 委託出版物〉
本書の無断複製は著作権法上での例外を除き禁じられています。複製される場合は，そのつど事前に，出版者著作権管理機構（TEL 03-5244-5088，FAX 03-5244-5089，e-mail：info@jcopy.or.jp）の許諾を得て下さい。